高等学校新工科人才培养系列教材

软件工程经济学

赵　玮　编著

西安电子科技大学出版社

内 容 简 介

"软件工程经济学(SEE)"是软件工程学的三个主要分支之一,它在软件工程项目与软件企业建设中起着重要的作用,也是软件工程专业建设中的重要专业课程之一。

本书以信息系统工程的思想为指导,较为系统、全面地介绍了软件生存周期中的各项工程经济活动的概念、理论及分析、设计方法。内容涉及软件项目的投资与融资、招标与投标、项目可行性分析、项目任务分解、进度计划制订与团队组织与建设;软件项目的成本、工期、定价以及经济效益评价、社会效益评价与风险分析;软件测试、可靠性增长与最优发行;软件生产过程中的规模经济、生产函数、劳动生产率及项目难度、环境因子、人力投入费用、交付工期等工程经济参数间的关联分析与统计内容。除此之外,书中还给出了大量涉及上述内容的应用案例和课后习题,以供读者复习与巩固知识之用。

本书可供高等院校软件工程、信息管理与信息系统、计算机应用、管理科学与工程、系统工程等专业的本科生、研究生作为教材与参考书使用,也可供从事软件开发、软件项目管理与软件企业管理的各类研究与管理人员作为学习参考书使用。

图书在版编目(CIP)数据

软件工程经济学/赵玮编著 . —西安:西安电子科技大学出版社,2008.9
(2024.4 重印)
ISBN 978 - 7 - 5606 - 2105 - 0

Ⅰ. 软… Ⅱ. 赵… Ⅲ. 软件工程—工程经济学—高等学校—教材
Ⅳ. TP311.5

中国版本图书馆 CIP 数据核字(2008)第 117651 号

责任编辑　夏大平　马晓娟
出版发行　西安电子科技大学出版社(西安市太白南路 2 号)
电　　话　(029)88202421　88201467　　邮　编　710071
网　　址　www.xduph.com　　　　　　电子邮箱　xdupfxb001@163.com
经　　销　新华书店
印刷单位　陕西天意印务有限责任公司
版　　次　2008 年 9 月第 1 版　2024 年 4 月第 12 次印刷
开　　本　787 毫米×1092 毫米　1/16　印张 16.25
字　　数　380 千字
定　　价　39.00 元
ISBN 978 - 7 - 5606 - 2105 - 0/TP
XDUP 2397001 - 12

＊＊＊如有印装问题可调换＊＊＊

前　　言

随着当代科学技术的迅猛发展和经济全球化的需要，一个世界范围内的国家信息化与企业信息化的浪潮正在掀起。作为信息技术的核心与灵魂——软件及其产业正在受到各国政府的重视，并对我国的国民经济、社会与国防现代化产生着深远的影响，同时也影响着软件产品及其环境的变化。这样的变化表现在如下几个方面：

(1) 由于当前的软件研究、开发与运行必须置身于各种各样的网络环境下来完成，从而使目前的软件已不再是过去传统意义下的"软产品"，而与各种硬件(如网络通信、传感器设备等)发生着千丝万缕的联系，而成为一个软硬结合、人机结合的复合体。

(2) 软件产品已渗透到国民经济、社会与国防建设的各个领域，其应用领域不断扩展，产品规模愈来愈大，从而使软件生产过程中研究产品的成本、工期、质量、效益与效率的相互依存、互相制约的问题日益重要。

(3) 由于软件需求的不断扩大，软件市场日趋规模化，企业竞争更加激烈，这也促使软件企业认识到效益与风险的分析与控制研究是十分重要的，……

上述这些变化使人们认识到，为使我国软件产业与软件企业健康发展，仅仅依靠软件工程的技术研究显然是不够的，还必须借助软件工程经济学和软件工程管理学的有关理论与方法的支持，这也就是本书写作的初衷。

基于目前国内尚无系统的软件工程经济学方面的论著与教材，机械工业出版社曾于2004年引进翻译和出版了美国软件工程专家 B. W. Boehm 的专著《Software Engineering Economics》，该书较为系统、全面地介绍了"软件工程经济学"这一年轻学科的概念、思想、理论与方法，这对于拓广我国软件工程界人士的知识内涵，引起我国广大软件工程界人士对软件工程经济学的注意与重视起到了积极的作用。然而，由于该书的不少结论是在美、英等国的具体软件生产环境下的经验数据经过统计分析得到的，因而与我国的国情相距较大而无法直接应用。基于上述原因以及教学的需要，作者根据自己多年来从事信息系统的研究、教学的知识与认识撰写了本书，以期弥补国内出版界关于软件工程经济学的概念、理论、方法与应用的不足。

本书具有如下特色：

(1) 在系统介绍软件工程经济学的基本概念、理论方法与结论的同时，还给出了为使这些理论方法在我国应用所需做的研究工作和数学处理方法以及国内(包括作者)近年来在软件工程经济学方面所做的研究工作。

(2) 考虑到教材的系统性与完整性，本书补充了从事软件工程经济学研究与应用时所必须具备的工程经济学、应用统计学以及软件工程管理学的基础知识和相关概念与方法。

(3) 本书在写作过程中力求做到思路清晰，内容层次分明，概念准确无误，同时考虑到读者的工程背景，因此有关的数学描述力求通俗，数学分析由浅入深，对有关的数学命题重点介绍其分析思路与结论应用，而不追求冗长的论证过程。

（4）作为一本教材，为了课前预习、课后复习与知识巩固的需要，本书各章末均给出了习题。

本书可供软件工程、计算机应用、信息管理与信息系统、系统工程、管理科学与工程等专业的本科生、研究生作为教材或参考书，也可供从事软件工程、信息系统的研究、开发、管理的技术人员、管理人员与高等学校教师参考与培训之用。

由于作者的水平与时间的限制，书中肯定有不少的疏漏之处，敬请广大读者与专家提出批评与宝贵意见。

赵　玮

2008 年 7 月于西安

目　　录

第 1 章　软件工程与软件工程经济学

软件工程经济学是软件工程的三大学科分支之一。本章介绍软件工程经济学的概念内涵、研究范畴与方法体系，以及与此密切相关的软件、软件产业、软件企业、软件工程、软件企业管理等概念的相关内容。学习这些内容将有助于使我们理解软件工程经济学理论与方法产生的根源，并为进一步学习这些理论与方法提供必要的知识基础。

1.1　软件、软件产业与软件企业

1.1.1　软件及其分类与特点

软件(Software)自 20 世纪 60 年代进入我国以来，还没有一个被公认的精确的定义。目前学术界对软件的普遍性解释为：软件是计算机系统中与硬件相互依存的另一部分，它是包括程序、数据及其相关文档的完整集合。其中，程序是指按事先设计的功能和性能要求执行的指令序列；数据是指使程序能正常操纵信息的数据结构；文档是与程序开发、维护和使用有关的图文资料。

学术界和产业界目前对于软件没有一个严格的分类标准。通常既可按软件功能进行分类，也可按软件规模进行分类，还可以按软件的标准化程度进行分类以及按软、硬件系统的关联方式分类，等等。表 1.1 列出了按软件功能进行分类时的软件类别名称及其相应软件产品；表 1.2 列出了按规模进行分类时的软件类别名称及其相应的产品规模、参加人数及研制周期；表 1.3 列出了按软件标准化程度进行分类时的软件类别名称及其相应软件产品；表 1.4 列出了按与有关硬件或软件关联方式分类时的软件类别名称及其相应软件产品。

表 1.1　按功能分类的软件信息表

序号	类别名称	类 别 内 涵	软 件 产 品
1	系统软件	泛指能与计算机硬件相配合，使计算机系统各个部件、相关程序和数据能协调、高效工作的软件	操作系统、数据库管理软件、设备驱动程序、文件编辑系统、系统检查与诊断软件
2	支撑软件	泛指能协助程序人员来开发软件的工具性软件和中间件，以及协助管理人员控制开发进度的工具	商业图形软件、文字/文件处理软件、C/S 开发工具、数据模型构造器、统计软件包、流程图设计软件
3	应用软件	泛指在某一特定领域内开发，为特定目标服务的一类软件	电力调度与控制软件、高速公路收费软件、银行业务系统软件、通信控制软件、导弹发射与控制软件等

表 1.2　按规模分类的软件信息表

序号	类别名称	产品规模（源程序行数/行）	参加人数/人	研制周期
1	微型软件	500	1	1 周～1 月
2	小型软件	$(1～2)×10^3$	1	1 月～6 月
3	中型软件	$(3～50)×10^3$	2～5	1 年～2 年
4	大型软件	$(50～100)×10^3$	8～20	2 年～3 年
5	超大型软件	$(0.1～1)×10^6$	100～1000	4 年～5 年
6	极大型软件	$(1～10)×10^6$	1000～5000	6 年～10 年

表 1.3　按标准化程度分类的软件信息表

序号	类别名称	类别内涵	软件产品
1	标准化	可以封装发售，用户买来即可使用的软件	Windows 各版本的操作系统、Office 各版本的办公软件、瑞星安全软件等
2	半定制软件	具有相当一部分公共性功能，但在应用时还需要做一定的客户化开发工作，才能满足客户的需要	ERP 软件、财会软件、银行业务管理软件、电信业务管理系统、公路收费系统
3	软件服务	根据特定客户需求量身定制的软件，其特点是专用性强，可复用性不强	各种外包软件、系统集成服务等

表 1.4　按与有关硬件或软件的关联程度分类的软件信息表

序号	类别名称	类别内涵	软件产品
1	嵌入型（Embedded）软件	该软件要求在与其有紧密联系的硬件、软件和操作的限制条件下运行，通常与某些硬件设备结合或嵌入在一起，故对接口、数据结构及算法要求较高	航天测控系统、军事作战指挥系统、大型而复杂的事务处理系统、大型/超大型的操作系统
2	组织型（Organic）软件	该软件一般规模较小，结构简单，软件需求不那么苛刻，受硬件的约束较少，故开发人员应对此类软件开发目标理解充分，使用环境熟悉	一般的数据库管理系统、操作系统、系统检查与诊断系统
3	半独立型（Semidetached）软件	介于上述两类要求之间	大多数事务处理系统、大型/新型数据库管理系统、简单的指挥系统、新的操作系统、大型的库存/生产控制系统

除上述四种分类外，软件还可按工作方式分为实时处理软件、多用户分时软件、交互式软件、批处理软件；按应用特性分类可分为科学计算软件、工程控制软件、事务处理软件、信息管理与决策支持软件。

软件作为一个产品或服务，与其他产品相比具有很大的区别，具体表现出如下特点：

（1）软件是信息产品，具有无形性、抽象性、可复制性和共享性。与硬件相比，软件是一种逻辑实体而非物理实体，它可以记录在纸面上，保存在计算机的软、硬、光盘里，但必须通过使用、测试、分析等途径才能了解它的功能、性能和其它特性。

（2）软件的生产过程（除复制外）几乎都是从头开始，并经历规划与计划、需求分析、设计、编程、测试、运行和维护等环节来形成产品使用的，而不像硬件的生产过程是以原材料器件采购、运输、库存开始，然后经规划、设计、研制、生产、销售、运行与维护来形成产品使用的。

（3）软件产品是知识的结晶，创新已成为软件产品发展的动力和企业竞争的焦点。产品周期短，技术更新快，集成化程度高，已成为软件产品的重要特征。因此，与硬件生产相比，软件开发将更多地依赖于开发人员的业务素质，智力创新与经验以及人员的组织与管理，相互沟通与协作。

（4）软件生产到目前为止，尚无法做到如某些硬件生产那样脱离人员的全自动或半自动机械化生产，而只能由人采用手工方式来生产。基于开发人员的思维与认识的片面性，经验与技术的不足，长时间的开发劳动造成的心理和体力的疲乏以及与用户的相互沟通的不足等原因，软件在提交使用时，各种潜在的固有差错是无法避免的，且这种潜在的固有差错数将随着软件规模的增大而增大。而硬件产品经过严格测试、试验和试运行之后，其设计过程中的错误一般是能够排除的。

（5）软件的成本构成与硬件产品相比，无需库存成本。由于软件可以通过因特网进行销售，故其销售成本较低，且伴随着软件向服务方向的转移，开发成本的比例越来越低，而使用维护成本的比例越来越高。软件的开发成本除少量高端产品外，多数成本额低于知识密集类的硬件产品。

（6）软件产品与硬件相比而言，市场的进入壁垒一般较低，软件企业竞争十分激烈，这就迫使软件企业不能固守传统产品，而要不断地推陈出新，更新换代。而用户由于要学会并掌握一个软件需要花费很多时间和精力，因而一般不会轻易更换其他同类软件使用，这种对用户具有捆绑性的营销策略是软件产品所特有的。

1.1.2 软件产业及其发展

伴随着电子计算机的迅猛发展，软件逐步深入到人们的工作、学习、生活等各个领域，从而赋予其强大的生命力与发展源泉，并逐步成为国民经济与社会的重要支柱之一。但什么是软件企业，各国对其的认识不全一致。我国政府与研究者认为：软件产业是指软件产品和软件服务相关的一切经济活动和关系的总称。

根据中国软件行业协会发表的《2000 年中国软件产业研究报告》，软件产业包括软件产品和软件服务两大部分，其中软件产品分为系统软件、支撑软件和应用软件，而软件服务包括信息系统集成 ASP，信息系统运行和维护服务，数据中心与资源外包服务，数据加工与处理服务，软件测试服务，信息系统咨询和评估服务，信息系统监理，软件与信息系统管理与人才工程化培训等。而上述软件服务中，前三个属于软件产品的支撑与维护（Product Support And Maintenance，SMS），后五个又可统称为软件专业化服务（Software Professional Services，SPS）。国外关于软件产业的划分与中国软件行业协会的认识有一定的差距，表 1.5 给出国际数据公司（International Data Corporation，IDC）关于软件产业的领域细分情况。

表 1.5　IDC 的软件产业领域细分表

序号	领域类别名称	软件产品或重要功能
1	系统基础软件	系统管理软件、网络管理软件、系统安全软件、服务器软件、网络软件、中间件等
2	应用开发和配置软件	信息/数据管理软件、应用设计和构建工具软件、应用软件生命周期管理、应用服务器等
3	应用解决方案	消费应用（如家庭、游戏和娱乐等） 协作应用（如集成协作环境、消息应用等） 内容管理应用（内容及文件管理应用） 写作应用（如文字加工等） 说话及自然语言应用（翻译、自然语言处理） 企业资源管理（如人力资源管理、设备管理、财务管理等） 服务行业应用（银行、证券、保险、电信及其他公用事业） 产品供应链应用（如制造、零售、批发流通、CAD/CAM、EDA、ERP 等） 客户关系管理应用（销售支持、客户管理、呼叫中心等） 其他企业类应用（如商务业绩管理等）

软件产业具有如下特征：

（1）高技术、高附加价值与高效益。软件产业是典型的技术密集、知识密集的高技术产业。各国兴起的国民经济信息化浪潮，刺激了软件的市场需求；多媒体技术、可视化技术与面向对象技术等的发展，给软件企业带来了生机；JAVA 语言的问世，应用领域的开拓，为软件产业带来了新的市场前景，且软件产业与制造业相比，不需要大量资金和设备的投入，从而使软件成为具有高附加值、高效益的"绿色产品"。

（2）与其他产业的高度关联性。软件产业作为信息技术产业的核心和灵魂，目前正广泛渗透到国民经济的第一、第二和第三产业，改造提升传统产业，成为推动产业结构调整、产品技术改造的重要基础和支撑。软件产业由于其"服务性"的宗旨，其服务领域涉及到国民经济的任何一个部门，尤其是高新技术产业各部门。从信息制造业到信息服务业，从生物技术、新材料到光机电领域，从航天发射、遥控遥测到航空、铁路的调度与控制，从电信、银行、保险、证券管理到军事作战指挥自动化……，几乎涵盖了所有的工业领域和服务部门。

（3）国际化特征明显。随着经济全球化、一体化的发展，软件平台的统一，软件市场的开放，软件技术的标准化，为软件产业国际化提供了技术保障，一批跨国公司正在兴起，并领导着国际软件市场和软件技术标准的发展，同时也为国际间的软件加工和业务外包提供了空间。

（4）专业化分工越来越细。软件产业发展到今天，那些能提供所有各类软件的"万能"开发商已不复存在，由于软件企业不可能涉足国民经济及社会所有领域的应用开发，因而在开发、生产、销售、服务过程中的任何一个环节都可能为企业成长和竞争优势提供足够的空间，从而使软件产业的专业化分工越来越细。

（5）规模经济效益日益明显。软件产业的服务化趋势越来越明确，产业集中度越来越高，规模经济效益正在日益明显。以美国为代表的少数国家掌握着软件的核心技术和知识产权，处于产业发展的中心地位，处于价值链的高端。

国际软件产业在经过不断的产业创新与发展后，分别形成了以下四种具有特色的软件产业类型：

（1）美国的技术与服务领导型；

（2）印度的国际加工服务型；

（3）爱尔兰的生产本地化型；

（4）西欧和日本的嵌入式系统开发型。

我国软件产业起步于 20 世纪 80 年代中期，从 90 年代初到现在，随着国民经济信息化和社会信息化进程的加快以及政府的支持，软件产业取得了突飞猛进的发展。表 1.6 列出了 2000 年到 2005 年我国软件产品销售额、服务收入额、软件出口额及年增长率的有关数据。

表 1.6　2000～2005 年国内软件业基本信息表　　　　　单位：亿元

指　数	2000 年	2001 年	2002 年	2003 年	2004 年	2005 年
软件产品销售额	238	330	507.4	805	965.8	2066.5
软件服务收入	322	406	468.6	630	1003.2	1833.9
软件出口	33	60	124	165	231	287.2
合　计	593	796	1101	1600	2200	3900
年增长率/%	34.6	34.2	38.3	31.1	37.5	77.2

数据来源：中国软件行业协会；数据整理：国研网数据中心。

我国软件产品也由 80 年代的国外软件的汉化和简单工具软件开始发展到现在的包括平台软件、中间件、应用软件、工厂服务和软件孵化在内的相对完整的软件产业链，并形成了基础软件商、应用软件商、系统集成商和专业加工商等四种模式的软件企业。

经过 20 多年的发展，尽管我国软件产业取得了长足的发展，但与欧共体和美国、日本、印度等软件大国相比，我国软件产业仍然存在着诸多的问题与不足，如我国软件企业由于研发投入低和资金的不足，以及缺乏软件核心产品和关键技术，因而无力进入产业价值链上游，而只能在产业价值链的下游参与有限的利益分配；在产品链上，我国在系统软件和部分支撑软件上受制于人，因而产业发展的上层空间无法打开，扩大再生产的能力十分有限；由于资金与核心技术的缺乏，造成我国信息产业多年来建立在外国公司提供的技术平台基础之上，自主创新能力弱，国外软件产品占据了 2/3 的国内软件市场，其中在系统软件方面几乎没有我国自主版权软件的立足之地，在支撑软件和应用软件方面同样面临着激烈的竞争。大量的利润和人才流入外国软件企业，严重影响了我国软件产业的积累和再循环能力，甚至还严重威胁到我国的信息安全。此外，我国的软件企业以中、小型为主，软件企业的人才结构呈现出高端和低端人才相对缺少，中端人才居多的"橄榄形"结构，从而使企业的成功更多地依赖于个别高端人才而不是团队，同时也使大量的中端人才不得不从事低端人才的工作，极大地浪费了资源，加大了人力资源管理的难度，再加上我国软件的市场机制不够完善，企业管理不够成熟，"手工作坊式"的业务流程，缺乏龙头企业的现状等都极大地阻碍了我国软件企业在"与狼共舞"的竞争中的竞争能力。因此，我们必须正视目前存在的上述问题，抓住当前的大好历史机遇，发挥我国的资源和成本优势，加快产业结构的调整，迎头赶上软件产业的网络化、服务化和国际化的发展趋势，为在世界软件产业的专业分工中争取一席之地而努力奋斗。

1.1.3　软件企业及其管理

作为软件产业的基本单元，从市场角度出发，软件企业可分为软件产品企业和软件服务企业两类，而软件产品企业又可分为开发标准化软件的企业和开发半定制软件的企业两个子类(详见图1.1)。有关上述三类软件的内涵见表1.3。注意到软件企业具有市场准入门槛低、高收益和高风险、资产结构特殊、成本结构中人力成本大、技术更新速度快、注重售前和售后服务等特点，因而软件企业的企业管理有其特殊之处。

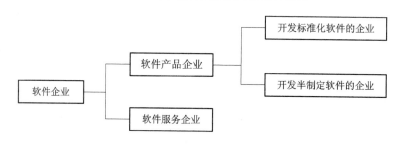

图 1.1　软件企业分类图

企业管理是指在企业特定的生产方式下，管理者按照某些原则、程序和方法，使用一定的手段(工具、设备)，针对生产的各要素(人力、物力、设备、资金、信息)进行计划、组织、指导、协调和控制，以使其发挥最大的经济效果，达到预期的管理目标的一种筹划和过程。

软件企业管理从企业管理的分类来看，通常包括如下内容：战略管理、生产运作管理、市场营销管理、财务管理、人力资源管理、采购管理、信息管理等。上述分类管理及其管理目标与管理活动见表1.7。除上述各类管理外，通常还有项目管理、库存管理、计划管理等等。

作为一种产品，软件与硬件有很大的不同。软件是一种逻辑载体，没有具体的形状与尺寸，只有逻辑的规模和运行的效果，且这种逻辑载体由于其面向的产品需求目标的不同，故在生产过程中呈现出不同软件的各自特点和无重复性，这就导致软件产品只能一个一个地生产出来。而产品生产管理的目的在于组织与协调生产过程中的各类资源和活动，以达到高效率、低成本且需要满足用户质量需求的目标，从这种观点来看，软件更像一个特殊的项目(Project)。而软件开发管理就可用项目管理(Project Management)的理论和方法来进行指导。

表 1.7　企业管理的分类与活动表

序号	管理类别	管理目标与内涵	管理活动
1	战略管理	对企业一系列长远目标的管理决策	完成企业外部、内部环境分析,制定企业的总体发展规划、职能部门战略和战略控制策略
2	生产运作管理	通过对企业产品的生产运作过程的计划、组织与控制,高效率地生产出低成本、高质量的产品	完成对产品生产过程的业务流程、工艺流程、作业计划和技术方法、环境配置的设计,建立产品的质量评估体系,完成对产品生产过程的质量监控与评价
3	市场营销管理	通过对产品市场的调查分析,以支持市场营销活动的组织协调与控制	调查了解企业外部环境与消费者行为及其变化,确定产品目标市场,研究产品定价策略,完成产品的销售渠道和销售策略组合设计及其市场活动的执行与控制
4	财务管理	通过对企业资金的筹划、分析,预测和组织,协调与控制,以支持企业系统目标的完成	制定企业财务制度与财务计划,完成企业资金的筹集与纳税筹划,完成企业财务的分析、预测与风险评估,做好企业财务的内部控制(成本、现金、应收帐款等的控制)
5	人力资源管理	有效开发与合理组织企业的各类人力资源,以支持企业的技术创新与生产、销售目标	建立企业人员的激励机制与约束机制,完成企业的各类岗位工作设计与绩效评估体系,建立研究企业的薪酬分配政策与计划,完成内部员工的绩效评估、薪酬分配、员工培训和外来人员的招聘
6	采购管理	通过对产品必需的原材料、设备与技术的采购和业务外包,以支持企业的生产目标	原材料、设备、技术的市场调查、评估与选购,供应商的分析、评价与组织、协调,完成企业业务外包的合同和组织与协调
7	信息管理	通过对企业的物流、资金流和信息流的分析与组织,以最大限度地支持企业各类管理活动	建立企业的信息中心,完成企业物流、资金流和信息流的信息采购、传输、存储、加工和应用

所谓项目,可视作在既定的资源和需求约束下,为实现某种目的而相互联系的一次性的有计划的工作任务。项目管理则是伴随着项目工作的进行而展开的,为确保项目能达到预期目标的一系列的管理方法和管理行为。

项目管理自 20 世纪 50 年代发展以来,目前已广泛应用于航空、航天、通信、化工、建筑、环保、交通运输和金融(银行、证券与保险)等领域的工程建设和产品开发,取得了巨大的经济与社会效益。项目管理应用于软件开发的历史相对较短，但已获得了软件工程界的广泛认同。目前，软件项目管理通常包括如下 9 个部分：项目综合管理、项目范围管理、项目时间管理、项目费用管理、项目质量管理以及人力资源管理、信息与配置管理、风险管理、采购管理。有关此 9 项分项管理的管理活动内容详见表 1.8。在这 9 个分项管理中又以项目综合管理为中心，以项目范围、时间、费用、质量管理为准则展开工作，它们的关联见图 1.2。

表 1.8　项目分项管理活动表

序号	分项管理	主要管理活动
1	综合管理	项目计划的制定；项目计划执行；项目计划的更改与控制
2	范围管理	项目范围定义；项目范围规划确定；项目范围变更及其控制
3	时间管理	确定项目工作任务与顺序；项目进度计划制定与优化；项目进度的跟踪与控制
4	费用管理	项目资源需求确定；项目规模与成本估算；项目成本控制
5	质量管理	项目质量标准与评估确定；项目质量计划与跟踪；项目质量控制
6	人力资源管理	项目人力资源需求估计；项目团队组织；项目团队建设
7	信息与配置管理	项目信息的采集、存储、整理与发布；项目信息的应用分析；项目合同与文档管理
8	风险管理	项目风险辨别及其影响程度估计；项目风险分析；项目风险应对策略与控制
9	采购管理	制订项目指标与采购计划；供应商选择与指标计划执行；供应商管理

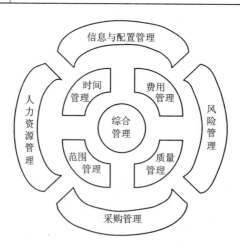

图 1.2　项目管理关联图

需要说明的是：我们通常将战略管理、生产运作管理、市场营销管理、财务管理、人力资源管理、采购管理、信息管理等统称为企业的"面上"管理，而将项目管理称为企业的"点线"管理。这两部分管理共同构成了企业管理的两大部分，它们之间的关联或层次结构见图 1.3。

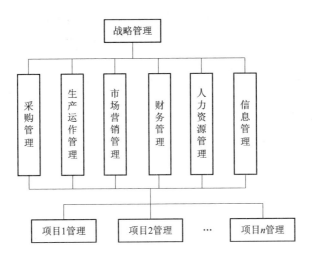

图 1.3　企业管理关联图

1.2　软件工程

软件是伴随着计算机的产生而发展的。自 20 世纪 40 年代以来，人们开发了大量的软件，积累了丰富的软件资源，并将其作为一种产品推入市场，从而使其广泛地应用于生产管理、科学实验、经济分析、军事作战与社会生活等领域的方方面面。随着软件产业的发展，人们发现：将相对发展成熟的系统化、规范化、可度量的工程方法运用到软件开发的全过程中去，这对于满足人们的以较低成本、较高质量和高效率生产软件产品的需求是十分有益的，于是人们提出了"软件工程"的概念，并进而开展了对软件工程的研究。

1.2.1　软件工程的概念与分类

"软件工程"名词的提出源于 1967 年与 1968 年在欧洲召开的两次软件可靠性国际会议，随后人们相继提出了"软件工程"的各种定义。1993 年美电气电子工程师学会(Institute of Electrical and Electronic Engineers，IEEE)提出"软件工程是将系统的、规范的、可度量的工程化方法应用于软件开发、运行和维护的全过程及上述方法的研究"，B. W. Boehm 提出"软件工程是科学与数学的应用，通过这种应用，借助计算机程序、过程和相关文档，发挥计算机设备的能力，对人类有用"的一门学科(1983 年)。综合上述两个定义，我们认为软件工程是一门适用于软件开发全过程的系统工程方法论的学科，其目的是为满足人们对软件生产的成本、质量、时间(工期)和效率、效益和管理等的需求。

根据系统工程的理论，任何一个工程学科，其方法论均可划分为三大部分：工程技术学方法、工程经济学方法和工程管理学方法。因此软件工程作为一种特殊的工程产品，其生产过程方法论同样可划分为：软件工程技术学方法论、软件工程经济学方法论和软件工程管理学方法论等三个部分。其中在软件开发、运行和维护全过程中，为满足用户功能与性能需求而采用的工程技术方法的全体称为软件工程技术学；在软件开发、运行和维护全过程中，为满足用户的成本、质量、时间(工期)、效益需求而采用的工程经济方法的全体称为软件工程经济学；在软件开发、运行和维护全过程中，为满足用户对人员、设备的计划、组织、协调、控制需求而采用的工程管理方法的全体称为软件工程管理学。目前各高校的"软件工程"课程及其教材主要介绍软件工程技术学的有关方法，本书则主要介绍软件工程经济学的有关方法。由于多数经济活动都与管理活动有着紧密的联系，故本书介绍的软件工程经济方法有的也可视作软件工程管理学方法。

1.2.2　软件生存周期、开发模型与任务分解

软件作为一个特殊产品与其他产品一样有其自生到灭的生存过程。通常我们将软件以概念形成开始，经过开发、使用和维护，直到最后退役的全过程称为软件的生存周期（Software life Cycle）。在此生存周期中，软件可根据其所处的状态、特征以及软件开发活动的目的、任务划分为若干阶段。图 1.4 给出了划分为七个阶段的软件生存周期阶段划分图。基于产品质量控制的需求，人们需要对上述各阶段的工作成果进行评价，因而除可行性研究评审外，人们还需要作单元测试与评价，组装测试与评价，集成测试（确认测试）与评审，运行测试与评价等活动。有关上述各阶段活动的相互关联见图 1.5。

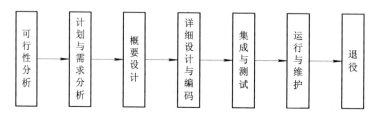

图 1.4　软件生存周期阶段划分图

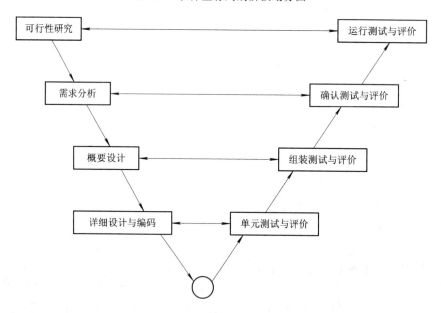

图 1.5　软件开发阶段活动关联图

为了给软件开发过程提供原则和方法，以及为软件工程管理提供里程碑和进度表，人们设计了软件生存周期中各阶段活动的关联图示，这种关联图示称为软件的开发模型。目前软件开发模型有瀑布模型、原型模型、螺旋模型、基于第四代技术（4GL）的模型、变换模

型和组合模型等。考虑到在软件工程经济学中目前常用的是瀑布模型和螺旋模型,故在图
1.6 和图 1.7 分别给出了带反馈的瀑布模型和螺旋模型,其他模型的图示可参见《软件工
程》教材。

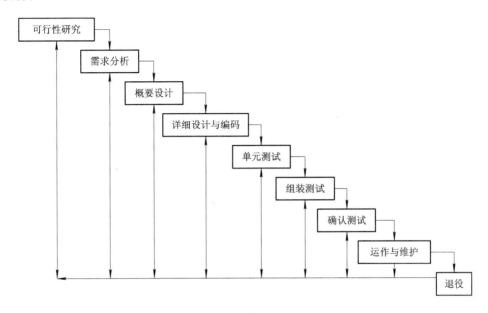

图 1.6　带反馈的瀑布模型

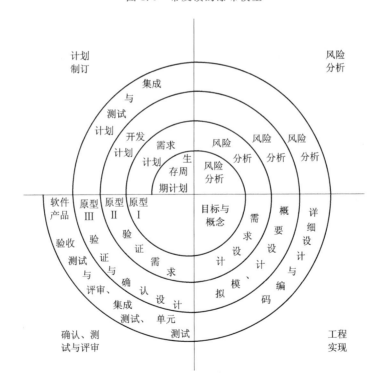

图 1.7　螺旋模型

瀑布模型从可行性研究阶段开始逐步进行阶段性变换,直到软件运行与维护阶段和最

终退役为止。为了保障每一阶段成果的正确性，每一阶段任务完成后都必须进行评审，确认以后再进入下一阶段工作，若评审中发现有错误或疏漏，则将反馈到前面有关阶段进行改错或弥补疏漏。螺旋模型由图示知是由一系列螺旋线不断旋转并逐步扩大范围而构成的，螺旋线每旋转一周，表明软件开发前进一层次，从而使系统生成一个新的版本，如此不断旋转，直到获得客户满意的软件版本为止。其中软件开发的每一个周期都包括计划制订、风险分析、工程实现和评审四个阶段。在上述两个开发模型中，瀑布模型具有各阶段定义清晰，采用文档驱动，便于管理的优点，适合于中小型项目开发管理；而螺旋模型适用于面向过程和面向对象的软件开发，并强调了开发中的潜在风险，因而采用了在开发过程中的逐步迭代方式来进行组织。

同样，为了进行团队组织，进而为工作进度计划制订和成本估算与控制打下基础，人们还需要将软件项目的工作任务进行逐级或逐层分群，这种分解可以按软件功能为准则进行分解，也可以按阶段/活动进行分解，而分解的最底层次元素（通常称为活动）根据软件的规模与特性不同可以是一个工作小组（一般最多为七人），也可以为每个个人，还可以是一天长度的工作量等。通过上述工作任务分解所形成的层次结构被称为工作（任务）分解结构（Work Breakdown Structure，WBS）。表1.9给出了一种按阶段/活动进行分解的软件开发WBS任务表。在此WBS中，阶段取自软件生存周期中的计划与需求分析、概要设计、详细设计与编码、集成与测试等四个阶段，而每一阶段中又可分成计划与需求分析、概要设计、详细设计与编程、测试计划、验证与确认、项目办公室职能、配置管理与质量管理、手册完成等八项活动。

表 1.9　软件开发 WBS 任务表

阶段活动	计划与需求分析	概要设计	详细设计与编码	集成与测试
需求分析	需求调查与分析、需求描述与建模、需求确认	需求更新	需求更新	需求更新
概要设计	基本体系结构设计、原型概念、模型与方法思考、风险思考、设计计划制订	原型设计、模型与算法设计、风险分析	设计更新	设计更新
详细设计与编程	开发人员、组织与工具准备，开发计划制订	人员组织、工具准备、应用程序设计、文档设计	详细设计、编码与单元测试、完成文档	设计、编码更新
计划与测试	测试需求、测试计划、思考	测试计划草拟、测试工具准备	测试计划制订、测试工具获取	软件集成与测试
验证与确认	验证与确认需求、验证与确认工具准备	概要设计评审	详细设计评审	验收测试与评审

续表

阶段活动	计划与需求	概要设计	详细设计与编码	集成与测试
项目办公室职能	合同管理、项目组织计划、人员岗位考核体系制订	项目分级管理、状态监控、组织协调	项目分级管理、状态监控、组织协调	项目分级管理、状态监控、组织协调
配置管理与质量管理	配置管理与质量管理需求、配置管理与质量管理计划、质量保障体系制订	配置管理与质量管理设计、配置管理与质量管理工具	配置管理与质量管理实施、监控质量保障体系实施	配置管理与质量管理实施、监控、验收
手册完成	用户手册纲要、操作手册纲要	用户手册、操作手册起草、维护手册起草	用户手册、操作手册、维护手册修改	完成用户手册、操作手册、维护手册

软件项目与硬件产品生产一样，为了获得高效率的生产和质优、价低的产品，必须运用科学的理论与方法如系统工程、工程经济学、项目管理的理论与方法来指导软件开发的全过程，并进行必要的定量分析与评价。为此必须对产品生产的诸多要素与属性进行度量（Metrics），考虑到软件度量涉及的范围较广，以下仅介绍在软件工程经济学中所涉及的软件基本度量，如软件规模、软件复杂性、软件可靠性、软件安全性与软件质量等的度量。

1.2.3　软件规模与复杂性度量

规模与复杂性是软件产品的两大主要属性。不同规模与复杂性的软件项目必然会影响到项目投入的资金、成本、人力、工期等，进而影响项目管理的各个环节与过程。

1. 软件规模度量

目前在软件工程界中影响较大的软件规模度量单位有程序源代码行（Lines Of Code，LOC）和功能点（Functional Point，FP）两种。源代码行由于可用人工或软件工具直接测量，因而其估算简易可行，而功能点作为度量单位是 Albrecht 于 1979 年提出的，目前在欧共体使用十分普遍。与统计源代码行的直接度量方法不同，它是一种间接度量的方法。功能点计算方法的基本思想为首先计算软件的五个基本信息量：外部输入数（External Input，EI）、外部输出数（External Output，EO）、外部查询数（External Query，EQ）、内部逻辑文件数（Internal Logical File，ILF）、外部接口文件数（External Interface File，EIF）的加权和 CT，然后对其通过 14 个环境复杂性因子作如下修正，即有

$$\begin{cases} FP = CT \cdot PCA \\ CT = \sum_{j=1}^{5} w_j d_j \\ PCA = 0.65 + 0.01 \sum_{i=1}^{14} F_i \end{cases} \quad (1.1)$$

式中，w_j 为第 j 个基本信息量 d_j 的加权系数或复杂程度系数，它由表 1.10 取值决定；d_1 即为外部输入数（EI），它包括了每个用户为软件提供的输入参数个数（不包括查询数），体

现了软件面向用户服务的数量特征；d_2 即外部输出数（EO），它指软件为用户提供的输出参数个数，如报告数、屏幕帧数、错误信息个数等；d_3 即外部查询数（EQ），它规定一个联机输入确定一次查询，软件以联机输出的形式实时地产生一个响应，统计各种查询个数；d_4 即内部逻辑文件数（ILF），它要求统计内部逻辑主文件数；d_5 即外部接口文件数，通常指所有机器可读的界面（如磁盘或磁带上的数据文件），利用此接口界面可以将信息从一个系统传送到另一个系统；CT 称为软件的功能数，PCA 称为系统功能的复杂性调整因子。

表 1.10　基本信息加权系数

基本信息量权系数	简单	一般	复杂
用户输入权系数 w_1	3	4	6
用户输出权系数 w_2	4	5	7
用户查询权系数 w_3	3	4	6
内部逻辑文件权系数 w_4	7	10	15
外部接口文件权系数 w_5	5	7	10

（1.1）式中的 14 个环境复杂性因子 F_i 分别体现了数据通信、分布式数据处理、软件性能、硬件负荷、事务频度、联机数据输入、界面复杂度、内部处理复杂度、代码复用性要求、转换和安装、备份和恢复、多平台考虑、易用性等环境属性的复杂程度。F_i 的取值可以通过表 1.11 中的问题来选定取值，其中要求 F_i 在 0、1、2、3、4、5 等六个量级中选择 1 个。

表 1.11　环境复杂性参数取值

F_i	F_i 取值准则与问题	F_i	F_i 取值准则与问题
F_1	系统需要数据通信的程度	F_8	系统的输入输出文件查询复杂性
F_2	系统具有分布处理功能的程度	F_9	系统的内部处理复杂性
F_3	系统有否临界状况等性能要求	F_{10}	代码设计的可重用性
F_4	系统是否在一个现存的实用操作环境下运行	F_{11}	设计中包括转换和安装的程度
F_5	系统需要联机 on-line 数据入口吗？	F_{12}	系统中需要的备份和复原程度
F_6	联机数据入口需要用输入信息建造复杂的屏幕界面和操作吗？	F_{13}	系统设计支持不同组织的多次安装状况
F_7	系统需要联机更新主文件吗？	F_{14}	系统设计有利于用户的修改和使用状况

注：F_i 根据对应的准则与问题从 0、1、2、3、4、5 等六个值中选择其一，需求越复杂，取值越大。

〔**例 1.1**〕　某软件根据需求分析，对照表 1.11 的各项要求，得到环境复杂性因子 $\sum_{i=1}^{14} F_i = 24$，五个信息量的数值 d_j 及其对应权系数 w_j 之取值见表 1.12，于是由（1.1）式可得软件系统其需求功能点为

$$\mathrm{FP} = \mathrm{CT}\left(0.65 + 0.01 \sum_{i=1}^{14} F_i\right) = \sum_{j=1}^{5} w_j d_j \left(0.65 + 0.01 \sum_{i=1}^{14} F_i\right)$$
$$= 615 \times (0.65 + 0.24) = 615 \times 0.89 = 547.35$$

若功能点与源代码行的转换率 μ 为

$$\mu = 15 \text{ kLOC/FP}$$

则该软件系统有规模

$$L_s = \text{FP} \cdot 15 = 8210 \text{LOC} = 8.21 \text{ kLOC}$$

表 1.12　d_j 和 w_j 值

j	1	2	3	4	5
d_j	32	60	24	7	3
w_j	4	5	4	10	7

上述功能点法称 Albreach 功能点法，除此之外，还有 Mark Ⅱ 功能点法、COSMIC 全功能点法等。详可参见有关文献。

2. 软件复杂性度量

复杂性是软件的重要属性之一，任何一个有经验的程序员都知道。对于同种规模而复杂性不同的软件，其花费的成本和工期会有很大的差异。如何来描述与衡量软件的复杂性，目前尚无统一的定论。K. Magel 认为如下的六个方面可作为软件复杂性描述的依据：

（1）理解程序的难度；

（2）纠错、维护程序的难度；

（3）向他人解释程序的难度；

（4）按指定方法修改程序的难度；

（5）根据设计文件编写程序工作量的大小程度；

（6）执行程序时需要资源的多少程度。

20 世纪 70 年代 M. Halstead 从统计学和心理学的角度来研究软件复杂性问题，提出用程序中可执行代码的词汇量（操作符与操作数）来计算和分析软件复杂性的方法，并在此基础上还可将其转换成软件规模的测算。

Halstead 认为程序是一个符号序列，此序列由操作符、操作数交替出现组成。其中，操作符是指由程序设计语言定义并在程序中出现的语法符号，如 FORTRAN、PASCAL 等语言中的 ＋、－、＊、/、IF、THEN、DO、END 等（不含注释性语句）；操作数是指操作符所作用的对象，它同样由程序定义并引用，可以是变量、常量、数组、记录、指针等。

通过数学推导，可以证明程序语言的符号长度（又称词汇总数）N 可近似地由下式确定：

$$N = n_1 \text{ lb} n_1 + n_2 \text{ lb} n_2 \tag{1.2}$$

式中，n_1 为程序中不同操作符的个数；n_2 为不同操作数的个数；$\text{lb} n$ 即 $\log_2 n$。此外，利用转换公式：

$$L = \frac{N}{C} \tag{1.3}$$

还可将程序语言的符号长度 N 转换成源程序行数 L（不含注释性语句），其中 C 为转换系数，它与所使用的程序设计语言有关，同时也与软件类型以及程序员的编程风格等因素有关，可以通过对历史数据的统计分析来估计。在一般情况下，FORTRAN 语言编程时有 $C=7.5$，用 PASCAL 语言编程时有 $C=4.0$。

1.2.4　软件差错与可靠性度量

产品质量的高低长期以来一直是生产与消费部门所关心的重要问题之一。衡量产品质量高低的指标有技术性能指标和可靠性指标，其中技术性能指标用来反映产品所具有的功能与性能的技术水平，如计算机的字长、容量、运算速度等，而可靠性指标则用来反映产品维持良好功能与性能的持久能力或经久耐用的能力，如电视机能满意地观看多少小时，汽车保持良好状态能行驶多少公里，等等。软件作为一种特殊产品，同样需要一系列技术性能指标来衡量其所具有的功能与性能的技术水平，如软件对数据的处理能力、存储空间、算法复杂性、预测成本、投资额的精度等；同样也需要一些可靠性指标来衡量软件保持良好的功能与性能水平的持久能力。

1. 软件差错与可靠性

硬件产品由于设计错误，制造流程与工艺问题，使用时元器件所承担的载荷过大，环境(温度、工作电流)发生突变以及机械磨损等原因都可能导致硬件故障。随着人们对硬件可靠性的认识重视和研究的深入，提出了一系列科学的可靠性设计，可靠度分配方法，电子信息产品在生产过程中的实验、验证和鉴定方法以及在包装、贮存和运输等方面规范要求，从而使硬件产品可靠性水平有了极大的提高。这从电脑、传感器、电视机等硬件产品发展的日新月异可以看到。然而，软件产品的可靠性长期以来并未得到人们的重视。事实上，与硬件相比，由于软件生产更多地依赖于人的劳动，这就使得软件产品在可靠性方面存在着"先天性的不足"。由于开发人员的智力、精力与经验、时间的有限，于是程序编写发生错误或未按规范完成程序编写；测试人员的经验、技术与工具的不足而使设计差错未能检测出来；用户与开发机构以及开发人员间的沟通不足造成对目标需求的理解错误与不充分以及需求变更太过频繁、开发人员对软件质量的错误认识、不负责任乃至自高自大态度、进度上的压力、管理上的缺失等现象，不可避免地在每一个软件项目开发过程中或多或少地发生。这就导致每一个交付给用户的软件产品都不可避免地会有差错(Soft Error)，从而导致软件产品本身具有功能与性能不完整或不正常或难以使用等方面的软件缺陷(Software Defect)，于是这样的软件产品使用时就会发生软件故障(Software Fault)，如数据丢失、死锁、操作系统失灵以及程序不能退出、输入/输出错误、计算错误等。由于中大型软件是复杂的逻辑产品，人们不可能通过枚举法来对程序运行的所有路径来进行测试并排除差错，这就导致软件特别是嵌入型软件的使用具有很大的危险性。例如，由于火箭惯性制导系统(软件)的一个差错，导致在 1996 年 6 月发射的耗资 67 亿美元的阿丽亚娜(Ariane)501 火箭在首次飞行实验中，点火升空 37 秒后即在空中爆炸，造成巨大的损失；1993 年海湾战争中，美"爱国者"导弹的雷达跟踪系统由于一个软件差错而导致导弹发射发生了 1/3 秒的时间误差，从而不仅未能击中伊拉克的"飞毛腿"导弹，反而导致美军的重大伤亡；2003 年，日本东京机场的航空调度系统的一个软件故障，造成全日本 200 多个航班停飞，2000 多个航班误点，1324 架次的航班晚点达 30 分钟以上，使日本航空业的形象大损……

2. 软件可靠性度量指标

设程序按照规格说明从初始时刻 $t=0$ 开始运行直到发生故障为止这一连续时间段称

为软件的寿命。易知软件寿命是一个非负随机变量,其分布函数 $F(x)=p(\xi\leqslant x)$ 称为软件产品的寿命分布函数,而软件产品在时刻 t 的生存概率 $R(t)=P(\xi>t)=1-F(t)$ 称为该软件产品的可靠度函数或可靠。注意到软件产品的使用或运行是在一定的目标和环境需求下完成的,故软件产品的可靠度也可以定义为:产品在规定的条件下,在规定的时间内,完成规定功能的概率。其中,规定的条件通常是指软件的运行环境如运行平台、操作系统、编程工具等,规定的时间是指软件使用的连续时间,而规定的功能则指软件产品已完成的目标功能。若软件寿命 ξ 的概率密度为 $f(t)$,则由概率论知有

$$f(t)=\frac{\mathrm{d}F(t)}{\mathrm{d}t},\quad F(t)=\int_0^t f(x)\,\mathrm{d}x \tag{1.4}$$

若软件寿命 ξ 的概率密度存在,则在 t 时刻软件产品的失效率(或故障率)$\lambda(t)$ 被定义为

$$\lambda(t)=\frac{f(t)}{1-F(t)}=\frac{f(t)}{R(t)} \tag{1.5}$$

注意到有如下概率近似等式:

$$P(\xi\leqslant t+\Delta t\mid\xi>t)=\frac{P(t<\xi\leqslant t+\Delta t)}{P(\xi>t)}\approx\frac{f(t)\Delta t}{R(t)}=\lambda(t)\Delta t$$

由此可知失效率 $\lambda(t)$ 可理解为:软件产品在正常工作一直到时刻 t 的条件下,它在 $(t,t+\Delta t]$ 区间内失效的概率。当 Δt 很小时,$\lambda(t)$ 还可理解为软件产品在 t 前正常工作的条件下,而在 t^+ 瞬间发生失效的概率密度。由于有

$$\lambda(t)=\frac{f(t)}{R(t)}=-\frac{1}{R(t)}\frac{\mathrm{d}R(t)}{\mathrm{d}t},\quad R(0)=P(\xi>0)=1$$

容易求解上述微分方程可得

$$R(t)=\exp\left\{-\int_0^t\lambda(u)\,\mathrm{d}u\right\} \tag{1.6}$$

随着对软件产品的不断测试(单元测试、集成测试、验收测试、运行测试),软件早期存在的差错将不断地被检测到而改正,故软件产品的失效率或故障率函数呈如图 1.8(a) 所示的单调下降趋势。而硬件产品在生存周期内其失效率曲线如图 1.8(b) 所示,它如同一个浴盆一样,故称为浴盆曲线。它分成三个阶段,$\overline{OA}$ 段被称为早期失效阶段,在此阶段中由

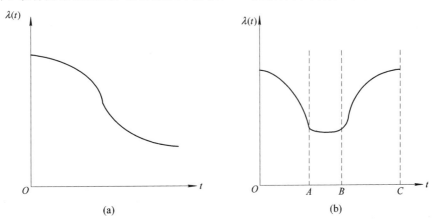

图 1.8　软、硬件失效率曲线

于电子产品常含有不合格的元器件或在设计与工艺中存在不完善的地方，因而此阶段呈高失效率特征，且伴随着元器件筛选及技术工艺的改进，使失效率单调下降。在第二时间段 $\overline{AB}$，由于产品性能趋于稳定，故失效率大致不变，产品失效往往是运行环境突变等偶然原因造成的，故称为偶发性失效阶段。在第三阶段 $\overline{BC}$，由于产品运行时间较长，元器件因物理磨损而逐步老化，从而使失效率呈单调上升阶段，故此阶段称为损耗失效期。

此外，软件寿命 ξ 的期望值 $E(\xi)$ 称为软件的平均寿命。并容易证明 $E(\xi)$ 与 $R(t)$ 有如下关系式：

$$E(\xi) = \int_0^\infty R(t)\,\mathrm{d}t \qquad (1.7)$$

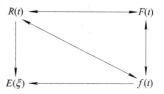

图 1.9　可靠性指标关联图

(1.4)、(1.5)、(1.6)、(1.7)式描述了 $F(t)$、$f(t)$、$R(t)$、$E(\xi)$ 的相互关系，这种相互的关联关系可由图 1.9 来表示。除了上述四个可靠性度量指标之外，还有软件的维修函数，维修率，平均维修时间，软件交付时的初始潜在固有差错数，交付后经测试又排除了 n 个差错后软件的残存差错数，将这些残存差错全部排除的期望时间和方差等可靠性指标。要了解这一系列软件可靠性指标的数学定义及其相关分析，可参考文献[16]。

1.2.5　软件质量

软件产品的可靠性显然是衡量软件质量的重要指标，但是软件质量的概念则要广泛得多。为此，我们先从产品质量的概念谈起。

1. 产品质量的概念

什么是产品的质量？人们似乎是有所认识的，如灯泡要讲究其平均寿命，食品要讲究其营养成分与口味等。然而进一步深究，又发现不同的人对同一种产品的质量评价会有所不同，而世界上的产品又五花八门、种类繁多且各具特色，因而要给这些众多的产品质量一个公共的定义似乎又有一定的难度，从而使人们对产品"质量"的认识经历了一个较为漫长而又逐步深化的过程。

在 20 世纪 60～70 年代，美国质量管理学家 Juran 所提出产品质量的定义首先为人们所接受。他认为"产品质量就是产品的适用性"，并对产品的适用性做了进一步解释："该产品在使用时能成功满足用户需要的程度"。在定义中，Juran 明确提出了对产品质量的评价应是以是否满足用户需要为前提，而不是以制造厂家的见解和宣传为依据，且这种用户的需要又往往受到产品的使用时间、地点、对象以及社会环境、市场竞争等诸多因素的影响。因而使人们认识到这样一个事实：由于用户对产品的需要是在不断变化与发展的，因而人们对同一产品质量的评价也是动态变化的。在产品质量管理研究中，由于生产经营与科研实践的需要，人们开始研究如何来表征用户需要的属性及其满足程度，并认为用户需要属性应包括产品的内在属性（如产品的性能、寿命、可靠性、安全性等）、外部属性（如产品的形状、色泽、包装等）、经济属性（产品的成本、价格等）和服务状况（如产品的售后服务、维护、备件供应等）四个方面。上述四个方面既体现了用户使用时的需求，也兼顾了产品制造过程中的资金、劳动、资源的节省，从而体现了所谓产品质量最优的概念是使社会总耗费最少的情况下来确保对社会的最大效果这一质量优化思想。

20 世纪 80 年代初，中国质量管理协会在 Juran 定义的基础上对质量的适用性含义做出了具体的解释，提出了采用产品性能、寿命、可靠性、安全性和经济性等概念作为表征产品用户需要的适用性；到了 20 世纪 90 年代，考虑到人类生产实践与社会生活不断地对产品质量提出了新要求以及人们对产品质量认识的深化，国际标准化组织于 1991 年发布了 ISO9402《质量管理和质量保证——词汇》标准，对质量一词给出定义为"反映实体满足规定和需要能力的特性之总和"，并对"需要"一词进一步做出了解释为"需要是给定的，'需要'可转化为有指标的特性，如可以用性能、实用性、可信性、可用性、可靠性、维修性、安全性、经济性、环境性、环境要求或美学方面的有关属性来作为表述'需要'的特性指标"。显然，上述对产品质量的定义反映了人们对产品质量认识的深化后所取得的"共识"，然而这种共识以后又有了新的拓展，这是由于人们发现上述有关产品质量的定义更多的是反映了硬件产品的属性，而未能系统全面反映信息技术的另一重要产品——软件的基本属性，从而引起了软件工程界不少专家对软件质量研究的兴趣。

在软件质量的概念研究中，人们发现参与软件开发、管理、维护、使用的人员由于他们在软件生存周期中所处的地位不同，对软件质量的理解和要求也不同。例如，开发人员主要关心软件的功能性和工期，管理人员则关心软件的开发标准、成本和时间进程，维护人员则关心软件的正确性、可理解性和可维修性，用户则更关心软件的性能和可靠性。因此，给软件质量给出一个客观、科学的定义，并尽量予以量化，这对于统一人们的认识是十分必要的。

2. 软件质量评价

20 世纪 70～80 年代，McCall 等人相继发表了他们的研究报告。McCall 将软件质量定义为"满足规定的和潜在需要能力的总和"并提出了一个由三个层次构成的软件质量度量模型。其中，最高层的元素称为质量要素(Quality Factor)，共 11 个；中层的元素称为评价准则(Evaluation Criteria)，共 30 个；底层元素称为质量度量(Quality Metric)，详见图 1.10。该度量模型表示：任何一个软件都可由使用单位的软件质量保证人员通过对软件开发过程中软件本身所具有的原始属性(每一个原始属性称为一个评价准则)的逐一度量后，即可得到对该软件各质量要素的评价，并进而提出对被评软件的总体评价。

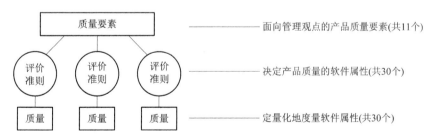

图 1.10　McCall 软件质量度量模型

随后，国际标准化组织 ISO 在 McCall 等人所提出的软件质量度量模型的基础上，于 1991 年发布了 ISO/IEC9126 质量特性国际标准，并建立了与图 1.10 类似的 ISO 软件质量度量模型，见图 1.11。在 ISO 软件质量度量模型中，最高层用软件质量需求准则(SQRC)代替 McCall 模型的质量要素，中层用软件质量设计评价准则(SQDC)代替 McCall 模型的评价准则，而底层则用软件质量度量评价准则(SQMC)代替 McCall 模型的度量概念，并规定如何对每一个 SQDC 作为度量(SQMC)可根据用户的实际需要自行给出。所不同的是，

SQRC 由 11 个元素改为 8 个元素，SQDC 由 30 个元素改为 23 个元素。

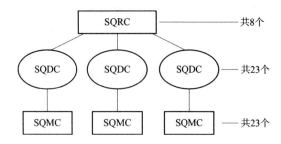

图 1.11　ISO 软件质量度量模型

以下对 SQRC 的 8 个元素及 SQDC 的 23 个元素逐一给出其基本含义或解释。有关 SQRC 中的 8 个元素与 SQDC 中的 23 个元素的隶属关系见表 1.13。

表 1.13　SQRC 与 SQDC 隶属关系表（ISO 软件质量模型）

SQDC ＼ SQRC	正确性	可靠性	效率	安全性	可使用性	可维护性	灵活性	连接性
（1）可追踪性	○							
（2）一致性	○	○				○		
（3）完备性	○							
（4）准确性		○						
（5）容错性		○						
（6）简单性		○				○		
（7）模块性						○	○	○
（8）通用性							○	
（9）可扩充性							○	
（10）工具性（自检性）						○		
（11）自描述性						○	○	
（12）执行效率			○					
（13）存储效率			○					
（14）存取控制				○				
（15）存取审查				○				
（16）可操作性					○			
（17）可培训性					○			
（18）通信性					○			
（19）软件系统独立性							○	
（20）机器独立性							○	
（21）通信共享性								○
（22）数据共享性								○
（23）简明性（可理解性）						○		

注：记号"○"表示其所在行元素受所在列元素的支配（或隶属）。

1) 软件需求准则(SQRC)

(1) 正确性(Correctness)：指程序满足需求说明及用户目标的能力。

(2) 可靠性(Reliability)：指程序按要求的精度完成预期功能的能力。

(3) 效率(Efficiency)：指程序完成其功能所需的资源及代码的数量。

(4) 安全性(Security)：指对未经许可的人员接近软件或数据加以控制的能力。

(5) 可使用性(Usability)：指熟悉程序操作，为程序准备输入数据和翻译程序输出所需付出的努力。

(6) 可维护性(Maintainability)：指确定可运行程序中的错误所需要付出的努力。

(7) 灵活性(Flexibility)：指修改可运行程序所需要付出的努力。

(8) 连接性(Interoperability)：指程序与其他系统耦合的能力。

2) 软件质量设计评价准则(SQDC)

(1) 可追踪性(Tractability)：指在规定的开发和运行环境中，联结软件需求和软件实现的线索的清晰程度。

(2) 完备性(Completeness)：指软件需求功能全面实现的程度。

(3) 一致性(Consistency)：指软件设计技术、实现技术和标识符的协调和统一程度。

(4) 准确性(Accuracy)：指软件计算和输出的精确程度。

(5) 容错性(Error-tolerance)：指软件在非正常条件下，具有的继续运行的能力。

(6) 简单性(Simplicity)：指实现软件规定功能所采用方式的简单和容易理解的程度。

(7) 模块性(Modularity)：指软件具有独立模块结构的程度。

(8) 通用性(Generality)：指软件可履行功能的跨度。

(9) 可扩充性(Expandability)：指软件的功能和数据存储，允许扩充的程度。

(10) 工具性(Instrumentation)：指软件为错误识别和应用测试所提供条件的程度。

(11) 自描述性(Self-Descriptiveness)：指软件解释执行功能的清晰程度。

(12) 执行效率(Execution Efficiency)：指软件执行的快速程度。

(13) 存储效率(Storage Efficiency)：指软件运行所需的存储量的精简程度。

(14) 存取控制(Access Audit)：指对接近软件和存取数据的控制程度。

(15) 存取审查(Access Audit)：指对接近软件和存取数据所做的审查的严格程度。

(16) 可操作性(Operability)：指软件运行所需操作的复杂程度。

(17) 培训性(Training)：指熟悉软件操作的困难程度。

(18) 通信性(Communicativeness)：指吸收、利用程序输入和输出的困难程度。

(19) 软件系统独立性(Software System Independence)：指软件对环境的依赖程度。

(20) 机器独立性(Machine Independence)：指软件对硬件系统的依赖程度。

(21) 通信共享性(Communications Commonality)：指软件采用标准协议和常规接口的程度。

(22) 数据共享性(Data Commonality)：指软件采用标准数据结构的程度。

(23) 简明性(Conciseness)：指软件实现预期功能所需代码量的精简程度。

3. 软件质量保证

软件的质量度量模型反映了对一个给定目标软件的度量的质量需求准则、质量设计评价准则和质量要素评价的基本内容和从属层次关系，并为解决待开发（或正在开发）的软件能够达到用户的各种需求目标提供了求解的思路与规范，但与此同时，人们在软件开发过程中还必须有专人从事软件质量保证工作。

软件质量保证（Software Quality Assurance，SQA）包括如下多种工作：

（1）推行与确认软件工程质量标准；

（2）研究与采用各种技术手段来保证软件质量；

（3）对软件的各种变更进行控制；

（4）制订并执行软件测试策略测试计划；

（5）按照软件质量标准对软件的质量进行度量；

（6）组织各种技术评审会或评审活动；

（7）对软件质量的度量情况及时记录和生成 SQA 报告。

其中，需要说明的是一个软件产品或系统质量的优劣是在软件开发过程中逐步工作的积累，因此软件质量保证工作从软件设计开始就必须注意研究并贯穿于整个开发过程的各个阶段。而软件质量保证工作的依据是软件质量标准。目前采用什么样的软件质量标准对不同的开发机构是不同的，有的是上级主管部门所指定，也有的是由软件开发机构自行制订的。因此，无论是哪一种情况，标准一旦得到各方确认，就应得到各方所有人员的重视，并在开发工作中得到遵循，同时研究采用各种技术方法和手段来保证软件开发结束时的质量水平能够达到预定的软件质量标准。

历史的教训告诉我们，对软件质量的一个不可忽视的威胁因素来自于软件的各种修改和变更，尽管从表面上来看，对软件的修改和变更必定是有理由的和有益的行为，然而实践证明，在修改过程中常常引进一些潜伏的错误，或带来一些足以传播错误的副作用，因此严格控制在开发过程中对软件的修改和变更自然成为十分必要的措施与手段。这种控制措施可以包括严格掌握由用户或开发方提出的修改和变更请求，仔细研究这种修改和变更的性质及其对软件各部分和有关各方所引起的冲击程度，以及如何来面对这些冲击及其所应采取措施的工作量、时间（进度）、费用的大小，等等。

遵循软件质量标准来进行软件质量度量是软件质量分析（SQA）的另一重要工作。这需要建立一系列的度量指标（定性或定量指标）或度量指标体系，并应有相关确定的评价方法来具体确定每一度量指标的度量值以及整个软件的综合度量值。

软件评审（Software Review）是软件质量标准的另一重要手段，通过对软件开发过程中任一阶段的评审，可以发现软件设计与开发中的隐藏错误并加以排除，同时也起到了对软件开发的检查与监督作用。实践证明，软件测试可以配合软件评审起到有效揭露软件存在问题，通过发现的隐藏错误的排除杜绝了隐藏错误的向后（开发过程的下一阶段）延伸、传播和扩展。软件评审工作最常见的是召开由第三方（专家）、开发人员、用户代表组成的评审会，首先评审组起草评审文件，确定评审要求及各评审人员的职责，待检查的软件项目测试清单和评审进度等；然后评审委员会根据开发人员提交的软件（含相关文档）按照测试清单进行逐项测试，并对软件开发过程的各种问题提出询问，要求开发人员作出解答；最后讨论与通过开发机构所提交的软件是否"通过评审"的决议。

1.3 软件工程经济学的概念与任务

经济学(Economics)是研究人类在从事生产、交换以及对产品和劳务消费过程中,如何有效地利用和合理地配置可供选择的各种有限资源(又称稀缺资源),以使人类的现在和将来的无限欲望得到最大满足的一门学科。按照研究的范畴不同,经济学可划分为宏观经济学(Macro Economics)和微观经济学(Micro Economics)。其中,宏观经济学是通过对国家(地区、部门)的产量、收入、价格水平和失业来分析上述主体的整体经济行为的一门经济学分支学科,而微观经济学则是研究厂商、家庭、个人等特定经济单位的市场行为和如何作出决策(生产与消费决策)及分析其影响因素的一门经济学分支学科。此外,按照所研究的对象与属性的不同,经济学又可有工程经济学、管理经济学、区域经济学、发展经济学、制度经济学、信息经济学、经济统计学等分支学科。其中,工程经济学是研究工程技术领域中的经济问题和经济规律的一门经济学分支,具体地说,就是研究对为实现特定功能而提出的在技术上可行的技术方案、生产过程、产品和服务,并在经济上进行分析与比较,计算与论证的一门经济系统方法论的学科。

1.3.1 软件工程经济学的内涵与任务

软件工程经济学(Software Engineering Economics,SEE)从名词上看可以理解为工程经济学与软件工程的交叉学科。我们将其定义为以软件工程领域中的经济问题和经济规律为研究对象的一门经济学分支学科,具体地说,就是研究为实现特定功能需求的软件工程项目而提出的在技术方案、生产(开发)过程、产品或服务等方面所作的经济分析与论证,计算与比较的一门系统方法论学科。

作为一门有待发展的新兴学科,从系统工程的研究思路来看,软件工程经济学至少应该包括如下四个部分:

(1) 学科研究的对象、任务、特征、研究范围和研究方法;

(2) 软件系统的内部构成要素和经济活动及其关联分析,如投资、成本、利润、效益、工期、效率、质量及研制、开发、维护、管理活动及其关联分析;

(3) 软件系统的组织结构、管理决策及其与经营活动的关系;

(4) 软件系统的物流、资金流、信息流的输入与输出及其对系统外部——国家、地区经济、社会、国防、人民生活的影响。

其中(1)为软件系统的基础概念与理论部分,(2)、(3)为软件系统的微观经济分析部分,(4)为软件系统的宏观经济分析部分。作为(2)与(3)的细化,研究内容具体如下:

• 软件工程经济分析基本原理及应用,如价值工程原理、规模经济与生产函数原理、成本效益分析与边际分析原理,项目开发的时间、成本/效益、质量、效率的均衡原理、优化原理与敏感性分析等。

• 软件项目的成本估算、成本控制与融资。

• 软件项目开发的风险与不确定性分析和投资可行性分析。

• 软件产品的质量评价、经济效益评价、财务评价以及主要质量指标——软件可靠性、维护性等的经济评价方法。

· 软件生存周期中各种生产(开发)与管理活动的经济分析与决策,如软件工具与设备的采购决策、信息获取决策、开发技术方案的评价与决策、成本的阶段分配决策、软件发行决策、产品定价决策等。

· 软件项目的工作任务分解与计划制订、组织与协调及其经济分析与优化。

· 软件开发过程的动态规律描述及其各经济要素的关联分析。

· 软件开发效率(劳动生产率)的影响因素分析及改进策略研究。

1.3.2　软件工程经济学的研究特点与方法体系

1. 研究特点

软件工程经济学的研究具有如下特点:

(1)注意到软件产品的"人工制作"的特点和经济学中产品的质量、成本/效益、时间/进度、效率等目标要素的重要性,因此软件工程经济学研究的重点始终环绕着软件产品的质量、成本/效益、时间/进度、效率等目标要素的关联分析及其人的组织与协调(管理)对上述各目标的影响分析进行,详见图1.12。

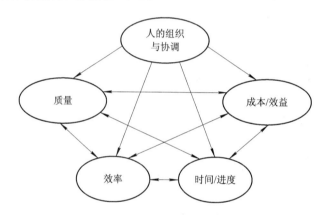

图 1.12　SEE 要素关联图

(2)软件工程经济学的研究思想来自于系统工程,因此注意软件系统目标的整体性(总体性)、要素的层次性(有序性)和关联性、系统结构的合理性(协调性)、系统环境的适应性等始终是人们研究的指导准则。

(3)注意到人的组织与协调度量的复杂性,因此软件工程经济学的研究方法采用了经济学中的传统思路,即采用定性分析与定量分析相结合、理论分析与实证验证相结合的思路,其中定量分析中由于目标的多样性,因而又为多目标决策的理论与方法提供了用武之地。

(4)考虑到我国与西方发达国家在文化与价值观念、技术水平、经营机制、管理水平与生产效率以及软件工程环境上的差异,因此在大力学习与借鉴西方发达国家有关软件工程经济学的理论、方法与应用成果的同时要注意环境的差异性对数量分析的影响,从而可在数学分析的思路与方法的通用性之基础上来寻找适合于我国国情的研究结果。

2. 方法体系

根据上述分析,作者认为作为一门交叉学科的软件工程经济学的理论与方法应该与如下五类学科有着紧密的关系，它们是：① 社会学、管理学等；② 经济学（宏观经济学、微观经济学、工程经济学、管理经济学、信息经济学等）；③ 软件工程（软件工程技术学、软件工程管理学）；④ 计算机通信网络与信息系统；⑤ 系统工程与运筹学、应用统计学、模糊数学、系统动力学等。它们之间的关联与方法体系详见图 1.13。

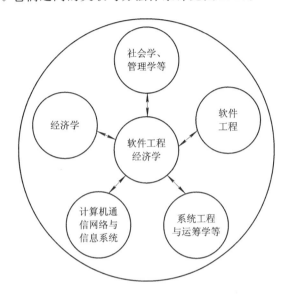

图 1.13　SEE 理论与方法关联图

1.3.3　软件工程经济学的研究与发展

软件工程的诞生源于"软件危机"。软件危机是指在计算机软件开发中的一系列问题。其中既有软件技术问题，如怎样开发软件？怎样维护现有的、容量又在不断增加的软件？我们怎样做才能满足人类对软件需求的不断增长等等；也有经济问题，如软件开发过程中成本和进度估计往往不精确，软件质量与可靠性的概念十分可疑，如何来处理一些相互对立的软件目标，如成本、工期、可靠性等，软件测试究竟需要多长时间才能投放市场等等。因此软件工程经济学的研究始终是伴随着软件工程的发展而前进的，而日渐成熟的应用统计学、运筹学、系统工程、工程经济学为其发展提供了科学而系统的方法论。早期（20 世纪70 年代）的软件工程经济学的研究对象均来自于计算机科学和软件工程中的范例，希望通过建造、使用工具原型来降低软件开发与维护成本，以后逐渐发展到对软件成本、时间进度、可靠性、效率的建模、方法及其比较评价和均衡优化，对软件开发过程的系统动力学研究以及软件企业管理中的采购、计划、生产、销售（投放市场）、维护、报废等最优决策研究。目前已发展到对软件工具的经济评价以及在软件开发与维护过程中的提高劳动生产率的研究。

软件工程经济学的研究最早始于美、英等国，其中较有影响的有 Boehm B. W、Putnam L. H 和 Banard. L 等专家。Boehm 在研究成本测算的过程中提出了构造型成本模型（Constructive Cost Model，COCOMO），给出了由软件规模计算工作量，进而确定成本与工期的经验统计模型，并于 1981 年出版了其专著《软件工程经济学》（Software Engineering Economics）。在将该模型推向市场的同时，Boehm 利用市场手段不断地收集用户的反馈意见，进而对模型作出不断的修正与提高，以适应软件工程在生存周期、技术、组件、工具、表示法以及企业文化等方面的明显变化，并提出了 COCOMO Ⅱ 的模型与方法体系，且于 2000 年出版了他的第二本有重大影响的著作：《软件成本估算——COCOMO Ⅱ 模型方法》（Software Cost Estimation with COCOMO Ⅱ）。另一个较有影响的专家是 Putnam L. H，他在 Noder. P. V 提出的诺顿—瑞利（Noder - Rayleigh）曲线的基础上研究了软件开发与运行过程的系统动力学模型（1987 年），而 Londeix. B 则在该系统动力学模型的基础上作了进一步的扩展，并出版了他的专著：《软件开发的成本估计》（Cost Estimating of Software Develop）。软件质量与可靠性的研究是在硬件质量与可靠性研究上的继续与发展，较好的论著有 Stephen H. Kan 的《软件质量工程的度量和模型》（Metrics and Model in Software Quality Engineering）（1995 年），Misra. P. N 的《软件可靠性分析》（Software Reliability Analysis）；在软件最优投放问题的研究中有 Koch H. S and Kubat P 的《计算机软件的最优投放时间》（Optimum Release Time of Computer Software）和 Okumoto. K and Goel A. L 的《基于可靠性和成本准则的软件系统最优释放时间》（Optimum Release Time for Software Systems Based on Reliability and Cost Criteria）。人们注意到软件开发组织的结构与能力直接影响着软件产品的质量、工程进度和成本预算的执行和控制，然而如何度量软件开发组织的能力始终是人们需要探讨的难题。采用质量度量国际标准制订的类似思路，1987 年美国卡内基—梅隆（Carnegie - Mellon）大学软件工程研究所（SEI）在 Mitre 公司的支持下，在美国国防部的指导下，经过广泛的调查，开发了"软件过程评估"和"软件成熟度评价"两个模型，经四年使用后，于 1991 年 8 月公布和发表了软件能力成熟度模型（Capability Maturity Model for Software，CMM）CMM v1.0。在广泛征求了政府部门、企业界、学术界对 CMM v1.0 的意见后，SEI 又于 1993 年 2 月发布了经修改后的 CMM v1.1，由于 CMM 模型的推广和应用在提高软件开发组织的自身建设，进而达到提高产品质量，降低产品成本，按时履行交付承诺等目标，因而取得了明显的经济效益和社会效益。1999 年美国国防部规定，承接美国国防部大型软件项目的承包商必须具备 CMM 成熟度 3 级的认证。

　　我国的软件工程经济学的研究尚处于起步阶段。1990 年和 1991 年由机械工业出版社相继组织出版了 Boehm 的著作：《软件工程经济学》和 Londeix. B 的著作：《软件开发成本估算》，对软件工程经济学的概念、方法的宣传起到了一定的作用，在国内的一些学术刊物上陆续有一些有关软件成本测算和定价策略、软件最优投放时间、软件质量评估等方面的论文发表，个别软件企业也开始了 CMM 评估和认证工作。但从总体来看，软件工程经济学的概念、理论与方法尚未为国内软件工程界所熟悉，从事软件工程经济学专门研究的人员极少，有关软件开发的诸多工程经济参数，如软件成本、工期、复杂性与项目难度、可靠性、劳动生产率等尚无专门机构收集、存储与分析，甚至连一本由国人编著的合适的软件工程经济学的教材也没有。因此作者认为加大对软件工程经济学的宣传，吸引更多的人来从事软件工程经济学的研究，唤起企业界的更多需求，大力培养软件工程经济学的研究人才，成立专门机构从事软件工程经济学的研究等已成为当务之急。我们相信，在国家科技部门的领导下，在我国学术界与企业界的努力下，在不久的将来，我国软件工程经济学的理论与应用水平必将取得新的突破，以迎头赶上世界先进水平。

习　题　一

1. 什么是软件? 软件与其他产品相比较, 具有哪些特点? 软件按产品功能、规模、标准化程度以及其与其他硬/软件关联程度为准则划分, 可分为哪些子类?

2. 软件企业如何分类? 软件企业管理包括哪些类别管理? 各子类管理的系统目标和主要管理活动有哪些?

3. 什么是软件项目? 其分项管理及其相应的主要管理活动有哪些?

4. 什么是软件生存周期? 软件生存周期一般可划分为哪几个阶段? 各阶段间有何关联?

5. 什么是软件开发模型? 你所熟知的软件开发模型有哪些? 说出这些模型的主要内涵与功能。

6. 软件的规模与复杂性如何度量? 什么是软件可靠性? 软件可靠性有哪些度量指标?

7. 什么是软件质量? 国际标准化组织(ISO)于 1991 年发布了软件质量度量模型, 该模型的高层需求准则、中层设计准则、底层度量评价准则包括哪些内容?

8. 什么是软件质量保证? 如何进行软件质量保证?

9. 什么是软件工程经济学? 软件工程经济学的研究内容有哪些? 有何研究特点? 软件工程经济学与哪些学科有较紧密的关联?

第 2 章　软件工程经济学基础

21 世纪是一个信息经济的时代。信息技术和通信网络技术的飞跃发展，正改变着人们的生活、工作、思维和生产方式，影响和推动着当代社会和经济的发展。软件作为一个工程产品同样也发生着深刻的变化，目前的软件项目不再是过去传统意义下的纯粹的"软产品"，它的研究、开发与运行均置身于各种各样的网络环境下来完成，并与硬件发生着千丝万缕的联系，从而成为一个由人、硬件(计算机、通信网络、传感器等)、软件和数据等实体组成的人机交互系统(详见图 2.1)或网络信息系统(Network Information System，NIS)。因此从信息系统工程观点来看，任何对软件项目的工程经济分析与研究都必须从实体维、时间维和要素维等三个维度的层面上来展开。其中，实体维包括人、硬件、软件、数据；时间维包括规划、分析、设计、构建(生产或开发)、运行与维护等五个阶段；要素维(活动维)包括投资、成本、效益、定价、工期、生产率等(详见图 2.2)。根据软件项目的范围研究来看，这三个维度的交互作用会产生如下各种工程经济活动：① 可行性分析；② 招标与投标；③ 时间/进度、资源、成本计划；④ 投资与融资；⑤ 设备、工具、原材料、厂房的购买或租赁；⑥ 开发团队的组织与建设；⑦ 生产(开发)过程设计与分析；⑧ 测试计划与组织；⑨ 软件发行确定；⑩ 软件定价；⑪ 软件营销策划；⑫ 风险控制；⑬ 成本、质量、工期与进度控制；⑭ 硬件折旧；⑮ 项目成本确定；⑯ 销售收入确定；⑰ 税金确定；⑱ 效益(利润)确定。

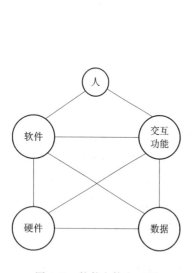

图 2.1　软件实体交互图

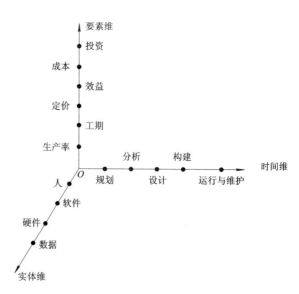

图 2.2　软件的工程经济分析展开结构图

上述 18 种工程经济活动的相关联系可详见图 2.3。在图 2.3 中方框表示一般的工程经济活动，而椭圆框则表示与软件企业目标——效益所直接相关的工程经济活动。

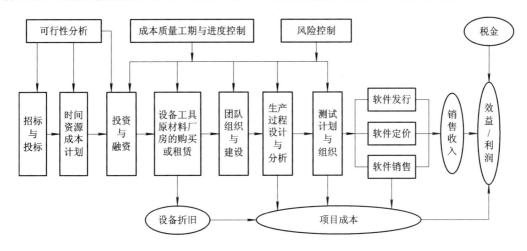

图 2.3　工程经济活动关联表

由软件工程经济学的定义(见 1.3 节)知，上述各工程经济活动的系统分析与评价是软件工程经济学研究的主要任务，且进一步地研究还认识到，这种经济活动的系统分析与评价还具有如下的特征：

(1) 系统分析的目的是为了提高工程经济活动的经济效果，亦即在有限的资源(人力、资金、工期、设备或工具)约束条件下，对各项工程经济活动进行有效的计划、组织、协调和控制，以最大限度地来提高工程经济活动的效益与效果。

(2) 工程经济活动所讨论的经济效果大多与“未来”有关。因此，这种对未来经济效果的认识必须考虑在不确定性因素或随机因素影响下的风险的存在，并寻找经济效果与风险的合理权衡。

(3) 系统分析强调的是在技术可行性基础上的经济分析，而不包括技术可行性的分析与论证内容。后者将由软件工程技术学这一分支来解决。

(4) 各种工程经济活动的系统评价是通过“比较”来完成的。这就要求在对这些工程经济活动的研究中要形成多种技术经济备选方案，以便从中通过比较来作方案选择。此外，考虑到不同的利益主体追求目标的差异性以及比较的系统性与层次性，故常采用具有一定递阶层次结构的指标体系来完成方案比较的工作。

(5) 考虑到各技术经济方案在按照多指标的比较中，其表现常存在一定的矛盾与对立性，因此系统评价应是各利益主体目标的相互协调与均衡。

本书将围绕上述 18 种经济活动展开。作为软件工程经济学的基础，本章将主要介绍投资、融资与可行性分析；成本、收入、税金和利润的基本概念与关联，资源的计划、组织与控制的重要性；资金的时间价值，现金流的贴现与预计；招标与投标的程序与策略。此外，注意到不同技术经济方案的比较与系统评价亦是软件工程经济学的重要内容，故本章最后一节介绍系统评价的常用数学方法：关联矩阵法、层次分析法、模糊综合评价法以及多种方法运用所获得不同评价结果的集结方法。

2.1　软件工程经济分析的基本要素

本节介绍软件工程经济分析的三大基本要素：投资/融资、成本/收益、资源分配的有关内容。

2.1.1　投资、融资与项目可行性分析

投资是企业为了实现某种特定的目标（通常是为了获得收益或避免风险）而进行的某种资金投放或运行的经济活动。它是企业自我发展与自我改造所必需的经济活动，也是维持企业简单再生产与扩大再生产的必要手段。投资活动包括生产性投资与非生产性投资。生产性投资的目的是为了保证生产与经营活动的正常运行，或为了扩大企业再生产能力，提高企业技术装备水平，提高劳动生产率，开发新产品等；非生产性投资对于企业来说，主要作证券投资，亦即通过购买股票、债券、期货及其他金融衍生工具或委托贷款以获取收益，但不直接参与经营活动的一种投资活动。本书主要介绍生产性投资活动的有关内容。

1. 建设项目投资及其构成

所谓建设项目投资，是指人们在社会生产活动中，为实现某项目（如软件项目、基本建设项目）特定的生产与经营目标而预先垫付的资金。它是劳动消耗中反映劳动占用的综合指标。建设项目投资一般包括固定资产投资、流动资金投资和无形资产投资等。

固定资产投资是指为建造或购置固定资产所预先垫付的部分资金，其中 IT 企业的固定资产主要包括如下内容：

（1）厂房及其他构建物。

（2）机器设备。其包括计算机及其外部设备，硬件、软件及网络的测量和控制仪表与试验设备，电气和传动设备，动力机器和设备，其他机器设备如复印机、摄像机等。

（3）生产工具。其包括软件开发工具、硬件生产工具等。

（4）器材与配件。其包括传输线、路由器、桥接器、计算机、传感器等的配件与器材。

（5）运输工具。其包括汽车或其他运输工具。

（6）其他固定资产。

固定资产的特点是能在企业生命周期中为多个生产项目（如多个软件项目）服务，并始终保持原有的实物形态，而固定资产由于其使用的损耗而使其价值将逐步转移到产品价值中去，即以折旧的形式计入产品成本，并且随着产品的销售逐步回收，用以补偿已损耗的价值。固定资产投资的估算方法很多，但 IT 企业由于其固定资产类别较少，故采用"编制概算"法，即根据此项目所需要的设备、建筑物等的图纸和明细表逐项计算并累加。

为经营 IT 企业及构建 NIS，除了固定资产投资外，还需要一定数量的周转资金以供生产经营活动展开使用，这种为生产经营活动所必须预先垫付、供周转使用的资金就称为流动资金投资。一般流动资金常用于支付员工工资，购买原材料和商品物资等。流动资金的特点是其所购买的物质（包括员工的工资支付）仅参加一个生产周期，即价值一次性全部计入产品成本，并通过产品销售收回贷款后，在物质形态上予以补偿。流动资金的估算可以采用如下估算方法：

（1）按经营成本的一定比例（例如 25%～40%）估算；

（2）按固定资产的一定比例（例如 15％～30％）估算；

（3）按年销售收入的一定比例估算。

无形资产是指企业长期使用但没有实物形态的资产，包括专利权、著作权、专有技术、商标权、商誉、土地使用权等。无形资产运用特殊的方式，将其"功能"体现到有形固定资产中去，例如软件、软件工具、开发技术、开发模型与算法、工程控制图等通过知识产品使有形资产得以充分发挥其作用。无形资产在一定的特定区域与一定的时间内受到法律保护并具有一定的垄断性（排他性）。为购买某种无形资产所支付的资金称为无形资产投资。

2. 筹资与资金运用

作为一个生产或经营软件项目的 IT 企业（或部门），拥有足够的资金是企业建设的根本，也是企业购买固定资产与流动资金准备的基础。在我国的社会主义市场经济体制下，此类资金的来源有如下几种：

（1）银行贷款。由于目前国家对高新技术产业政策的优惠政策，因此向各商业银行贷款不失为一个好的方法。当然，在向银行贷款时要量力而行，注意还贷条款。此外，还有向亲友、同学、同乡等筹集借款等方式融资。

（2）向国家、地方政府，包括高新开发区、经济开发区等管理部门申请基金与贷款。由于国家对 IT 产业的优惠政策，此类贷款还贷期限长、利率较低，可以一次性偿还或分期偿还。此外，亦可考虑向其他企业借贷。

（3）利用外资。可以争取国外企业直接投资或合资经营，但需注意具体的谈判与合同条款，以达到双赢的结局。

（4）国际金融机构贷款。此类机构包括联合国的国际货币基金组织、世界银行及其所属机构等，其贷款条件比较优惠，有时甚至提供无息贷款。此外，还可考虑向外资银行贷款。

（5）股权性融资。这种使出资者成为企业所有者的融资方式包括合资经营、合作经营、联营、发行股票、企业内部筹资等方式。其中，合资经营是指由出资方共同组建有限责任公司，共同投资，共同经营，共担风险，共负盈亏；合作经营是一种契约式或合同式的合营，合作各方的投资、收益或产品的分配、风险亏损的承担、经营管理方式及合作期满后的财产归属等问题均由各方在签订的合作合同中规定；发行股票是目前常用的一种融资方式，股票公司通过一级市场发行新股票或在二级市场转让手头持有的股票来筹集资金，并根据公司的经营状况决定股息或红利等发放事项。

（6）债券性融资。这是一种使出资人成为企业债权人的融资方式。它包括发行企业债券、租赁等。债券要求企业（公司）定期支付债券利息，并在约定期限后收回本金；租赁筹资是指出资人以租赁的方式将出租物（如测试设备、开发工具、汽车等）租给承租人，承租人以交纳租金的方式取得租赁物的使用权，并于租赁期满收回租物的一种经济行为。

（7）项目融资。这是一种以项目公司为融资主体，以项目未来为融资基础，由项目参与者各方分担风险的具有限追索权性质的一种融资方式。其中，有限追索权是指筹资公司主要依靠项目本身的资产和现金流量作为偿贷保证，因而投资人原则上对项目发起人拥有的项目之外的资产没有追索权或只有有限追索权。

上述各种融资方式在筹集资金的过程中大多支付一定的费用，如发行股票、债券需支付印刷费、发行费、律师费、资信评估费、公证费、担保费、广告费以及股息、红利等等。因此，究竟采用何种融资方式应综合考虑资金成本、资金偿付方式、企业偿债能力并经过科学的分析与论证后决定。

在筹集到资金后，为使筹集资金的运用能最大效果地支持企业的生产经营，必须制定好合理的资金使用计划，并综合考虑资金（债务）的偿还和资金的平衡问题。有关资金平衡表等的问题，可详见财务管理的有关教材。

3. 项目可行性分析

所谓项目可行性分析（Project Feasibility Analysis），顾名思义就是解决项目是否可行所作的分析与研究工作。一个项目是否可行通常应解决四个方面的问题：① 项目是否必要？② 项目能否实现？③ 项目实现后的效果如何？④ 项目实现的风险有多大？亦即解决项目的必要性、可实现性、效果性与风险性的分析与研究工作称为项目的可行性分析。

项目可行性分析是软件生命周期能否展开的关键，其工作的必要性是明显的，因为如果不解决项目的"四性"问题而让软件项目仓促上马，其后果将是严重的，不仅造成了人、财、物的大量浪费，甚至会对企业与部门工作造成重大的不良影响，甚至是灾难性的后果。

20世纪80年代，我国大量的管理信息系统（MIS）未经仔细论证，仓促上马，最终变成交了大量"学费"而不见效益的"胡子工程"的教训，目前还记忆犹新。

项目可行性分析是技术经济学或工程经济学的重要内容，其工作步骤大致分成三步：机会研究→初步可行性分析→详细可行性分析。机会研究是为项目主体（项目的主要投资者或组织者）寻求具有良好发展前景并对国民经济、国防建设或企业经济具有较大贡献，同时又具有较大成功可能性的投资、发展机会所做的研究工作。这种研究应在IT企业的市场部及政府、军队系统内的信息中心等相关部门在日常的、大范围的、粗略的研究基础上，通过创造性的思维而挖掘出潜在的发展机会，并将此机会形成初步的项目设想轮廓；初步可行性分析则是在机会研究的基础上对其设想轮廓的初步具体描述分析与细化，其基本内容包括项目在市场、技术、环境、成本、资金等方面的初步分析，并最后形成一个初步的项目实施方案；详细可行性分析则在初步可行性分析基础上，对软件项目的技术方案与关键技术实现以及系统构建计划与组织、资金融通、财务分析（盈利分析、偿债能力分析等）、国民经济效果评价及不确定性分析等内容作全面的、系统的规划与分析论证。

在上述各项内容中，市场研究是一项重要内容，其研究的目的是要搞清软件投放市场的前景分析，如该软件的市场容量、消费特征、市场需求及其发展趋势（包括时间分布与地区分布特征），影响市场的主要因素，市场的竞争程度及主要竞争对手实力分析等。一批面向市场的NIS（Network Information System），如证券投资分析系统，企业资源计划（ERP）系统，银行联机业务处理系统，宾馆、博物馆防盗安全系统等在作项目可行性分析时将对市场分析作重点研究，以便为以后的销售收入预测及销售策略制订提供依据。技术可行性分析亦是可行性分析的重点内容之一，软件或NIS项目的技术可行性分析包括项目规模的确定、项目技术路线的评价与选择、项目技术方案的初步设计及其实现的可行性分析。其中，项目规模的确定是一项重要参数的科学决策问题，这是由于软件或NIS的投资额与融资量、系统生产拟投入的人力资源、设备及能源供应量以及系统构建完成后投入市场的未来销售量等等均将依赖于项目规模的确定。项目规模确定过大，融资能力难于承受，即使通过各种融资渠道获得所需的资金，但也背上了沉重的利息负担。与此同时，由于规模较大，则正常生产所需的人力资源、设备及能源供应量也就越多，由于软件或NIS的关键设备与原材料的市场供应往往受国际形势变化的影响，而我国IT企业的人力资源供应也并非富裕，因而过高的规模确定必将导致系统成本过高，严重时还将由于关键设备未到位等原因而使项目陷入绝境而中途失败。项目的技术路线的评价与选择对于软件或 NIS 的构建是至关重要的。由于目前世界 IT 产业的蓬勃发展，计算机与通信技术的发展日新月异，更新换代日益频繁，这就要求软件或 NIS 的设计人员在满足用户对系统主要目标与功能需求的基础上，在系统的先进性与实现性、开放性与安全性以及系统性能(包括系统的可靠性、可维护性、保障性、可测量性、可控性)等方面作出必要的科学与合理的权衡分析，并对各种技术方案作出比较与选优。

项目的财务可行性分析是另一重要内容，分析的内容包括投资、成本、税率与税金构成的基本财务分析、财务盈利性分析以及项目偿债能力分析和外汇效果分析等内容，其目的在于解决对指定的软件或 NIS 项目从项目的主体(生产与组织者)角度来看能否获利？估计有多大利润？对于为实施软件或 NIS 所筹集的款项能否如期归还？对为购买关键设备与原材料所筹集的外汇使用效果如何？……问题。

可行性研究的主要内容通常应包括如下几个方面的内容：

(1) 投资需求可行性；

(2) 技术可行性；

(3) 财务可行性；

(4) 环境可行性；

(5) 组织可行性；

(6) 风险分析与对策。

可行性研究的工作步骤见图 2.4。可行性研究的最终成果是编写与提交(可行性研究)报告。该报告具有如下用途：

(1) 作为经济主体投资决策的依据；

(2) 作为筹集资金和向银行申请贷款的依据；

(3) 作为从国外引进技术、设备及外商谈判签约的依据；

(4) 作为与项目协作单位(如项目外包)签订合同的依据；

(5) 作为该项目基础设施建设的重要基础资料；

(6) 作为项目计划编制、团队组织、职工培训、生产(开发)组织的依据；

(7) 作为项目考评和项目后评价的依据。

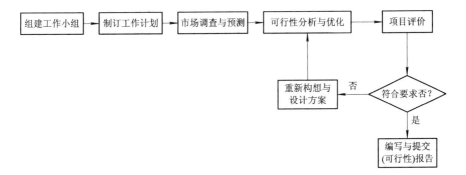

图 2.4 可行性研究工作步骤

表 2.1 给出了软件可行性分析及其相关内容，其中系统的成本效益分析、系统的经济效果分析及系统的不确定性分析等有关内容还将在本书后面作进一步介绍。

表 2.1　软件可行性分析文本目录案例

1　项目概述

　1.1　项目由来与立项依据

　1.2　市场分析(市场需求与容量分析,消费特征因素分析)

　1.3　项目生产规模

　1.4　项目进度与计划

　1.5　资金筹措

2　项目规划与技术分析

　2.1　软件系统目标与主要功能需求

　2.2　网络通信体系选择与基本网络系统结构设计

　2.3　计算机设备、系统软件(网络操作系统、服务器、工作站操作系统,以及数据库系统)与应用软件的选型与布局设计

　2.4　网络中高层传输平台、应用服务平台与低层通信平台设计

　2.5　重要的分(子、模块)系统概要设计

　2.6　系统性能(含系统连通性、可靠性、可维修性、保障性、可测性、可控性、安全性、抗毁性等)分析

　2.7　关键技术分析(系统开发思想、开发技术与策略,基本算法与分析,关键设备的制造工艺与技术等)

　2.8　人力资源投入规划及其可行性(含投入数量、水平、来源等)

3　财务分析

　3.1　基本财务估算

　　3.1.1　投资估算(固定资产投资与流动资金投资估算)

　　3.1.2　成本估算(原材料、设备与动力、废品损失、工资和附加费、车间经费、企业管理费,销售费用等费用估算)

　　3.1.3　税率、税金与税后净利润估算

　　3.1.4　财务现金流量表

　　3.1.5　财务平衡表

　3.2　财务盈利性分析

　　3.2.1　财务净现值

　　3.2.2　投资回收期与投资效果系数

　　3.2.3　投资利用率和投资利税率

　　3.2.4　企业综合效益分析

　3.3　项目偿债能力分析

　　3.3.1　贷款条件与还贷计划

　　3.3.2　投资借款偿还期

　3.4　外汇效果分析

　　3.4.1　财务外汇净现值

　　3.4.2　财务换汇成本与节汇成本

4　国民经济评价

　4.1　国民经济与社会效益评价

　　4.1.1　项目的外部效益与无形效益

　　4.1.2　项目对国民经济与技术进步的贡献

　4.2　社会效益与可行性

　　4.2.1　项目的社会效益

　　4.2.2　有关政策、法规及其可行性分析

5　不确定性分析与风险分析

　5.1　工程经济参数的敏感性分析

　　5.1.1　敏感性参数的选择、测量与比较

　　5.1.2　敏感性参数的估计与置信区间

　　5.1.2　敏感性参数的概率分布确定与计算机模拟(Monte - Carlo)分析

　5.2　风险分析

　　5.2.1　风险因素辨识与风险估计

　　5.2.2　风险分析与风险评价

　　5.2.3　风险对策研究

6　附录

　6.1　有关变量的工作经济含义与数学含义说明

　6.2　有关计算的方法、原理说明

　6.3　有关附表与附图

　6.4　可供选择的工程技术经济方案

　6.5　工程技术经济方案的综合评价

　6.6　参考文献

2.1.2　成本、收入、税金、利润及其关联

1. 成本

成本是为取得各项生产要素、商品及劳务以及为实现某些特定经济目的而发生的各种

耗费。成本有会计成本、经济成本、沉没成本、经营成本等类别。本节主要介绍会计成本的有关内容。所谓会计成本，是指会计记录在企业账册上的客观的和有形的支出，包括生产、推销过程中发生的原料、动力、工资、租金、广告、利息等支出。按照我国财务制度规定，总成本费用由生产成本、管理费用、财务费用和销售费用组成。

生产成本是指生产单位为产品生产或提供劳务而发生的各项费用，包括直接材料（原材料、备件、燃料及动力等）、直接人工（生产人员的工资、补贴等）、其他直接支出（如福利费）和制造费用（企业的分厂、车间为组织和管理生产所产生的各种费用，如管理人员的工资、劳保费、办公费、差旅费和折旧费、维修费等）等四部分。

管理费用是指企业行政管理部门为管理和组织经营而发生的各种费用，包括管理人员的工资、福利费、公司一级折旧费、修理费、技术转让费、无形资产摊销费及其他费用（办公费、差旅费、劳保费等）。

财务费用是指为筹集资金而发生的各种费用，如利息支出、汇兑损失、银行手续费等。

销售费用是指为销售产品和提供劳务而发生的各种费用，包括销售部门的人员工资、职工福利费、广告费、培训费、办公费、差旅费等。

2. 收入

收入是指企业在销售商品、提供劳务及其他使用本企业资产等经济活动中所形成经济利益的总流入，包括商品的销售收入、劳务收入、使用费收入、股利收入及利息收入等。收入是企业利润的主要来源，也是进行利润总额、销售税金及附加和增值税估算的基础。

销售收入是企业销售产品或提供劳务所取得的货币收入。它包括产品收入和其他销售收入两项内容，其中，其他销售收入包括材料销售、资产出租、外购商品销售、无形资产转让等内容。

3. 税金

税金是国家为了实现其发展经济、提高人民生活等职责需要，依据法律规定对具有纳税义务的单位和个人征收的财政资金。税收既是国家筹集财政资金的手段，又是国家参与国民收入分配和再分配的一种形式。

根据国家相关文件的规定，与我国企业特别是软件企业有关的税种有：增值税、营业税、企业所得税、城乡维护建设税、教育费附加等。其中增值税是针对由于商品生产、流通和加工、修理等各种环节形成的增值额所征收的一种流转税；营业税是对在我国境内提供应税劳务、转让无形资产或销售不动产的单位和个人，就其营业额征收的一种税；企业所得税是指我国境内的企业（不含外资企业）的生产、经营所得和其他所得（如股息、租金、转让各种资产所得）所征收的一种税；城乡维护建设费是针对一切具有经营收入的单位和个人，就其经营收入征收的一种税，其收入专用于城乡公用事业和公共设施的维护建设；教育费附加是向缴纳增值税、营业税和消费税的单位和个人所征收的一种费用。上述各种税的相应税率等有关内容从略。

4. 利润

利润是企业经营所追求的主要目标。它体现了企业在一定时期的经营成果，也是工程经济分析的重点。根据企业工程经济分析的不同要求，利润分为销售利润、利润总额和税后利润等内容。其计算公式如下：

$$销售利润 ＝ 销售收入 － 总成本费用 － 销售税金及附加$$
$$利润总额 ＝ 销售利润 ＋ 投资净收益 ＋ 营业外收入 － 营业外支出$$
$$税后利润 ＝利润总额 － 所得税$$

对于企业来说，除国家的特殊规定外，税后利润一般按如下顺序分配：弥补以前年度的亏损，提取法定公积金，提取法定公益金，提取任意公积金，向投资者分配利润。

有关成本的进一步内容将在第 3 章展开，其他的销售收入、税金的计算及其他有关内容可详见有关教材。限于篇幅，本书在此从略。

2.1.3　资源的计划、组织与控制

影响软件企业的生存与发展的经济因素除了投资、融资、成本、收入、税金与利润之外，资源(人力、时间、设备、信息)的计划、组织与控制亦是重要的影响因素。它们既是软件工程经济分析与评价的重要内容，同时也是构成企业管理与项目管理的重要内容。

上述问题的研究之所以重要是由软件企业本身的特点所决定的，由于软件生产的手工劳动特点决定了软件生产对人力资源的极大依赖性。软件企业在面对激烈的市场竞争环境时，必须尽快培养和组织起一支高素质的软件人才队伍，同时为他们提供一种良好的资源环境以充分调动积极性。另一方面如何使有限的企业资源(人力、时间、设备、信息)得到最大限度的利用，以使软件项目能高效、质优、按时完成。资源的科学规划、组织与控制也是十分必要的。

软件资源的计划、组织与控制包括人力资源特别是开发团队的计划、组织与控制，开发过程的人力资源计划，工期与时间进度计划的科学制订与实时控制，可靠性测试的人力与进度安排等问题。本书以后各章将对上述各问题作较为系统的介绍。

2.2　基于资金时间价值的现金流的贴现与预计

2.2.1　资金的时间价值

在市场经济中，资金若锁住不用，虽然其资金数额将保持不变，然而将随着通货膨胀而产生贬值；相反，若存入银行或投资工程项目(如 NIS 项目)，则该资金将进入一个循环和周转的过程，它的绝对金额将随时间而转移，并将发生相应的增额或减额的变化，其增加或减少的金额部分称为资金的时间价值(详见图 2.5)。这种资金的时间价值将直接影响着软件的工程经济活动，这是由于对于软件的构建者(经济主体)来说，其资金的投入并非在生命周期的初期一次全部投入，而是按照经济活动的需求在生命周期的各阶段分批、分期投入，从而构成了一个现金(投入)流出量序列，同样其收益亦非一次性全部获取，而是分期分批获取，从而构成一个收益(现金流入量)时间序列，于是要客观地评价软件项目方案的经济效果，不仅要考虑现金流入与流出量的数额，还必须考虑每期现金流量发生的时间，也就是说，资金只有赋予时间的概念才具有真正的完整的价值。此外，我们还需注意到企业对软件的投资绝大部分来自于对银行(或其他渠道)的借贷，由于借入与还贷之间有一个时间上的差距，因而在考虑还贷的条件时显然也必须考虑资金的时间价值。

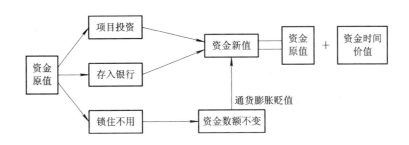

图 2.5　资金使用过程中的价值转移图

资金的时间价值不仅受到通货膨胀的影响，而且还将受到银行利率的影响，因此为了讨论资金的时间价值，我们还必须讨论银行的利率、利息、通货膨胀及其影响等问题。

1. 利息与利率

银行的存、贷款利息与利率已为人们所熟知，若 I_n 表示 n 期利息，i_n 表示 n 期利率，S_n 表示 n 期本利和，则有

$$S_n = S_{n-1}(1+i_n), \ i_n = \frac{S_n - S_{n-1}}{S_{n-1}}, \ S_n - S_{n-1} = S_{n-1} \cdot i_n = I_n \tag{2.1}$$

$$S_n = S_{n-1}(1+i_n) = S_{n-2}(1+i_{n-1})(1+i_n) = \cdots$$
$$= S_0 \prod_{j=1}^{n}(1+i_j) = S_0(1+i)^n \tag{2.2}$$

其中，i 称为平均利率，并有

$$i = \sqrt[n]{\prod_{j=1}^{n}(1+i_j)} - 1$$

2. 通货膨胀率与贴现率

1) 通货膨胀率

通货是流通货币的简称，现实流通中的纸币、硬币、支票、汇票、本票等都属于通货。通货膨胀是指纸币发行量超过商品流通实际需要的货币量所引起的货币贬值现象。通货膨胀一般包含了如下三个方面的含义：

（1）通货膨胀是货币超量发行而形成的货币（纸币）贬值后的物价上涨现象；

（2）通货膨胀是指市场商品和劳务价格的总体性的普遍上涨和持续上涨；

（3）通货膨胀是由于货币（纸币）超量发行而引起的，当货币超量发行时，市场机制的正常运转将受到阻碍，从而迫使政府采取干预手段。

由此可见通货膨胀是影响市场经济正常运转的重要经济现象，因而引起人们普遍的关注，并促使人们开始研究通货膨胀现象的度量问题。

2) 贴现率

通货膨胀率是度量国家（地区）物价上涨（货币供应量或货币购买力）相对变化率的一种参数，国家或各级政府的统计部门每年均会公布此项参数。考虑到现金的流量如 S_n 会受到 n 期银行利率 i_n 与 n 期通货膨胀率 f_n 的双重影响，为了综合这两种因素的影响效果，人们提出了一种被称为 n 期贴现率（折现率）q_n 的参数，并认为有

$$S_n = S_{n-1}(1+i_n)(1+f_n) = S_{n-1}(1+q_n) \qquad (2.3)$$

从而有

$$q_n = (1+i_n)(1+f_n) - 1 = i_n + f_n + i_n \cdot f_n \approx i_n + f_n \qquad (2.4)$$

其中，利用了在一般情况下有 $i_n < 10\% = 0.1$，$f_n < 5\% = 0.05$，从而有 $i_n \cdot f_n = 0.005 \approx 0$。

2.2.2 资金的等值与现金流量图

1. 资金的等值

在资金的时间价值计算中，等值的概念是重要的。所谓资金的等值，是指在时间因素的作用下，不同时点的不等货币值可能会具有相等的价值，例如现在的 100 元与一年后的 105 元从币值来看是不相等的，然而如果一年后的年利率为 4%，通货膨胀率为 1%，则我们可认为这两笔资金(即 100 元与 105 元)是等值的，这是由于有

$$S_n = S_{n-1}(1+i_n)(1+f_n) = S_{n-1}(1+q_n) = 100(1+4\% + 1\%)$$
$$= 100(1+5\%) = 105 \text{ 元}$$

同样我们可认为一年后的 105 元等同于现在的 100 元，这是由于

$$S_{n-1} = \frac{S_n}{(1+i_n)(1+f_n)} = \frac{S_n}{1+q_n} = \frac{105}{1+5\%} = 100 \text{ 元}$$

以下我们以借款、还本付息的例子来进一步阐述资金的时间价值及资金等值的概念。

[例 2.1] 企业现向银行贷款 1000 万元，拟在五年内以年利率 6% 还清全部本金和利息，则有如表 2.2 中所示的四种不同的偿付方案。

表 2.2 还贷的四种典型等值形式　　　　　　　　　单位：万元

偿还方案	(1) 年数 n	(2) 年初所欠金额 S_{n-1}	(3) 年利息额 $I_n = S_{n-1} \cdot i_n$	(4) 年终所欠金额 $S_n = S_{n-1} + I_n$	(5) 偿还本金 U_n	(6) 年终付款总额 $V_n = U_n + I_n$	(7) 偿还规则
Ⅰ	1	1000	60	1060	0	60	每年仅付息，第五年末一次性偿还本金
	2	1000	60	1060	0	60	
	3	1000	60	1060	0	60	
	4	1000	60	1060	0	60	
	5	1000	60	1060	1000	1060	
	$\sum$		300			1300	
Ⅱ	1	1000	60	1060	0	0	每年不付本息，第五年末一次性偿还本息
	2	1060	63.6	1123.6	0	0	
	3	1123.6	67.4	1191.0	0	0	
	4	1191.0	71.5	1262.5	0	0	
	5	1262.5	75.7	1338.2	1000	1338.2	
	$\sum$		338.2			1338.2	

续表

偿还方案	年数 n	年初所欠金额 S_{n-1}	年利息额 $I_n = S_{n-1} \cdot i_n$	年终所欠金额 $S_n = S_{n-1} + I_n$	偿还本金 U_n	年终付款总额 $V_n = U_n + I_n$	偿还规则
	(1)	(2)	(3)	(4)	(5)	(6)	(7)
Ⅲ	1	1000	60	1060	200	260	每年均付息，同时每年均匀偿还本金的1/5
	2	800	48	848	200	248	
	3	600	36	636	200	236	
	4	400	24	424	200	224	
	5	200	12	212	200	212	
	$\sum$		180			1180	
Ⅳ	1	1000	60	1060	177.4	237.4	每年均付息，同时不均匀偿还本金，但使每年偿还的本息和等额
	2	822.6	49.4	872	188.0	237.4	
	3	634.6	38.1	672.7	199.3	237.4	
	4	435.3	26.1	461.4	211.3	237.4	
	5	224.0	13.4	237.4	224.0	237.4	
	$\sum$		187			1187	

观察表 2.2 可知，如果每年的年利率 6% 保持不变，则上述四种不同的偿还方案均与原来的 1000 万元本金是等值的，或者从贷款人的立场来看，今后以这四种方案中之任何一种来偿还都可以抵偿他现在所贷出的 1000 万元，因此现在他愿意提供 1000 万元贷款；而从借款人立场来看，如果他采用四种方案中之任一种来偿付，他现在就可以得到这 1000 万元的使用权。此外，从表 2.2 第 (6) 列还可看出，尽管四种偿还方案五年所支付的本息总额是不相同的，它们分别是 1300 万元、1338.2 万元、1180 万元、1187 万元，然而这只是由于采用了不同的偿还规则而造成每年年初的所欠金额（表 2.2 第 (2) 列）不同而造成的。因此，从这四种不同偿付方案的等价性，正说明了不同时点发生的不同数量的金额，在一定的条件下（$i = 6\%$ 时）却是可以等值的。

2. 现金流量图

为了考察软件项目在整个生命周期内各阶段的投入费用与收益，以分析它们的经济效果，人们常利用现金流量图来直观、形象地描述。在如图 2.6 所示的现金流量图中，横坐标表示时间尺度，单位常用"年"（特殊情况下也可用季或半年、月等），相对于时间坐标的垂直线则代表不同时点的现金流量状况。其中箭头向上者表示现金流入（或正现金流），箭头向下者表示现金流出（或负现金流），而带有箭头之垂线的长度则是依据现金流量的大小按比例画出的。此外，为了便于分析计算，往往将投资活动的时间加以简化并假设其在每年的年初发生，而经营费用与收益则假设其在年末发生。

利用现金流量图可直观形象地描述出各种投资方案的实施过程，例如从借款人的立场来看，例 2.1 中的方案 Ⅰ 与 Ⅱ 的实施过程如图 2.7(a)、(b) 所示；从贷款人立场来看，例 2.1 中的方案 Ⅲ、Ⅳ 的实施过程如图 2.7(c)、(d) 所示。

图 2.6　现金流量图

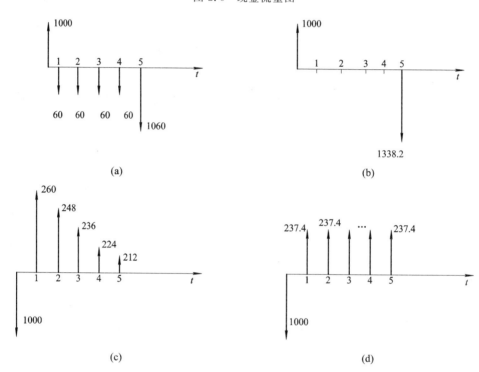

图 2.7　四种等值形式的现金流量图(现金单位：万元)

2.2.3　现金流的贴现与预计

为了解决不同投资方案实施效果的比较问题，人们常利用等值的概念，将现金流量序列中不同时点发生的金额换算成同一时点的金额，然后再进行比较。如果将现金流量序列中将来发生在不同时点的金额全部换算成当前时刻 $t=0$ 时的金额，这一换算过程称为"折现"或"贴现"，并将未来时点上的资金折现到现在时点上的资金之价值称为"现值"；同样亦可作上述折现过程的逆运算，亦即将当前时点上的资金金额换算到将来某一时点(通常是某一时间区间的终点)的金额，这一过程称为"预计"，而将当前时点上的资金金额换算到将来某一时点上的资金之价值称为"终值"。

1. 一次性支付现金流的贴现与预计

利用(2.2)、(2.3)式与(2.4)式容易解决一次性支付现金流的贴现与预计问题，这是由于若不计通货膨胀效应，则有

$$\begin{cases} S_n = S_0(1+i)^n \\ S_0 = S_n(1+i)^{-n} = \dfrac{S_n}{(1+i)^n} \end{cases} \quad (2.5)$$

其中，S_n 为 n 期本利和(终值)，i 为平均利率，S_0 为当前时刻的本利和初值，n 为年数。若考虑通货膨胀效应，则有

$$\begin{cases} S_n = S_0(1+q)^n \\ S_0 = S_n(1+q)^{-n} = \dfrac{S_n}{(1+q)^n} \end{cases} \quad (2.6)$$

其中 q 为平均贴现率。

[**例 2.2**]　(1) 某 IT 企业现借出 1000 万元，年利率为 6%，借期五年，一次性收回本利，求五年后收回的本利和。

(2) 若银行利率为 5%，为在五年后能获得 10000 万元，某企业现应存入多少现金？

解　(1) 由(2.5)式可知，当 $i=6\%$，$n=5$ 时，有

$$S_5 = S_0(1+i)^5 = 1000 \cdot (1+0.06)^5 = 1338.2 \text{ 万元}$$

(2) 由(2.5)式可知，当 $i=5\%$，$n=5$ 时，有

$$S_0 = S_5(1+i)^{-5} = 10\,000 \cdot (1+0.05)^{-5} = 7835.3 \text{ 万元}$$

由上计算得知某 IT 企业五年后收回之本利和(终值)为 1338.2 万元，而该企业希望五年后获得 1 亿元，当前应向银行存入现金 7835.3 万元。或称五年后的一亿元相当于当前的贴现值为 7835.3 万元。

2. 多次性支付现金流的贴现与预计

设有一现金流 A_1，A_2，$\cdots$，A_n，其中 A_j 为 j 期末之现金支付值(详见图 2.8)，欲求此现金流的现值 P_0 及 n 期预计值 S_n。

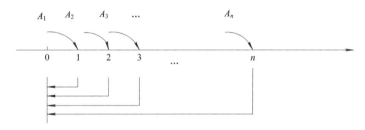

图 2.8　现金流贴现示意图

注意到现金 A_j 欲贴现到当前值，则由(2.5)式知有现值 $A_j/(1+i)^j$，其中，i 为平均利率或平均贴现率，从而现金流 A_1，A_2，$\cdots$，A_n 之贴现值之和 P_0 为

$$P_0 = \sum_{j=1}^{n} \frac{A_j}{(1+i)^j} \quad (2.7)$$

相反，欲求 S_n 时，同样对现金 A_j 转换到终值时，利用(2.5)式知有 $A_j(1+i)^{n-j}$，从而有现金流 A_1，A_2，$\cdots$，A_n 之预计值和 S_n 为

$$S_n = \sum_{j=1}^{n} A_j(1+i)^{n-j} = P_0(1+i)^n \quad (2.8)$$

为方便(2.7)式与(2.8)式之计算，以下我们来讨论在三种不同状况下 A_k 与 P_0、S_n 之关系。

（1）等额系列现金流，即 $A_k = A$，$k = 1, 2, \cdots, n$ 时，容易由(2.7)式与(2.8)式得到

$$\begin{cases} P_0 = \sum_{j=1}^{n} \frac{A_j}{(1+i)^j} = A \sum_{j=1}^{n} \frac{1}{(1+i)^j} = A \frac{(1+i)^n - 1}{i(1+i)^n} \\ S_n = P_0(1+i)^n = A \frac{(1+i)^n - 1}{i(1+i)^n} \cdot (1+i)^n = A \frac{(1+i)^n - 1}{i} \end{cases} \quad (2.9)$$

若引入资金回收系数 CRF 与偿债基金系数 SFF，并令

$$\text{CRF} = \frac{i(1+i)^n}{(1+i)^n - 1}, \quad \text{SFF} = \frac{i}{(1+i)^n - 1} \quad (2.10)$$

则将(2.10)式代入(2.9)式，应有

$$P_0 = \frac{A}{\text{CRF}}, \quad S_n = \frac{A}{\text{SFF}} \quad (2.11)$$

利用(2.10)式容易验证还有

$$\text{CRF} = i + \text{SFF}$$

（2）等差系列现金流，即 $A_j = A_{j-1} + h$，$h > 0$，$j = 1, 2, \cdots, n$，$A_0 = 0$ 时，注意到有 $A_j = A_{j-1} + h = A_{j-2} + 2h = \cdots = jh$，将其代入(2.7)式与(2.8)式，有

$$P_0 = \sum_{j=1}^{n} \frac{A_j}{(1+i)^j} = h \sum_{j=1}^{n} \frac{j}{(1+i)^j} = h \left[\frac{1}{1+i} + \frac{2}{(1+i)^2} + \cdots + \frac{n}{(1+i)^n} \right] \quad (2.12)$$

利用(2.12)式有

$$P_0 i = P_0(1+i) - P_0 = h \left[1 + \frac{1}{1+i} + \frac{1}{(1+i)^2} + \cdots + \frac{1}{(1+i)^{n-1}} - \frac{n}{(1+i)^n} \right]$$

$$= h \left[\frac{(1+i)^n - 1}{i(1+i)^n} - \frac{n}{(1+i)^n} \right]$$

从而有

$$P_0 = \frac{h}{i} \left[\frac{(1+i)^n - 1}{i(1+i)^n} - \frac{n}{(1+i)^n} \right]$$

$$h = P_0 i \left[\frac{(1+i)^n - 1}{i(1+i)^n} - \frac{n}{(1+i)^n} \right]^{-1}$$

（3）等比系列现金流，即 $A_j = A_0(1+H)^{j-1}$，$j = 1, 2, \cdots, n$ 时，利用(2.7)式与(2.8)式可得

$$P_0 = \sum_{j=1}^{n} \frac{A_j}{(1+i)^j} = A_0 \sum_{j=1}^{n} \frac{(1+H)^{j-1}}{(1+i)^j} = \frac{A_0}{1+i} \sum_{j=0}^{n-1} \left(\frac{1+H}{1+i} \right)^j$$

$$= \begin{cases} A_0 \dfrac{1 - \left(\dfrac{1+H}{1+i} \right)^n}{i - H}(1+i) & i \neq H \\ \dfrac{A_0 n}{1+H} & i = H \end{cases}$$

［例 2.3］ （1）某 IT 企业欲向银行贷款 1000 万元，年利率为 6%，规定 5 年内等额偿还，求每年末企业应偿付的金额。

（2）该企业拟向银行储存一定基金，以便在 10 年后能更新一台设备，若预计 10 年后该设备价格估计为 10 万元，试问在银行利率 5% 不变的情况下，该企业应向银行等额储存多少基金。

解　(1) 利用等额系列现金流贴现公式(2.11)并有 $i = 6\%$，$P_0 = 1000$ 万元，$n = 5$，则可得

$$A = P_0 \cdot \text{CRF} = P_0 \frac{i(1+i)^n}{(1+i)^n - 1} = 1000 \cdot \frac{0.06(1+0.06)^5}{(1+0.06)^5 - 1} = 237.4 \text{ 万元}$$

(2) 类似地，由式(2.11)及 $n = 10$，$S_{10} = 10$，$i = 0.05$，则有

$$A = S_n \cdot \text{SFF} = S_{10} \frac{i}{(1+i)^{10} - 1} = 10 \cdot \frac{0.05}{(1+0.05)^{10} - 1} = 0.795 \text{ 万元}$$

利用上述计算结果可得(1)问题的现金流量图如图 2.9(a)所示，(2)问题的现金流量图如图 2.9(b)所示。

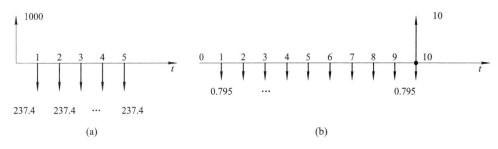

图 2.9　例 2.3 现金流量图(现金单位：万元)

2.3　招　标　与　投　标

软件的项目来源一般有如下三个方面：

(1) 国家、省自然科学基金，国家信息化工程(金关、金税、金盾、金财、金农、金水等工程)及国防科研基金申请获准的项目。此类项目的软件一般应在理论与方法上带有前瞻性，并具有国内先进与领先水平的特点。

(2) IT 企业(或部门，如学校、研究所)自行筹资(或合资)，然后独立(或合作)完成设计与构建工作，最后将该软件项目推向市场，并寻求用户的购买。此类软件的特点一般是经过事前论证获知具有较大的市场需求的系统，如证券投资分析系统、物流管理信息系统、银行联机事务处理系统等。

(3) 通过其他企业或政府部门的招标，尔后经过投标竞争获取。此类软件项目的特点一般是应用性较强并带有较强的时间约束的软件，如电子政务系统、电子商务系统、网上净化系统、企业 ERP 系统等。本节将介绍第三类即有关软件招标与投标的有关内容。

2.3.1　招标/投标的特征与分类

招标与投标是一种有组织、有计划的商业贸易活动。通过招标与投标活动，组织方寻找合适的承包方(或买主)，而投标方则经竞争获取相应的工程项目(或资产)。招标与投标这一经济活动其适用范围十分广泛，凡是有形资产(如房屋、土地、珠宝、邮票、药品等)均可通过招标与投标来完成交易活动，而软件作为一种特殊的有形资产，采用招标与投标方式来寻求组织方与承包方的合作关系是一种常用的经济活动方式。

1. 招标与投标的特征

(1) 招标的组织性。有固定的招标组织人，有固定的招标场所，有固定的招标时间，有

固定的招标规划或程序细则。

（2）招、投标的公开性。招标机构一般通过各种途径（如网站、电视台、报刊、发送通知）作广泛通告来寻求有能力、有兴趣的承包商或供货商。

（3）招、投标的一次性决定。即交易活动的主动权掌握在招标人手中，由招标机构对最后的众多投标商作出选择，而投标商没有讨价还价的权利。

（4）招、投标的公平性。招标机构按照预先给定的招标规则，并本着公平竞争的原则来对中标人（中标单位）作出最后选择。

2. 招标的类型

1）按公开程度和参加人数的限制条件分类

招标根据其公开程度与参加人数的限制条件可划分两种类型。

（1）竞争性招标。又称公开性招标。即通过报刊、电视台、网站等公开宣传媒介刊登广告，对于前来投标的人数则不作限制。

（2）有限招标。此类项目往往由于其项目本身的特殊性，如保密性（军用软件）或节约资金等原因，故只邀请有限的约定对象来参加招标，并且不采用公开的广告形式，而是直接采用给邀请对象发招标书的形式。

2）按合同的条件分类

招标若按合同的条件来划分可分为三种类型。

（1）自动条件招标。即以最低报价为先决条件并自动授予持最低报价的投标人中标，这是一种常用的招标方法。通常对技术含量较低的软件项目采用此法。

（2）随机条件招标。即招标人在招标过程中可随意改变评判投标人的主要条件，如价格、技术水平、交货期、投标单位信用等，一般在比较复杂的大型工程项目（如中大型软件项目）中常采用此法。

（3）谈判招标。即招标单位通过与各投标方分别进行谈判，并根据谈判的结果最终对中标单位作出选择。在此类招标中，投标人除了发出投标书外，还可在得知其他投标人的报价结果后再度通过谈判来修改投标有关内容。此类投标方式在项目进行国际招标时常采用。

2.3.2　招标的程序与方法

尽管招标的方式或类型不同，但通常的招标程序都是类似的，一般首先要经过招标前的准备工作，如成立招标机构、制订招标规则。其中，招标规则的内容有三项：招标程序、招标条件、招标书格式。在完成招标前的准备工作后，以下的招、投标活动通常包括招标方邀请承包商参加资格预审，颁发和提交资格预审文件，预审资格分析与选择入选投标者名单，询价文件准备，询价文件颁发，投资者考察现场，询价文件修订，投标者质疑解答，投标书提交和接收，开标，评标以及授予合同等12项内容，图2.10给出了常用的项目招、投标程序及其有关内容。其中需要说明的"考察现场"一项的需要是基于如下原因：

（1）一些软件是为企业、政府部门的管理服务，因此只有了解企业、政府部门的现有业务流程细节，才能研究对其的流程重组与改进，这就需要进入现场进行考察。

（2）某些软件对设备本身的环境有特殊要求，如舰、船及航空、航天用的软件，它对设备所占的空间区域、体积、重量以及温度、湿度、大气压力等均有特殊要求。因此为构建此类软件，有必要对现场进行考察，以尽可能掌握一些约束条件。

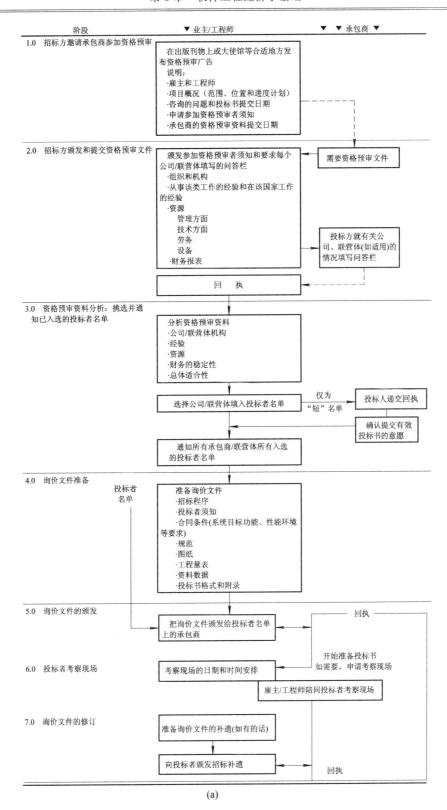

(a)

图 2.10(a)　招标、投标程序流程图

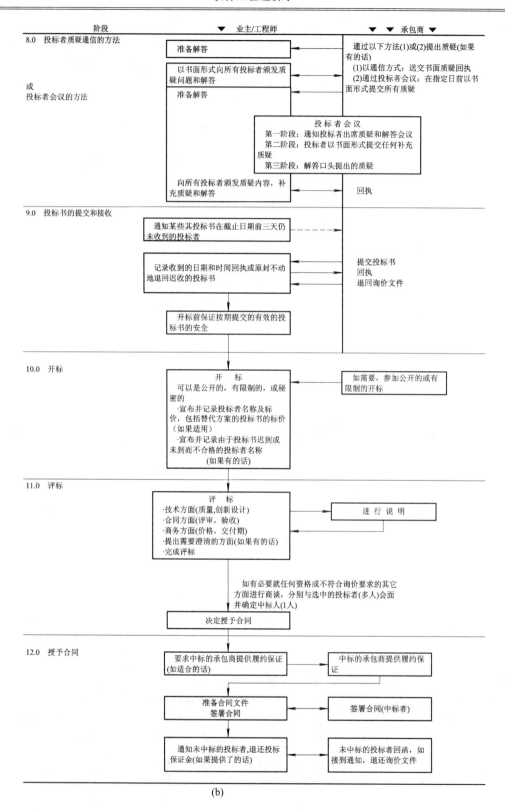

(b)

图 2.10(b)　招标、投标程序流程图

(3) 某些软件将带有基础设施(已建成),因此如何设计软件的各分、子系统,并在该基础设施内进行合理的布局就有必要考察现场。

(4) 某些软件如交通管理控制系统等,是针对某些地区及其路口实施控制的,因此实地了解这些交通道路的车流现状及其规律也是必要的。

2.3.3　投标过程及其策略

图 2.11 给出了投标方(承包商)实施投标过程的活动流程及其需作的有关准备工作。当有的软件项目规模较为庞大,由于人力、设备及时间的限制,主承包商一方往往难以独立完成,因此可联系一些分承包商进行分包。图 2.11 中的项目分包会议即为主承包商与分承包商在投标前的前期协商会议。图中虚线框的文件不形成传递文件(属内部文件),实线框内的文件属上报文件(外部传递文件)。

招标过程所涉及的内容虽然多达 12 项,但从投标方来看,其投标过程大致可分为三个阶段:Ⅰ投标前准备与申报资格预审;Ⅱ编标报价;Ⅲ评标答辩与谈判合同。投标方为力求在投标竞争中取胜,应在上述各阶段中注意如下策略。

1) 阶段Ⅰ

阶段Ⅰ中投标方(承包方)应迅速构成由技术设计人员、工程管理人员、市场营销人员、财务分析人员和设备采购人员组建的项目投标组,并着手收集投标信息和资料,研究招标的有关法规。其中投标的信息和资料应包括三个方面。

(1) 有关软件或 NIS 项目的技术、经济环境信息,设备与原材料的国内外市场供应及其报价。这些信息显然是投标成本分析的基础。

(2) 投标方企业内部资料,包括企业(部门)软件或 NIS 研制经历、技术水平、信息资源(计算机通信设施,软件工具等)拥有量、资金与财务状况、履约能力、企业管理人员经历及各种证明文件。这些资料的准备将用于招标资格审查。

(3) 竞争对手资料,包括有可能参与投标竞争的企业各单位及有关资料,如这些企业的投标经历、中标次数、技术、质量、财务状况及履约能力与知名度。显然,这些资料的准备将为在评标答辩与谈判中出奇制胜及作出有效的决策打下基础;研究招标法规包括仔细研究招标文件及有关的招标合同法、税法、劳动法、公司法、代理制度法规及各国采购法。一些 NIS 基于其系统的功能需求,往往需要进口一些先进国家的信息设备,此时仔细研究相关国家的采购法将十分重要。

2) 阶段Ⅱ

在阶段Ⅱ中,投标项目组的核心工作是按照投标文件要求编制标书,投标方要通过标书中的有关内容来体现其本身的价格优势、技术及管理水平、财务与物资实力,以便与其他投标方竞争。编标报价是整个投标过程的核心,而标价则有可能是决定投标方能否中标的关键。

3) 阶段Ⅲ

在阶段Ⅲ中,招标方将对投标方递交的标书中不清楚的地方进行质疑,并对有关的投标条件进行谈判,而投标方将利用各种公开和不公开的渠道陈述自身的实力与信誉,适当地降低报价以利用本身的优势及竞争对手的弱点来击败对手,获取合同,同时又利用与招标方谈判合同细节时在不违反合同基本条款和标书文件规定的基础上,尽力争取一些有利于投标方的条件。

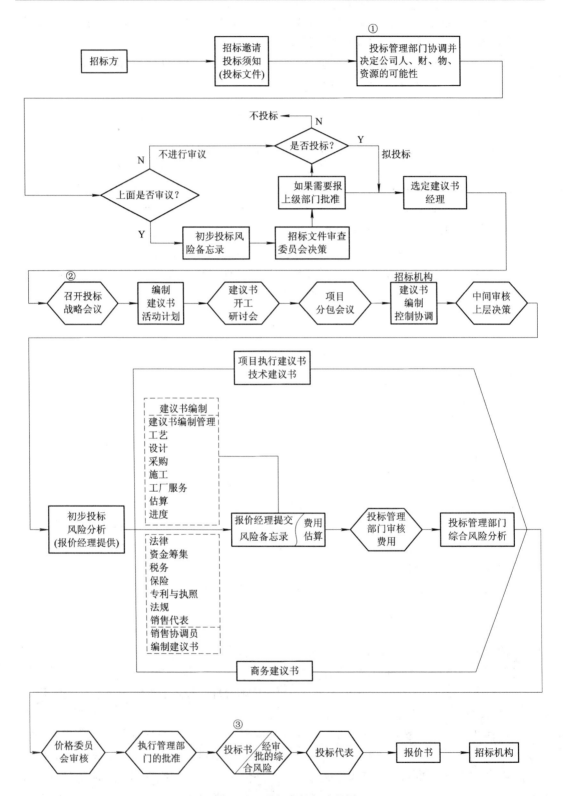

图 2.11　承包商投标流程图

2.3.4 软件项目标书案例

软件项目标书的内容包括两大部分。第一部分是投标方有关文件，包括投标方（企业或部门）从事软件项目的研究经历（合同书、鉴定、评审意见书、获奖证明、市场销售量、相关部门的效益评价书等）；技术水平（通信系统、计算机软、硬件分析设计、测试人才数量、职称、从事研究经历等），信息资源拥有量，资金与财务状况的银行、会计、审计部门证明文件，企业管理人员经历及履约能力证明文件等。第二部分是软件项目技术设计文件。

表 2.3 给出了一个应用案例——ERP 设计目录，其中，ERP 是企业资源计划（Enterprise Resources Planning）的简称，它是在企业管理信息系统 MIS、物料需求计划 MRP、制造资源规划 MRP Ⅱ 基础上发展起来的面向供应链管理（Supply Chain Management）思想的一种新型 NIS。目前国内的很多先进企业均已完成或正在实施其 ERP 规划。基于国外虽已有不少已开发的国外 ERP 软件进入我国，然而由于我国的国情与欧美诸国有很多不同之处，因而研究与开发适合我国国情的 ERP 系统是有其重要意义的，同时也有其巨大的市场需求。

表 2.3 ERP 技术设计方案（标书目录）

1 引言	4.3 项目配置管理与进度管理
1.1 项目背景	4.4 测试
1.2 求语定义	4.5 文档
1.3 参考资料	4.6 项目管理中的关键控制点
2 需求分析	5 系统实施组织机构
2.1 企业概况	5.1 项目领导小组与办公室
2.2 生产经营特点	5.2 项目职能小组（甲方）
2.3 企业管理现状	（各部门经理与职能）
2.4 业务需求描述	企业 IT 小组（信息中心与数据准备）
2.5 现有系统的局限性	5.3 乙方项目组及其职能
3 ERP 总体规划设计	5.4 需求变更协调委员会
3.1 ERP 系统目标与功能	6 系统实施制度
3.2 网络结构与软件结构	6.1 阶段工作计划制度
3.3 数据库系统设计	2.2 系统运行状态监控制度
3.4 办公自动化系统功能设计	2.3 风险控制制度
3.5 重要功能模块及有关算法设计（生产计划管理、采购管理、销售管理、库存管理、设备管理、质量管理、人力资源管理、财务与成本管理，新产品研究与开发管理，客户关系管理等）	2.4 文档交接制度
	2.5 数据准备责任
	2.6 例会、信息反馈与需求变更等的协调与控制制度
	2.7 失效处理与系统安全制度
3.6 系统可靠性与可维护性	7 系统投资效益分析
3.7 系统的安全性，可控性与可测性	7.1 经济效益分析
3.8 系统的工程经济分析	7.2 社会效益或国民经济效益分析
4 系统实施规划	8 不确定性分析
4.1 项目实施总体规划	9 系统构建对企业的影响分析
4.2 项目质量控制系统	10 附录

2.4 项目评价与决策方法

在软件企业的生产与经营过程中会遇到系统评价与决策问题，如在软件项目的规划、设计、编码与测试过程中不同技术经济方案的比较、评价与选择问题，在软件外包时对合作伙伴单位的比较评价与选择问题，在建立开发平台中的硬件(服务器、测试设备、传感器等)设备选型与采购问题，企业为建立高素质人才队伍时对高层次人才的比较与选择问题等。解决上述问题的理论与方法构成了软件工程经济学的重要内容之一。

上述系统评价与决策问题从本质上来看是一种多属性评价与决策问题。例如，各种开发方案在成本耗费、进度与工期、产出与效益、质量与可靠性等多种属性度量指标上往往各有所长，同时又各有所短，在系统设备选型如服务器的市场采购中，不同计算机在功能与性能、价格、运算速度、存储空间等属性指标上同样具有上述特性。因此，如何科学地、系统地对这些不同的方案与计算机作出正确的综合评价或优劣排序，对于系统决策是十分重要的。

解决上述问题的一般做法是顺序解决如下五个问题：

(1) 确定评价主体(单位或个人)；

(2) 确定评价对象(某个软件项目的不同设计方案或技术经济方案、外包选择的不同合作伙伴单位等)并分别以 A_1, A_2, …, A_m 表示；

(3) 建立如图 2.12 所示的评价指标体系结构。其中，每个评价指标 X_j 都从不同侧面来刻画软件项目技术经济的权重系数，$j=1, 2, …, n$。

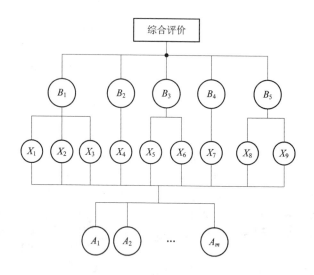

图 2.12 综合评价指标层次结构图

(4) 确定每个指标 X_j 的权重系数，$j=1, 2, …, n$。其中，权重表示各个指标之间的相对重要性的度量。

W_{ij} 表示第 i 种技术经济方案对指标 X_j 的对应权重系数，并有

$$W_{ij} \geqslant 0, \quad \sum_{j=1}^{n} W_{ij} = 1 \qquad i = 1, 2, \cdots, m$$

（5）建立综合评价模型。目前见到的综合评价模型有：基于线性加权和的综合评价模型，基于模糊数学的综合评价模型，基于灰色系统的综合评价模型，基于神经网络的综合评价模型，协商评价模型，基于语义的综合评价模型，动态综合评价模型，立体综合评价模型，等等。其中，权重系数的确定常采用 Delphi 法、二分比较法、六分比较法、九分比较法（即 AHP 法）等。限于篇幅，以下介绍基于线性加权和的综合评价模型中的一种关联矩阵法、层次分析法（AHP 法）和基于模糊数学的综合评价模型中的一种：模糊综合评判法。此外，考虑到采用不同的综合评价模型，会得到不同的求解结果，故本节最后还介绍这种不同求解结果的集结方法。

2.4.1　关联矩阵法

关联矩阵法本质是一种权系数确定采用二分比较法而综合评价采用线性加权和的一种综合评价模型。该模型体 $\boldsymbol{M} = \{\boldsymbol{A}, \boldsymbol{X}, \boldsymbol{W}, \boldsymbol{U}, \boldsymbol{V}\}$，其中，$\boldsymbol{A} = \{A_1, A_2, \cdots, A_m\}$ 为方案集，$\boldsymbol{X} = \{X_1, X_2, \cdots, X_n\}$ 为指标集，$\boldsymbol{W} = \{W_1, W_2, \cdots, W_n\}$ 为权重集，W_j 为指标 X_j 对应的权重系数，$\boldsymbol{U} = (u_{ij})$ 为价值矩阵，u_{ij} 表示方案 A_i 关于 X_j 的价值量。$\boldsymbol{V} = (V_1, V_2, \cdots, V_n)$ 为综合价值向量，V_j 为方案 A_j 对应的综合价值量。

$$V_i = \sum_{j=1}^{n} u_{ij} W_j \qquad i = 1, 2, \cdots, m \tag{2.13}$$

1. 权重系数的确定

权重系数的确定采用二分比较法。所谓"二分比较"，意指各指标重要性的相互比较采用二分法：重要或不重要，即引入布尔变量 E_{ij} 来度量指标 X_i 与 X_j 相比较的重要性，并有如下权重算法：

$$\begin{cases} E_{ij} = \begin{cases} 1, & X_i \text{ 比 } X_j \text{ 重要或同等重要} \\ 0, & X_j \text{ 比 } X_i \text{ 重要} \end{cases} & i, j = 1, 2, \cdots, n \\ E_{ji} = 1 - E_{ij} \qquad i, j = 1, 2, \cdots, n \\ F_i = \sum_{j=1}^{n} E_{ij} \qquad i = 1, 2, \cdots, n \\ W_i = \dfrac{F_i}{\sum\limits_{i=1}^{n} F_i} \end{cases} \tag{2.14}$$

2. 综合评价求解

利用关联矩阵法作综合评价的求解流程见图 2.13。图中，权重系数计算采用（2.14）式，价值矩阵的确定采用等级分法或二二比较法（如二分比较法、六分比较法或九分比较法），综合价值量 $\boldsymbol{V}$ 的计算采用（2.13）式，方案排序可根据各方案综合价值量 $V_1, V_2, \cdots,$ V_n 的相对大小比较来决定。

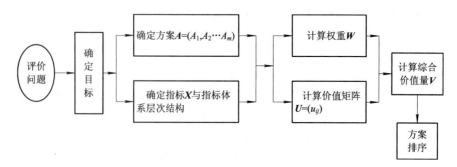

图 2.13　综合评价求解流程

利用等级分法确定价值矩阵 U 的步骤为：

（1）确定各指标属性比较的等级数 k，常用的等级分三级、四级、五级、七级、九级、十级。相应的等级分可设为 1、2、……、k 中的任何一值。

（2）给出各指标处于各等级时其指标属性的度量范畴，从而构成一个等级分表。

（3）每个方案根据等级分表给出其各指标的等级分 u_{ij}。

采用等级分法的优点在于使具有不同量纲的指标具有可比性，同时又能使一些定性指标转化为定量指标，从而使相互比较成为可能。以下通过案例来说明方法的求解过程。

［例 2.4］　软件公司根据市场需求拟开发一种通信管理与控制软件，并经过研究给出了三种设计方案 A_1、A_2、A_3。试对这三种方案作系统评价并作排序。

解　根据前述介绍的系统综合评价求解思路如下：

（1）评价主体为项目经理；

（2）评价对象为设计方案 A_1、A_2、A_3；

（3）确定评价指标为：成本（X_1）、功能与性能（X_2）、规模与研发难度（X_3）、投资利润率（X_4）；

（4）采用二分比较法给出各指标的重要性权值见表 2.4。表中 E_{ij}、F_i 与 W_i 计算采用（2.14）式；

表 2.4　权重系数求解表

E_{ij}	X_1	X_2	X_3	X_4	F_i	W_i
X_1	1	0	0	1	2	0.2
X_2	1	1	1	1	4	0.4
X_3	1	0	1	1	3	0.3
X_4	0	0	0	1	1	0.1

（5）经研究给出了这四个评价指标的五等级的等级分表见表 2.5。根据各设计方案的技术经济特性的优劣，从表 2.5 中可分别获得其价值矩阵的各分量 u_{ij} 数值见表 2.6。利用（2.13）式可求得三个设计方案的综合价值量 $V_1=3$，$V_2=3.3$，$V_3=2.4$。注意到有 $V_2>V_1>V_3$，故方案排序为 $A_2>A_1>A_3$。

表 2.5　各指标等级分表

属性	5	4	3	2	1
X_1	20 万元以下	[20，30)	[30，40)	[40，50)	50 万元以上
X_2	很强	强	较强	一般	弱
X_3	小	较小	一般	较大	大
X_4	0.7 以上	[0.5，0.7)	[0.4，0.5)	[0.3，0.4)	0.3 以下

表 2.6　价 值 矩 阵 表

U_{ij} ＼ $X_j(W_j)$ ＼ A_i	X_1	X_2	X_3	X_4	V_i
	0.2	0.4	0.3	0.1	
A_1	3	3	3	3	3
A_2	3	4	3	2	3.3
A_3	2	3	2	2	2.4

2.4.2　层次分析法

层次分析法(Analytic Hierachy process，AHP)是目前较为常用的综合评价方法。层次分析法与关联矩阵法的综合评价求解思想类似，均是通过对各评价指标的两两比较并经过数学处理来得到各指标的相对重要性权重系数，从而为支持多属性决策奠定基础。然而这两种方法也有以下不同之处：

(1) 关联矩阵法在作各属性指标的两两比较时未考虑指标两两比较的前后一致性问题，因而数学处理虽然简单，但不够严密，而层次分析法则考虑了两两比较的前后一致性问题，并建立起较为系统、严密的数学理论。

(2) 关联矩阵法作两两比较时采用了简单的二分度量(0 或 1)，而层次分析法作两两比较时给出的是九分度量(1，2，3，…，9)，从而使相对重要性差异的刻画更为细微。

(3) 关联矩阵法要求指标体系的层次结构较为简单(目标层、准则层、方案层，共三层)，而层次分析法则允许指标体系构成多于三层的多级递阶层次结构，从而对各指标的层次关联刻画更为细微。

层次分析法是美国匹兹堡大学教授 T. L. Saaty 在研究美国防部《应急计划》(1971 年)、美某州电力分配问题(1972 年)及苏丹运输问题(1973 年)等项目决策中所取得的成果。以后于 1977 年在第一届国际数学建模学术会议上发表论文《无结构决策问题的建模——层次分析法》，继而 Saaty 又于 1980 年在 McGraw - Hill Conpany 出版了其论著《Analytic Hierachy process》，全面论述了层次分析法的数学基础、原理与应用，从而引起了人们的兴趣与注意，并逐步在经济管理、企业管理、科技管理、工程设计等领域取得了广泛的应用。以下介绍层次分析法的有关内容。

1. 层次分析法及其求解流程

层次分析法求解流程如图 2.14 所示。

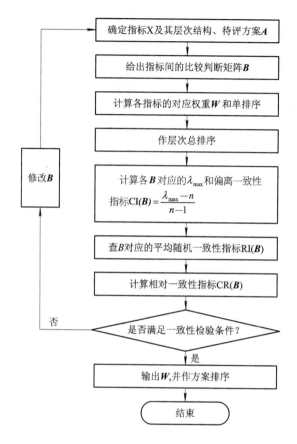

图 2.14　层次分析法求解流程

运用层次分析法作系统综合评价需要如下基本要素：

$A = \{A_1, A_2, \cdots, A_m\}$，即待评方案集；

$X = \{X_1, X_2, \cdots, X_n\}$，即评价属性指标集；

$W = (W_1, W_2, \cdots, W_n)$，即各指标的相对重要性权重向量；

$B = (b_{ij})$，即 n 阶正互反矩阵，称为比较判断矩阵。所谓正互反矩阵，是指满足条件 $b_{ij} > 0$，$b_{ij} = 1/b_{ji}$，$i, j = 1, 2, \cdots, n$。比较判断矩阵的分量 b_{ij} 是指标 X_i 与 X_j 相比较的相对重要性标度。一般采用 1～9 及其倒数的标度方法，它反映了人们对各指标相对重要性（或优劣、偏好、强弱等）的认识。

在以上一层次某要素为准则的条件下，具体的标度取值规则如下：

$$b_{ij} = \begin{cases} 1, \text{本层次 } X_i \text{ 与 } X_j \text{ 相比，具有同等重要性} \\ 3, \text{本层次 } X_i \text{ 与 } X_j \text{ 相比，} X_i \text{ 比 } X_j \text{ 稍微重要} \\ 5, \text{本层次 } X_i \text{ 与 } X_j \text{ 相比，} X_i \text{ 比 } X_j \text{ 明显重要} \\ 7, \text{本层次 } X_i \text{ 与 } X_j \text{ 相比，} X_i \text{ 比 } X_j \text{ 重要} \\ 9, \text{本层次 } X_i \text{ 与 } X_j \text{ 相比，} X_i \text{ 比 } X_j \text{ 极端重要} \end{cases} \quad (2.15)$$

b_{ij} 也可取上述各数的中间值 2，4，6，8 及各数的倒数 1/3，1/5，1/7，1/9 等。由 b_{ij} 的上述取值规则可知，层次分析法的两两比较相对重要性标度采用 9 个等级或九分法的形式。类似于关联矩阵法中采用的两个等级的 E_{ij}。

注意到层次分析法中的指标体系具有如图 2.12 所示的层次结构,除目标层和方案层外,准则层允许有多个层次,以便深入刻画各指标间的层次从属(支配)关系。因此在一系列的评价指标间,每一个上层指标(含目标)与其可支配的相邻下层指标(含方案)可组成一个两两比较判断的矩阵,并作一次层次单排序和一致性检验。由于这样的比较判断阵有多个,例如, B_1 , B_2 , … , B_m , 则只有当这 m 个比较判断阵均通过一致性检验后,方可作层次总排序并输出。这里需要说明的是,单排序是指同一层次各相关指标以其相邻上一层次的某从属指标为准则的相对重要性标度的求解,而总排序则指最底层各指标以最高层目标为准则的相对重要性标度求解,而后者显然是我们作系统评价时待求的主要目标。

2. 排序算法

所谓排序算法,是指根据各相关指标的比较判断矩阵求解各指标的相对重要性标度的计算方法。目前这样的排序算法有很多,如特征向量法(EVM)、对数最小二乘法(LLAM)、最小二乘法(LSM)、广义特征根法(GEM)、改进梯度特征向量法(IGEM)、最小偏差法(LDM)等。有关上述各算法及其比较可详见作者文献[19]。以下仅介绍特征向量法的计算方法:

$$\begin{cases} U_i = \prod_{j=1}^{n} b_{ij} \\ V_i = \sqrt[n]{U_i} \\ W_i = \dfrac{V_i}{\sum\limits_{i=1}^{n} V_i} \end{cases} \tag{2.16}$$

[**例 2.5**]　设有 B_1 和 B_2 两个比较判断矩阵(详见表 2.7 和 2.8),求它们对应的权重向量。

表 2.7　B_1 单排序求解过程

B_1	X_1	X_2	X_3	U_i	V_i	W_i
X_1	1	3	5	15	2.467	0.637
X_2	1/3	1	3	1	1	0.258
X_3	1/5	1/3	1	1/15	0.405	0.105
$\sum$				$\sum = 3.872$		1

表 2.8　B_2 单排序求解过程

B_2	X_1	X_2	X_3	U_i	V_i	W_i
X_1	1	2	9	18	2.620	0.60
X_2	1/2	1	7	7/2	1.518	0.35
X_3	1/9	1/7	1	1/63	0.25	0.05
$\sum$				$\sum = 4.389$		1

解　利用算法(2.16)式, B_1 的单排序求解过程见表 2.7, B_2 的单排序求解过程见表 2.8,从而有

$$W(B_1) = (0.637, 0.258, 0.105)^T$$
$$W(B_2) = (0.60, 0.35, 0.05)^T$$

3. 一致性检验

一致性检验方法有相对比较法、统计检验法、K 因子检验法等，可详见参考文献[20]。以下介绍相对比较法的有关内容。在对 n 个同层指标作两两比较时，共需作 $\dfrac{n(n-1)}{2}$ 次比较，由于人们在作这一系列两两比较的主观判断中往往不可能采用同一标准（尺度），从而会出现前、后比较的不一致现象，当 B 的这种偏离一致性的累加效应较大时，将会影响相对重要性标度 W 的真实性。为了避免上述情况的出现，Satty 建议引入下述三个指标并作一致性检验的办法来解决上述问题。

（1）CI(B) 称为偏离一致性指标，它可用来表征作两两比较时 B 偏离一致性的累加总效应。经过理论分析，CI(B) 可由下式计算，且下式中的 W 由 (2.16) 式计算，其中 $\lambda_{\max}^{(B)}$ 为 B 对应的最大特征根。

$$\begin{cases} \mathrm{CI}(B) = \dfrac{\lambda_{\max}^{(B)} - n}{n-1} \\ \lambda_{\max}^{(B)} = \dfrac{1}{n} \sum_{i=1}^{n} \dfrac{(BW)_i}{W_i} \end{cases} \tag{2.17}$$

（2）RI(B) 称为平均随机一致性指标，它表示一个 n 阶正互反矩阵 B，其中出现不一致性的平均累计总效应。一般而言，B 的阶数愈大，B 出现的不一致性累计总效应也愈大。Satty 通过计算机模拟给出了不同阶数 n 时的 RI(B)，见表 2.9。

表 2.9 RI(B) 取值表

n	1	2	3	4	5	6	7	8	9
RI(B_n)	—	—	0.58	0.90	1.12	1.24	1.32	1.41	1.45

（3）CR(B) = $\dfrac{\mathrm{CI}(B)}{\mathrm{RI}(B)}$ 称为不一致性指标，若有 CR(B) < 0.1，则称该层次单排序具有满意一致性，否则，需对 B 作重新调整。

[**例 2.6**] 对表 2.7 与表 2.8 所示的比较判断矩阵 B_1 与 B_2 作一致性检验。

解 由表 2.7 知

$$B_1 = \begin{pmatrix} 1 & 3 & 5 \\ \dfrac{1}{3} & 1 & 3 \\ \dfrac{1}{5} & \dfrac{1}{3} & 1 \end{pmatrix}, \quad W_{B_1} = (0.637, 0.258, 0.105)^T$$

由表 2.8 知

$$B_2 = \begin{pmatrix} 1 & 2 & 9 \\ \dfrac{1}{2} & 1 & 7 \\ \dfrac{1}{9} & \dfrac{1}{7} & 1 \end{pmatrix}, \quad W_{B_2} = (0.60, 0.35, 0.05)^T$$

由(2.17)式知有

$$\lambda_{\max}^{(\boldsymbol{B}_1)} = \frac{1}{3} \sum_{i=1}^{3} \frac{(\boldsymbol{B}_1 \cdot \boldsymbol{W}(\boldsymbol{B}_1))_i}{(\boldsymbol{W}(\boldsymbol{B}_1))_i} = 3.0389$$

$$\mathrm{CI}(\boldsymbol{B}_1) = \frac{\lambda_{\max}(\boldsymbol{B}_1) - 3}{3 - 1} = \frac{0.0389}{2} = 0.0194 \approx 0.02, \quad \mathrm{RI}(\boldsymbol{B}_1) = 0.58$$

$$\mathrm{CR}(\boldsymbol{B}_1) = \frac{\mathrm{CI}(\boldsymbol{B}_1)}{\mathrm{RI}(\boldsymbol{B}_1)} = \frac{0.0194}{0.58} = 0.033 < 0.1$$

$$\lambda_{\max}^{(\boldsymbol{B}_2)} = \frac{1}{3} \sum_{i=1}^{3} \frac{(\boldsymbol{B}_2 \cdot \boldsymbol{W}(\boldsymbol{B}_2))_i}{(\boldsymbol{W}(\boldsymbol{B}_2))_i} = 3.02$$

$$\mathrm{CI}(\boldsymbol{B}_2) = \frac{\lambda_{\max}(\boldsymbol{B}_2) - 3}{3 - 1} = \frac{0.02}{2} = 0.01, \quad \mathrm{RI}(\boldsymbol{B}_2) = 0.58$$

$$\mathrm{CR}(\boldsymbol{B}_2) = \frac{\mathrm{CI}(\boldsymbol{B}_2)}{\mathrm{RI}(\boldsymbol{B}_2)} = \frac{0.01}{0.58} = 0.0172 < 0.1$$

观察上述 $\boldsymbol{B}_1$ 与 $\boldsymbol{B}_2$ 一致性指标可知，$\boldsymbol{B}_1$ 与 $\boldsymbol{B}_2$ 均通过了一致性检验。从而有理由相信，由此获得的 $\boldsymbol{W}(\boldsymbol{B}_1)$ 与 $\boldsymbol{W}(\boldsymbol{B}_2)$，其单排序是可靠的。

4. 案例

[**例 2.7**] 软件企业为今后的软件开发工作的需要，欲在市场上选购一台计算机。今从市场调查得知有三种型号的计算机 A_1、A_2、A_3 可供选择。它们在价格、性能(存储空间、网络通信)和软件等方面均有不同差异。试利用层次分析法建立该设备选型问题的决策模型，并作相应的排序求解。

解 该决策模型设为 $\boldsymbol{D} = \{\boldsymbol{X}, \boldsymbol{W}, \boldsymbol{B}, \boldsymbol{A}\}$，其中指标体系为 $\boldsymbol{B}_1$(价格)、$\boldsymbol{B}_2$(性能)、$\boldsymbol{B}_{21}$(存储空间)、$\boldsymbol{B}_{22}$(网络通信)、$\boldsymbol{B}_3$(软件)。这些指标的层次结构图见图 2.15。各指标的相对重要性权值分别为 W_1、W_2、W_{21}、W_{22}、W_3，方案集 $\boldsymbol{A} = \{A_1, A_2, A_3\}$，分别表示待购的三种型号计算机。

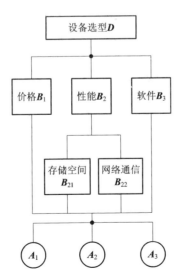

图 2.15 设备选型的指标体系层次结构图

为对 A_1、A_2、A_3 作方案排序，需建立判断矩阵 D/B、B_2/B、B_1/A、B_{21}/A、B_{22}/A、B_3/A，共六个比较判断矩阵，具体详见表 2.10，其中符号 B_1/A 表示以 B_1 为准则的下层 A 元素的比较判断矩阵，其他符号同理。

表 2.10　图 2.15 对应的比较判断矩阵

D/B	B_1	B_2	B_3	W_i
B_1	1	3	5	0.637
B_2	1/3	1	3	0.258
B_3	1/5	1/3	1	0.105

B_2/B	B_{21}	B_{22}	W_i
B_{21}	1	3	0.75
B_{22}	1/3	1	0.25

B_1/A	A_1	A_2	A_3	W_i
A_1	1	1/5	1/3	0.105
A_2	5	1	3	0.637
A_3	3	1/3	1	0.258

B_{21}/A	A_1	A_2	A_3	W_i
A_1	1	2	9	0.60
A_2	1/2	1	7	0.35
A_3	1/9	1/7	1	0.05

B_{22}/A	A_1	A_2	A_3	W_i
A_1	1	5	2	0.58
A_2	1/5	1	1/3	0.11
A_3	1/2	3	1	0.31

B_3/A	A_1	A_2	A_3	W_i
A_1	1	5	9	0.735
A_2	1/5	1	5	0.207
A_3	1/9	1/5	1	0.058

运用(2.16)式可求得各比较判断阵所对应的相对重要性权向量，可详见表 2.10。各比较判断阵的一致性检验量可见表 2.11，表中 $\lambda_{\max}$ 与 CI 的计算采用(2.17)式算法。

表 2.11　各比较判断阵的一致性检验表

特征量	D/B	B_2/B	B_1/A	B_{21}/A	B_{22}/A	B_3/A
$\lambda_{\max}$	3.039	2	3.039	3.02	3.003	3.117
CI	0.0194	0	0.0194	0.01	0.002	0.058
RI	0.58	—	0.58	0.58	0.58	0.58
CR	0.033	0	0.033	0.002	0.003	0.10

注意到 B_{21} 和 B_{22} 相对于 B_2 的权重为 0.75 和 0.25，而 B_2 相对于 D 的权重为 0.258，故 B_{21} 相对于 D 的权重为 $0.75 \times 0.258 = 0.194$。同样，$B_{22}$ 相对于 D 的权重为 $0.25 \times 0.258 = 0.064$。表 2.10 给出了各层次相关元素的层次单排序，在此基础上可建立表 2.12 的层次总排序表，表中第 2 行为第 1 行对应各元素的权重，表中第 2 列为 $A_1 A_2 A_3$ 相对 B_1 的权重（可详见表 2.10 B_1/A 阵），表中第 3 列为 $A_1 A_2 A_3$ 相对于 B_{21} 的权重（详可见表 2.10 B_{21}/A 阵），表 2.12 第 4、5 列数据同样可见表 2.10 的 B_{22}/A 阵和 B_3/A 阵。若设表 2.12 中间矩阵为 $A = (a_{ij})$，则层次总排序的权重 W_i 可用下式计算：

$$W_i = \sum_j a_{ij} W(B_j) \qquad i = 1, 2, 3 \tag{2.18}$$

其中

$$W_1 = 0.637 \times 0.105 + 0.194 \times 0.60 + 0.064 \times 0.58 + 0.105 \times 0.735 = 0.297$$
$$W_2 = 0.637 \times 0.637 + 0.194 \times 0.35 + 0.064 \times 0.11 + 0.105 \times 0.207 = 0.502$$
$$W_3 = 0.637 \times 0.258 + 0.194 \times 0.05 + 0.064 \times 0.31 + 0.105 \times 0.058 = 0.201$$

由此可知有方案排序

$$A_2 > A_1 > A_3$$

表 2.12　层次总排序表

A \ B(W)	B_1 0.637	B_{21} 0.194	B_{22} 0.064	B_3 0.105	W_i
A_1	0.105	0.60	0.58	0.735	0.297
A_2	0.637	0.35	0.11	0.207	0.502
A_3	0.258	0.05	0.31	0.058	0.201

2.4.3　模糊综合评判法

人们在对客观世界的各种问题的研究与系统求解中，精确性一直是人们追求的目标。然而，随着问题研究的深入，人们又发现，随着待研究的问题（系统）的复杂性增大，系统求解的精确性必将降低，这种系统复杂性与系统求解精确性的负相关关系给一些较为复杂的社会、经济问题和工程技术问题的研究带来了困难。为了弥补这样的以精确性为目标的数学的不足，一种基于"不精确描述"的定量表示方法——模糊数学诞生了。1965 年，美国加利福尼亚大学教授查德（L. A. Zadeh）发表了《模糊集合》的论文，首次提出了模糊性问题，并给出了模糊概念的定量表示法，模糊数学（Fuzzy Mathematics）从此产生了。随着模糊数学在计算机科学的一些研究问题上得到成功的应用，从而引起了人们的兴趣与注意。目前，模糊数学除了在图像识别、人工智能、自动控制、信息检索、机器人、故障诊断等领域得到重要的应用外，还在系统工程和管理科学上也得到广泛的应用，对各类系统或系统方案的综合评价就是其中的成功应用之一。以下介绍基于模糊数学的一种综合评价方法——模糊综合评判法的基本概念、原理、方法与应用。

1. 基本概念与算法

所谓模糊现象（或模糊性问题），是指人们对事物（或问题）认识上的一种边界不清晰、含义不确切的一种现象（或问题）。这种认识上的边界不清晰现象并非是人们的主观认识上的偏差所造成的，而是一种客观存在的自然属性。例如，人们常说的高、矮、胖、瘦，青年人、中年人、老年人等。这种认识上的模糊现象在软件开发与软件企业管理中也随处可见，表 2.13 列出了在软件工程管理和软件项目开发过程中的一些模糊性问题或模糊现象的几个例子。需要指出的是，这样众多的模糊现象的存在并非坏事，它为人们运用模糊数学的原理来解决各种工程技术问题与社会、经济问题提供了"土壤"。以下首先介绍模糊综合评判法中的三个基本要素：因素论域、隶属等级、因素论域与隶属等级的关系矩阵。

表 2.13　模 糊 现 象 表

软件工程管理人员	软件项目开发
与人沟通能力的强与弱	经济效益高、中、低
团队精神的有无	规划设计方案的科学或不科学
创新能力的强与弱	开发过程的正常或异常
管理经验的丰富与贫乏	软件故障的多或少

（1）待评对象（A_1，A_2，…，A_m）与评价主体。其内涵与前相同。

（2）待评对象的因素论域（即指标体系）$X = \{X_1, X_2, \cdots, X_n\}$与权重 $W = (W_1, W_2, W_3)$。

$W_i \geqslant 0$，$i=1,2,\cdots,n$，$\sum\limits_{i=1}^{n} W_i=1$。

（3）待评对象的隶属等级 $\boldsymbol{U}=(U_1,U_2,\cdots,U_l)$。它表示每一个指标 X_j 的等级划分，例如软件质量可分为高、中、低三个等级，也可分为优、良、中、差四个等级。根据人的分辨能力，一般有 $3 \leqslant l \leqslant 9$；待评对象的隶属等级分 $\boldsymbol{F}=(F_1,F_2,\cdots,F_l)$，常采用 $1 \leqslant F_j \leqslant 100$，$j=1,2,\cdots,l$。

（4）待评对象的因素论域与隶属等级的关系矩阵 $\underset{\sim}{\boldsymbol{R}}$，即

$$\underset{\sim}{\boldsymbol{R}}=(r_{jp})_{n\times l}$$

上述各要素的关联可用表 2.14 来表述。表 2.14 中的各变量含义如下：

$r_{ij}(k)$ 表示方案 A_k 对指标 X_i 属于等级 u_j 的隶属度，$k=1,2,\cdots,m$；$i=1,2,\cdots,n$；$j=1,2,\cdots,l$；

（5）求解 A_k 方案关于指标与等级的综合价值量。

$V_j(k)$ 表示 A_k 方案属于等级 u_j 的综合隶属度，$k=1,2,\cdots,m$；$i=1,2,\cdots,l$；

V_k 表示 A_k 方案关于各等级的综合价值量，$k=1,2,\cdots,m$。

上述各要素的关联有如下算法：

$$\sum_{j=1}^{l} r_{ij}(k)=1, \quad i=1,2,\cdots,n；k=1,2,\cdots,m$$

$$V_j(k)=\sum_{i=1}^{n} w_i r_{ij}(k) \qquad k=1,2,\cdots,m；j=1,2,\cdots,n \tag{2.19}$$

$$V_k=\sum_{j=1}^{l} F_j \cdot V_j(k) \qquad k=1,2,\cdots,m \tag{2.20}$$

表 2.14　A_k 综合评价表（一）

$\boldsymbol{R}$ ╲ $\boldsymbol{U}$ ╲ $\boldsymbol{X}$	$U_1(F_1)$	$U_2(F_2)$	$\cdots$	$U_l(F_l)$
$X_1(w_1)$	$r_{11}(k)$	$r_{12}(k)$	$\cdots$	$r_{1l}(k)$
$X_2(w_2)$	$r_{21}(k)$	$r_{22}(k)$	$\cdots$	$r_{2l}(k)$
$\cdots$	$\cdots$	$\cdots$	$\cdots$	$\cdots$
$X_n(w_n)$	$r_{n1}(k)$	$r_{n2}(k)$	$\cdots$	$r_{nl}(k)$
综合隶属度	$V_1(k)$	$V_2(k)$	$\cdots$	$V_l(k)$
综合价值量	V_k			

2. 基本原理与决策规则

在前述关联矩阵法中，当首先给出各指标的等级分表后，即可据此表来确定方案 A_k 关于指标 X_j 的等级分 $V_j(k)$，此确定等级分的原理是采用了确定性的"非此即彼"的原理，亦即方案 A_k 关于指标 X_j；实际水平要么属于等级 U_1，要么属于等级 U_2，……或属于 U_l。或当且仅当取这 $U_1,U_2,\cdots,U_l$ 中的一个等级，这种判断方式是人们的一种"非此即彼"的刚性法则。它是确定性数学数理逻辑的基础。然而在模糊数学中，打破了这一刚性法则而引进了方案 A_k 关于指标 X_j 的属于等级 U_l 的隶属度 $r_{jl}(k)$ 的概念，即允许有属于等级 U_1 的隶属度 $V_{j1}(k)$，属于等级 U_2 的隶属度 $V_{j2}(k)$，……属于等级 U_l 的隶属度 $V_{jl}(k)$。显然，这样如表 2.14 所示的非刚性模糊表述更能客观地、全面地反映人们的判断意识，从而有利

于人们据此得出客观结果。当然,这种由刚性到模糊性(由确定性到不确定性)的转变只是一个中间过程,因为人们的习惯思维仍然是刚性的,因此利用模糊数学来求解问题还必须给出一个由模糊性到刚性(由不确定性到确定性)的过程,即需要有一个刚性→模糊性→刚性(确定性→不确定性→确定性)的变换过程,并最终来回答方案 A_k 究竟属于哪个等级 U_p 这一问题。在模糊数学中,若已得到方案 A_k 时,则可以采用如下两种决策规则来解决上述问题。

(1) 最大隶属度规则:

若有 $\max\limits_{1 \leqslant p \leqslant l} V_p(k) = V_{p_0}(k)$,则认为 A_k 属于等级 U_{p_0} (2.21)

(2) 最临近(贴近)规则:

若有 $\min\limits_{1 \leqslant p \leqslant l} |V_k - F_p| = |V_k - F_{p_0}|$,则认为 A_k 属于等级 U_{p_0} (2.22)

显然,对于每个方案 A_k 可以得到如表 2.14 所示的关于 A_k 的综合评价表,从而可以利用(2.22)式(或(2.21)式)来确定 A_k 的所属等级,当所有方案 A_1,A_2,…,A_m 之所属等级均已确定后,即可据此对各方案做出排序。

需要说明的是,上述各基本要素及其关联(2.19)、(2.20)式以及决策规则(2.21)式和(2.22)式的正确性论证,涉及到模糊数学中的一些基本概念,如模糊子集、模糊二元关系、模糊关系的合成算子等。限于篇幅,有关上述正确性的论述在此从略。

3. 应用程序与关系矩阵的确定

运用模糊综合评判法作方案排序的流程图见图 2.16。图中,有关计算指标与等级的关系矩阵 $\underset{\sim}{R}$ 可通过调查统计法来解决。以下介绍调查统计法的有关内容。

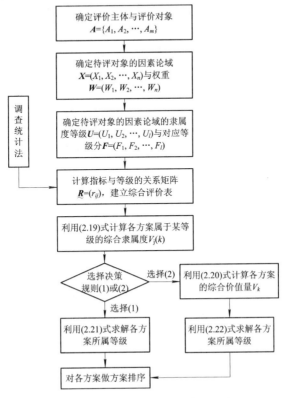

图 2.16 模糊综合评判法应用程序

（1）当待评价对象的属性指标为定性指标时，可聘请多个专家来对每一待评对象 A_k 关于指标 X_i 的所属等级做出判断，并对认可 A_k 关于指标 X_i 所属等级为 U_j 的专家人数记录下来，从而可得到 A_k 关于 X_i 的所属等级频率分布。此频率分布即可视作 A_k 关于指标 X_i 属于等级 U_j 的隶属度分布 $(r_{i1}(k)，r_{i2}(k)，\cdots，r_{il}(k))，i=1，2，\cdots，n$。因而可得到

$$\underset{\sim}{R}=(r_{ij}(k)) \qquad k=1，2，\cdots，m$$

（2）当待评价对象的属性指标为定量指标时，可先制定出指标 X_i 的等级划分表（如表 2.15），然后确定调查统计期限 N。例如，设 $N=36$ 月（三年），而经调查某企业 A 资金利税率 X_1 属于"好"的有 2 个月，处于"较好"的有 15 个月，处于"一般"的有 12 个月，处于"较差"的有 7 个月，则有 $r_{11}(A)=2/36，r_{12}(A)=15/36，r_{13}(A)=12/36，r_{14}(A)=7/36$，对于 X_2 与 X_3 指标，其 $r_{ij}(A)，i=2，3，j=1，2，3，4$，可类似确定。

表 2.15　管理指标等级划分

指　　　标	好(U_1)	较好(U_2)	一般(U_3)	较差(U_4)
X_1（资金利税率）/%	>29	26.5～29	24～26.5	<24
X_2（可比产品成本降低率）/%	>3	1.5～3	0～1.49	<0
X_3（定额流动资金周转天数）/天	<34	34～35	36～38	>38

[例 2.8]　某软件企业为开发一重要的网络信息系统（NIS），需从企业内外选择一名项目经理。企业高层主管确定此人才选拔的评价准则与指标体系与相对权重见表 2.16。人力资源部邀请 25 名专家对每一个待评价对象 A_k 关于每个评价指标 X_i 的所属等级 U_j 作出判断，并据此得到某评价对象 A_k 关于各指标的等级频率分布见表 2.17（其中将等级分为四级：好，较好，一般，较差）。试根据表 2.17 计算待评价对象 A_k 的综合隶属度与综合价值量，并据此作出 A_k 的所属等级。

表 2.16　人才选拔属性表

目标	准　　则	指　　　标	权重
项目经理选拔	组织协调能力	人格魅力、感召力与组织能力（X_1）	0.15
		与上下级进行有效沟通的能力（X_2）	0.10
		完成任务的主动性、灵活性与创新性（X_3）	0.10
	知识与专业技术能力	具有系统思维能力，能对软件的功能、成本、工期、人力投入作权衡分析的能力（X_4）	0.15
		软件规划、设计、编码、测试能力（X_5）	0.10
		硬件、网络等知识（X_6）	0.10
	管理与决策能力	项目管理的实践与经验（X_7）	0.15
		对成本、工期（进度）人力投入计划制定与过程控制能力（X_8）	0.15

表 2.17　A_k 综合评价表（二）

X ╲ $\underset{\sim}{R}$ ╲ U	好(100)	较好(85)	一般(70)	差(55)
$X_1(0.15)$	0.36	0.56	0.08	0
$X_2(0.10)$	0.12	0.56	0.28	0.04
$X_3(0.10)$	0.20	0.60	0.20	0
$X_4(0.15)$	0.04	0.40	0.44	0.12
$X_5(0.10)$	0.08	0.44	0.48	0
$X_6(0.10)$	0.20	0.56	0.24	0
$X_7(0.15)$	0.16	0.24	0.52	0.08
$X_8(0.15)$	0.12	0.32	0.48	0.08
$V_j(k)$	0.162	0.444	0.348	0.046

$$V_k = \sum_{j=1}^{4} F_j \cdot V_j(k) = 80.83$$

解　利用表 2.17 及(2.19)式可算出 A_k 关于四个等级的综合隶属度：

$$V_1(k) = 0.162$$
$$V_2(k) = 0.444$$
$$V_3(k) = 0.348$$
$$V_4(k) = 0.046$$

再利用(2.20)式可算得 A_k 综合价值量：

$$V_k = 80.83$$

由最大隶属度规则有

$$\max_{1 \leqslant p \leqslant 4} V_p(k) = \max\{0.162, 0.444, 0.348, 0.046\}$$
$$= 0.444 = V_2(k)$$

由此可知，待评对象 A_k 综合评价结果属等级 U_2，即"较好"。

由最邻近规则有

$$\min_{1 \leqslant p \leqslant 4} |V_k - V_p| = \min\{|80.83 - 100|, |80.83 - 85|, |80.83 - 70|, |80.83 - 55|\}$$
$$= |80.83 - 85| = |V_k - F_2|$$

由此可知，待评对象 A_k 综合评价结果属等级 U_2，即"较好"。

若候选对象有 5 人，经上述评价过程有 A_1、A_2 属"较好"，A_3 属"好"，A_4、A_5 属"一般"，则可将 A_3 选择为项目经理。

需说明的是，在很多应用实践中，人们并不需要对每个待评方案(或人)区分出属于哪个等级，而只是需要区分合格与不合格，优良或非优良，此时还可以引进如下结构优良度与比例优良度的概念来解决上述问题。

结构优良度：

$$D_1(k) = \frac{V_1(k) + V_2(k)}{\sum\limits_{p=1}^{4} V_p(k)} \tag{2.23}$$

比例优良度：

$$D_2(k) = \frac{V_1(k) + V_2(k)}{V_3(k) + V_4(k)} \tag{2.24}$$

若有 $D_1(k) \geqslant 0.60$，则可认为 A_k 属于合格类或者优良类，否则属于不合格类或者较差类。

若有 $D_2(k) \geqslant 1.5$，则可以认为 A_k 属于合格类或者优良类，否则属于不合格类或者较差类。

[**例 2.9**]　试对例 2.8 中具有综合评价结果表 2.17 所示的待评对象 A_k 判定其是否处于合格类。

解　利用表 2.17 之数据，运用 (2.23) 式或 (2.24) 式算法容易算得有

$$D_1(k) = \frac{0.162 + 0.444}{1} = 0.606 > 0.6$$

$$D_2(k) = \frac{0.162 + 0.444}{0.348 + 0.046} = \frac{0.606}{0.394} = 1.538 > 1.5$$

由上计算可知，待评对象 A_k 属于合格类或优良类。

2.4.4　不同排序结果的集结方法

注意到当我们用前述的不同综合评价方法对待评方案 A_1，A_2，$\cdots$，A_m 做综合排序时，其排序结果可能会不一致。例如用方法 M_1 求解时 A_k 方案列第二位，用方法 M_2 求解时 A_k 方案列第一位，$\cdots\cdots$，基于工程技术和管理决策的需要，人们最终仍然希望给出一个最终的结果：A_k 方案究竟排在第几位？上述问题的解决称为多种排序方案的集结或不同排序结果的集结，这样的集结方法有平均值法、Borda 法、Copeland 法、概率性集结方法、模糊型集结方法、不确定型（区间）集结方法等。以下仅介绍平均值法。

平均值法的集结思想是计算每个待评方案 A_k 在不同综合评价方法求解结果中的平均"优序"数，并依据每个待评方案的平均优序数大小来决定该方案的排序位置。

设 d_{ij} 表示方案 A_i 在采用方法 M_j 求解时的排序位置，如 A_1 方案在采用 M_2 方法求解时其排序位置为第 3 位，则取 $d_{12} = 3$。设有 m 个待评方案 A_1，A_2，$\cdots$，A_m 采用 l 种综合排序方法 M_1，M_2，$\cdots$，M_l，可得到 l 种排序结果，则平均值法的应用步骤如下：

(1) 给出 l 种排序结果矩阵 $\boldsymbol{D} = (d_{ij})_{m \times l}$，计算各方案的平均优序值

$$\bar{d}_i = \frac{\sum_{j=1}^{l} d_{ij}}{l} \qquad i = 1, 2, \cdots, m \tag{2.25}$$

(2) 对 $\bar{d}_1$，$\bar{d}_2$，$\cdots$，$\bar{d}_m$ 之大小比较并排序，若有

$$\bar{d}_{i_1} \leqslant \bar{d}_{i_2} \leqslant \bar{d}_{i_3} \leqslant \cdots \leqslant \bar{d}_{i_l}$$

则有方案最终排序

$$A_{i_1} > A_{i_2} > A_{i_3} > \cdots > A_{i_l}$$

[**例 2.10**]　设有 $m = 4$ 个待评方案，采用 $l = 4$ 种综合评价法求得的排序结果见表 2.18。试利用平均值法求最终方案排序。

表 2.18　排序集结表

D A \ M	M_1	M_2	M_3	M_4	$\overline{d}_i$
A_1	1	2	1	4	2
A_2	2	1	2	1	1.5
A_3	3	3	4	2	3
A_4	4	4	3	3	3.5

解　利用(2.25)式计算各方案的平均排序值列于表 2.18 的第 6 列,其中,

$$\overline{d}_1 = \frac{1+2+1+4}{4} = 2$$

$$\overline{d}_2 = \frac{2+1+2+1}{4} = 1.5$$

$$\overline{d}_3 = \frac{3+3+4+2}{4} = 3$$

$$\overline{d}_4 = \frac{4+4+3+3}{4} = 3.5$$

由于 $\overline{d}_2 < \overline{d}_1 < \overline{d}_3 < \overline{d}_4$,故有最终排序结果

$$A_2 > A_1 > A_3 > A_4$$

习　题　二

1. 软件企业在生产与经营过程中将面临哪些工程经济活动?这些工程经济活动所围绕的企业目标有哪些?

2. 软件企业筹措资金的原则有哪些?筹措资金的渠道有哪些?

3. 可行性研究包括哪几个阶段?每个阶段的主要工作任务是什么?软件项目可行性分析报告的主要内容有哪些?

4. 什么是固定资产?什么是流动资产?它们在企业生产与经营中起到什么样的作用?企业的成本、收入、税金、利润之间有何关联?

5. 什么是资金的时间价值?为什么资金的时间价值会直接影响软件项目的经济效果?

6. 某软件企业获得 10 万元的贷款,偿还期为 5 年,年利率为 10%,试就下述 4 种还贷方式,分别计算 5 年还款总额和还贷额的现值:

(1) 每年末还 2 万元本金及所欠利息;

(2) 每年末只还所欠利息,本金在第 5 年末一次还清;

(3) 每年末等额偿还本金和利息;

(4) 第五年末一次还清本金和利息。

7. (1) 某公司购买企业债券 1.2 万元,年利率为 12%,5 年后本利和一次收回。问该

公司五年后能收回本利和金额是多少。

（2）某公司欲在 10 年后得到本利和 10 万元，而银行的 10 年期存款利率为 10％。问该公司当前应存入银行本金多少元。

8. 某公司每年末均向银行存款 1 万元以便 8 年后取出备用。今设这 8 年中银行的年存款利率为 4％。问 8 年后该公司取出的存款总额是多少。画出相应的现金流量图。

9. 某公司计划 7 年后购进一台设备，约需投资 6 万元。为此，该公司决定从今年起每年从税后利润中提取等额年金，以作为专用基金存入银行。设银行存款年利率为 5.5％，问该公司应提取多少年金。画出相应的现金流量图。

10. 某 IT 企业今年向银行贷款 20 万元以购置一台设备。若银行贷款利率为 10％，规定 10 年内等额偿还，试求每年的偿还金额。

11. 某公司欲使今后 10 年内每年能从银行中等额支取 1 万元以资助希望工程，若银行 10 年期存款利率为 10％，问该公司当前应向银行存入多少金额。

12. 某 IT 企业今年初向银行贷款 5 万元以购置设备，银行年贷款利率为 10％，并要求在 10 年末本利和一次付清。该企业制定了如下的还贷方案：自今年起开始在前 6 年内每年年末等额提取一笔钱存入银行，若银行存款的年利率为 8％，而这些存款到 10 年末恰好等于上述贷款的本利和。问这前 6 年年末应提取多少钱存入银行。

13. 某软件企业一年前买了 1 万张面额为 100 元、年利率为 10％（单利）、3 年后到期一次性还本付息国库券。现在有一机会可以购买年利率为 12％、二年期、到期还本付息的无风险企业债券，该企业拟卖掉国库券以购买企业债券，试问该企业可接受的国库券最低出售价格是多少。

14. 某软件项目现有两个设计方案 A_1 和 A_2，为比较这两个设计方案的优劣，该项目主管确定了五个指标 X_1、X_2、X_3、X_4、X_5，对这五个指标的相对重要性作了两两比较，如表 2.19 所示。此外，还确定了每个指标划分为四个等级：U_1、U_2、U_3、U_4，各等级的等级分分别为 5、4、3、1；并对 A_1、A_2 方案的各指标所属等级作了判断，如表 2.20 所示。根据表 2.19 和表 2.20 的有关信息，运用基于线性加权和法的关联矩阵法，对这两个软件设计方案的优劣做方案排序。

表 2.19　两 两 比 较 表

a_{ij}	X_1	X_2	X_3	X_4	X_5
X_1	1	0	0	1	0
X_2	1	1	0	1	0
X_3	1	1	1	1	0
X_4	0	0	0	1	0
X_5	1	1	1	1	1

表 2.20 等级判断表

U / X	A₁				A₂			
	u_1	u_2	u_3	u_4	u_1	u_2	u_3	u_4
X_1	√					√		
X_2		√			√			
X_3		√			√			
X_4			√				√	
X_5				√			√	

15. 某地区软件协会参考 ISO/IEC9126 软件质量国际标准，建立了如图 2.17 所示的软件质量指标体系。试运用层次分析法自行建立各层的比较判断矩阵，并作层次单排序、一致性检验和层次总排序，以求解该指标体系最底层的 14 个指标 $C_1 \sim C_{14}$ 的相对重要性权重。

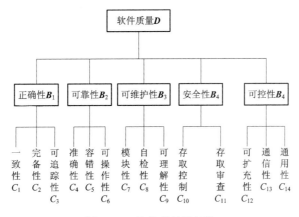

图 2.17 软件质量指标体

16. 为对计算软件作综合评估，软件协会建立了如表 2.21 所示的指标体系与对应权重，并组织了一个九人专家评审委员会，该委员会对某软件 A 各质量指标(C_j)的所属等级频数分布如表 2.21 所示。试用模糊综合评判法根据表 2.21 的专家评定个人信息对软件 A 所属质量做出判断。

表 2.21 等级频数表

指标	W	$U_1(100)$	$U_2(85)$	$U_3(70)$	$U_4(55)$
C_1	0.12	3	4	2	0
C_2	0.10	2	5	2	0
C_3	0.10	4	3	1	1
C_4	0.12	1	2	4	2
C_5	0.10	2	2	5	0
C_6	0.10	4	2	3	0
C_7	0.10	3	4	1	1
C_8	0.08	2	5	2	0
C_9	0.10	5	2	2	0
C_{10}	0.08	3	4	2	0

17. 设有 5 个待评方案，采用 4 种综合评价方法求解，其求解所得的排序结果见表 2.22。试运用平均值法确定这五种方案的最终排序。

表 2.22 排序结果

D A M	M_1	M_2	M_3	M_4
A_1	3	1	1	2
A_2	1	2	2	4
A_3	2	3	4	1
A_4	4	4	3	5
A_5	5	5	5	3

第 3 章　软件的成本、工期与定价分析

软件作为一个特殊的产品，为最大限度地获取效益，必须研究其产品的投入与产出要素的关联关系，特别是产品的成本、税费、定价、销售收入、利润及生产率与生产函数，以及技术进步等的估算及其关联。本章及下一章将对上述各内容给予概要的介绍。

3.1　软件的成本构成及其影响因素分析

3.1.1　基本概念

成本（Cost）一词在技术经济学中可以用不同的方式来加以定义，但通常我们认为成本是取得各项生产要素、商品或劳务以及为实现特定经济目的而发生的耗费。

1. 成本的经济内容

成本的经济内容基本包括如下三个部分。

（1）劳动资料方面的消耗，主要是固定资产折旧费，与此相关的消耗还有设备运转所需的动力费，为保持设备正常工作状态所需的修理费及设备购买与安装、运输等费用；

（2）劳动对象方面的消耗，主要是各类损耗材料费及材料的仓储、运输费等；

（3）人工方面的消费的消耗，主要是工资及与此相关的福利费，为职工支付的保险费等。

2. 成本所具有的特点

（1）消耗性。为获取资产、形成良好的运营条件，开拓市场，生产产品，提供服务及实现特定的利益都需要以一定的成本为代价。成本的消耗性特征决定了企业的基本目标是降低成本，节约经济资源，实现"内涵扩大再生产"方式。

（2）补偿性。由于企业成本的消耗性决定了其产品销售后回收资金的补偿性，这就使得成本应作为定价的最低界限，且成本的高低决定着产品竞争及获取利润的关键。

（3）目的性。成本的消耗总是与其特定的产品或劳务等相联系，故成本的具体构成及其量值大小取决于企业所欲实现的目标。

（4）综合性。成本的耗费是企业经营活动的综合结果，因此，成本的高低将受到企业经营的各项活动及相关因素的影响，如技术装备水平的高低、生产规模的大小、生产要素的配置、生产经营活动的安排、企业员工的素质与技术水平、企业的组织结构、经营策略、企业面临的政治、经济环境等，这就使得企业成本构成的多重性与复杂性。

（5）代偿性。由于成本构成的综合性（多面性），使得成本的许多构成要素之间存在着一定的代偿性。如产品生产过程中，较低的技术设备导致较低的折旧，同时可能要以较高的材料、动力、人工等消耗为代价；相反，对于较高技术人员的投入，工资及福利费等的消

耗又可以从这些人员熟练运用设备,从而节约一定的材料、动力消耗来得到补偿。

3. 成本的分类

成本的分类可以按照不同的准则来进行划分,以下仅介绍三种分类的有关概念。

(1)按照企业主要经营活动来划分,成本可分为五类,即研究与开发成本、采购成本、生产成本、经营成本、管理费用,此五种成本的构成要素见表 3.1。

表 3.1　五种成本的构成要素

成本类别	研究与开发成本	采购成本	生产成本	经营成本	管理费用
成本构成要素	从事研究与开发活动人员的工资及相关福利费 在研究与开发中消耗的材料 用于研究与开发活动的设备和设施的折旧 应由研究和开发活动负担的间接成本 委托其他单位进行研究与开发所产生的成本 其他支出(如外购)的专利权,许可证的支出等	采购设备、原材料的购置费、运杂费、运输途中的合理损耗 购入物资承担的税金(如关税等) 为采购设备、原料而耗费的其他费用	为制造产品而消耗的原材料,外购半成品和燃料 为制造产品而消耗的动力 企业支付给职工的工资、奖金、津贴、补贴以及职工福利费等 生产用固定资产的折旧费、租赁费及与生产有关的摊销费 废品损失和停工损失 为管理和组织生产而支付的办公费、水电费、差旅费、保险费、工程设计检验费和劳动保护费	为销售产品发生的运输、装卸、包装费用及广告费、保险费 销售部门及人员的业务费、工资、福利费 企业在筹资与理财活动中所支付的利息支出,汇兑损失及相关手续费 房产税、车船使用税、土地使用税、技术转让费等	行政管理部门人员工资、办公费、差旅费 聘请中介机构费、咨询费、诉讼费、业务招待费 工会经费、劳动保险费、董事会费

(2)按成本与产量的对应关系来划分,成本可分为变动成本与固定成本,其中变动成本是指成本总额随产量变动而变化的成本,如原材料、燃料、动力、生产工人的计件(时)工资等成本,而固定成本则是指在一定的产量范围内成本总额将固定不变的成本,如厂房、设备折旧费、保险费、广告费、常雇人员工资开支等,即使企业停产(产量为零),这些费用依然存在。其中,变动成本又称为长期成本,而固定成本又称为短期成本。这里所谓"短期"的含义,是由于在一定时期内,企业往往来不及改变某些要素的投入量,亦即要素投入量为常数,因而此投入要素的成本亦成为常数。若设 TC 表总成本、TFC 表总固定成本、TVC 表总变动成本,并令 θ 为产量,AVC 为平均可变成本,则一个简单的依赖于产量的成本函数为下式:

$$\mathrm{TC} = \mathrm{TFC} + \mathrm{TVC} = \mathrm{TFC} + \theta \cdot \mathrm{AVC} \tag{3.1}$$

(3)按成本的确定时间来划分,成本可分为预测成本、定额成本、计划成本和实际成本。其中，预测成本是指在产品规划与设计阶段依据一定的设计方案和某些预测方法来测算将来可能发生的成本。显然，预测成本是不同设计方案进行比较与选优的依据，因而成本的估算(预测)是工程经济分析中的一个重要内容。企业在日常成本控制中，往往以现有的生产条件、工艺方法、设备性能为基础，结合动作研究和工艺测试来确定产品在生产过程中的各项消耗定额，而定额成本就是根据消耗定额所确定的产品生产成本。显然，根据实际成本与定额成本的差别，可揭示实际消耗脱离定额消耗的差异，从而使产品的定额成本可被用来作为日常成本控制的标准和依据。计划成本是根据消耗定额及有关的生产经营计划而确定的生产产品在计划期内(通常是一年)应该达到的成本，计划成本一般作为年度成本考核的依据。实际成本则是根据产品生产的实际耗费而计算的成本，它是产成品存货与定价的基础。

3.1.2　软件成本构成

软件成本是指软件在其生存周期(系统规划、分析、设计、构建与运行维护阶段)内，为取得各种软硬件资源的支持及维持系统的研究、生产经营与管理正常开展所投入的人、财、物而支付的一切费用。根据前述成本分类的介绍可知，软件成本实际上可看做是研究与开发、采购、生产、经营成本与管理费用的组合。表 3.2 列出了以软件生存周期各阶段的成本构成。对表 3.2 之各阶段成本构成进行合并大致可得到如下的 13 个类别。

表 3.2　软件成本构成表

序号	生存周期阶段	要素成本	说　明
1	系统规划阶段	系统调研 投标竞争(含可行性分析) 需求分析	主要是出差费用及相关人员工资及附加费
2	系统分析/设计阶段	系统分析 系统概要设计 系统详细设计及评审	分析与设计人员工资及附加费、技术资料与技术咨询费、设计评审费
3	系统构建阶段	系统硬件购置与安装 系统软件与购置 基建与有关设施建设 数据与技术资料收集 人员培训 有关硬件原材料购置 有关硬件生产/测试及废品损失 有关软件编程/测试 有关文档编制	购置计算机、通信设备、传感器、路由器等及系统软件与有关应用软件的费用，软、硬件生产过程中所消耗的水、电、运输及材料消耗费
4	系统运行维护阶段	系统营销 系统切换 系统运行(运行指导人员费用、材料消耗费、固定资产折旧费) 系统管理(审计费、行政管理费用、系统服务费用) 系统维护(纠错性、适应性、完善性等的维护费用)	销营费用包括广告、分销、促销等费用 系统切换包括设备运输、安装测试等费用

（1）硬件购置费用。此费用是系统硬件中有关计算机（服务器工作站等）及其相关设备，如不间断电源、空调器、I/O设备的购置与安装费用。

（2）网络通信费用。此费用是系统硬件中有关网络通信设备，通信线路器材之购置与安装费用及租用公共通信线路的费用与远程通信话务费及特殊网络服务费等。

（3）软件购置费用。此费用是购买操作系统、数据库系统等系统软件及其他有关应用软件的费用。

（4）基建费用。此费用包括新建、扩建或改建机房，购置计算机台、柜及空调等费用。

（5）人力资源费用。此费用包括各类规划、设计、生产（开发），测试人员与管理人员的工资、岗位津贴及其他附加费用。

（6）硬件生产测试费。某些软件需要一些特殊性能要求的硬件设备（这些设备通常属于国外禁运设备之列或费用很高），故只能采用国内自行制造而需要的分析、设计、生产测试之费用。

（7）软件开发/测试费用。此费用包括软件网络（应用软件、网络管理软件等）的分析、设计、开发、测试等的费用。

（8）水、电、运输费用。此费用包括软件在系统设计生产（开发）、运行与维护期间所消耗的水、电、设备物质运输费用。

（9）消耗材料及废品损失费用。此费用包括软件在系统设计、生产（开发）、运行与维护中的消耗材料如打印纸、色带、硬盘等费用及某些特殊性能设备生产中的废品损失费、停工损失费。

（10）培训费用。此费用包括系统生产机构有关技术人员及管理人员的培训进修费用及对用户（系统应用部门）培训的费用。

（11）系统营销费用。某些软件适宜于市场推销，故需采用广告、分销与代销的佣金、折扣费用等相关费用。

（12）管理费用。此费用包括办公费、差旅费、会议费等。

（13）其他费用。此费用包括设备、厂房等固定资产折旧费，筹资的利息和罚金支出，数据与资料收集费用，技术咨询费等。

在上述的13项软件成本费用中，固定资产折旧费、办公费、差旅费、会议费、筹资的利息支出和罚金支出、常雇管理人员与技术人员的工资等为固定成本，而其他各项成本则为变动成本。

3.1.3　软件成本测算的影响因素分析

1. 软件成本测算的主要影响因素

软件的成本测算是其系统工程经济分析中的一项重要内容，它既是软件各种技术设计方案比较选优的依据，也是软件定价的基础。然而，由于实现特定经济目的之不同，故用于软件各设计方案评审的成本应属于预测成本，而用于软件定价之用的成本为实际成本，对于实际成本的计算并无困难，这只须对软件生存周期中在规划、分析、设计、构建阶段所耗费的上述13项费用（已发生的成本）按会计成本的要求合并，累加设为 S_1，则生存周期内的总成本 $S = S_1(1+\alpha)$，其中 α 为比例因子，αS_1 则为系统运行与维护期间的成本费用，而 α 的取值需视不同的软件性能与功能而定。对于预测成本的估算（或测算），其情况则要复杂得多。这主要是由如下影响因素造成的：

（1）预测成本的估算大多是在系统规划阶段作出（系统设计阶段修改、完善）的，此时的成本测算人员对目标系统的功能与性能需求及系统环境等情况尚未完全理解，而只是出于某些特殊需要（如投标、申请基金支持、申请贷款等）而仓促从事的测算工作。

（2）影响软件成本的主要因素有三个，即设备、人力资源投入量（含水平）与工期，而在系统规划阶段要准确度量这三个因素是较为困难的，它涉及到对硬件设备的性能与功能、对软件系统的规模与复杂性、用户在系统生产（开发）中的参与程度、生产（开发）队伍的技术经验与技术水平（如对有关硬件设备的生产或使用经验，对用户业务流程的熟悉程度，软件编程人员对编程语言的使用和开发模式采用的经历）等的估计，这些都只能是粗糙的，因而预测成本的估算精度不高是在所难免的。

（3）为避免对影响系统成本各因素的逐项估算，信息系统经济学中常推崇采用各种模型（包括确定性模型与统计模型等）来求解，然而为避免模型复杂化，而导致求解困难，每个模型均有一系列相应的假设前提，如生产人员具有稳定（常数）的劳动生产率，系统设计与生产（开发）的不同时期高、中、低技术人员的比例恒定等，而在实际生产（开发）过程中，这些假定往往不能被完全满足，甚至需要的有关信息都可能不完全准确甚至搜集不到，从而使这些模型的应用必然会产生误差。

（4）随着软件工程的推进和深入，用户对其所期望的目标系统的认识与相关知识日益加深，于是用户往往会提出一些对系统功能与性能的调整甚至新增，这必然会使原有的预测成本与实际成本发生一定的差异。

（5）在成本测算中，国外大多采用统计模型通过参数估计来求解预测成本，其原理是成本函数之变动规律是建立在大量历史数据基础上，而我国目前对各类软件的建设尚处于初级阶段，绝大多数 IT 企业没有此类数据的采集与存贮制度及相应的信息库，因而只能借用或套用美、英等国沿用的模型来进行成本测算，由于系统环境的差异，成本测算产生误差也就成为必然。

（6）软件的成本测算有时会出现屈从于外界环境要求的现象，例如投资人或上级主管部门对投资经费与时间的要求限制，投标过程中为赢得生产（开发）合同而极力迎合投标者（用户）的成本认识等，这种"非真正"成本的测算在国内、外项目建设中时有发生，于是成本测算的精度不高在所难免。

（7）由于信息系统技术发展日新月异，一些新的开发技术，如软件重用技术（构件技术），基于 CASE（计算机辅助软件工程）等都使成本测算模型难以施展其应用空间。

基于上述软件成本测算的影响因素分析，我们认为对待软件的成本测算应持如下态度：

（1）成本（预测成本）测算是一项十分重要而又必要的技术经济工作，需要采用科学与严谨的态度来认真对待。

（2）成本测算又是一项复杂困难的任务，要认识到其测算决非是一门精确的科学，因而不必在一定的误差范围内而惊慌失措，而对测算工作横加指责，同时也要认识到成本测算是一项涉及技术与非技术因素（经验、艺术）的综合复杂劳动，因而积累经验与数据，建立 NIS 项目后期的成本评审及信息库的建设是必要的。目前一般认为在软件系统环境与功能性能需求没有大的变动的条件下，预测成本的估计值与实际成本值的相对误差也在 $\pm 20\%$ 之内应可视为测算任务是成功的。

2. 减少成本测算误差的策略

为减少成本测算的误差，建议软件的成本测算采用如下策略：

（1）建议聘请成本测算顾问或委托有经验的信息系统成本测算机构代为进行此项工作。

（2）尽量注意积累本部门（企业）的有关软件建设项目的有关工程经济数据，以为今后形成适用于本部门的统计模型建立打下基础，同时注意建设软件的信息库，以便采集存贮有关的软件技术参数与工程经济参数，从而对本部门今后的软件建设提供支持。

（3）采用各种生产（开发）策略以尽量减少用户对新系统（目标系统）的性能与功能的不确定性，如需求分析尽量做到细致深入，加强与用户的交流以及用户尽早介入软件的规划、设计与生产（开发）工作等。

3.1.4 软件成本测算流程

根据上述软件成本构成及影响成本测算的因素分析，我们给出了如图 3.1 所示的软件预测成本测算流程。该流程首先根据软件的系统规划得到四个方面的需求与特性要求：

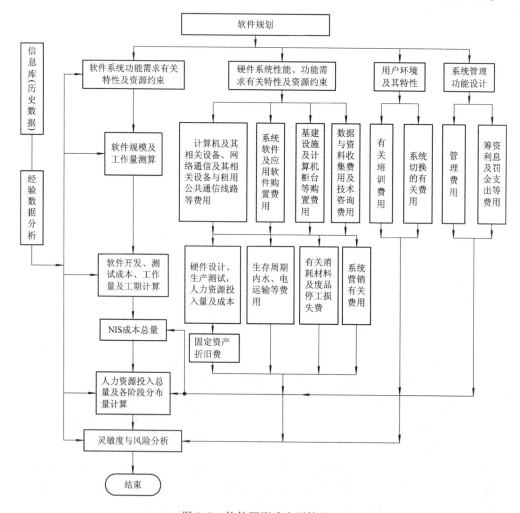

图 3.1 软件预测成本测算流程

（1）有关硬件系统的性能、功能需求、系统特性和资源约束。

（2）有关软件系统的功能需求、系统特性和资源约束。

（3）用户环境及其特性。

（4）系统管理功能设计。

然后根据这四个方面的需求与特性要求分别进行有关类别的成本计算或估算，然后再对软件整个系统的成本与人力资源投入总量及其生存周期各阶段的分布量进行计算，最后对上述成本作灵敏度分析与风险分析。在对上述各类成本的估算时还可根据信息库的有关历史数据及分析来对各类成本的估算作修正。信息库中存贮有该 IT 企业在过去的有关软件构建中的各项类别成本数及硬件生产率，软件生产率，软件成本费用率，生产函数中人力、资金对产出的弹性系数等等参数，可供分析与支持调用。

3.2　软件成本与工期的测算方法

对软件成本与工期测算的方法有功能分解法、价值工程法、统计模型法、影响因子法、类比法、表格法、计算机模拟法以及利用成本测算工具软件做成本测算等多种方法，以下对其中大部分内容作概要介绍。

3.2.1　功能分解法

功能分解法的基本思想为首先从结构上将软件成本按功能/性能和生存周期阶段两个维度进行分解，若设系统的生存周期为 n 个阶段，软件按功能/性能分为 m 个子系统，则该系统的功能分解示意图见图 3.2，图中的 N_{ij} 表示软件的第 i 功能/性能子系统在第 j 个生存周期阶段的成本或工作量。然后由专家对每一个模块工作量的最小可能值 a_j、最大可能值 b_j 和最可能值 m_j 进行估计，并利用信息库中的一些重要工程经济参数（经验值）如成

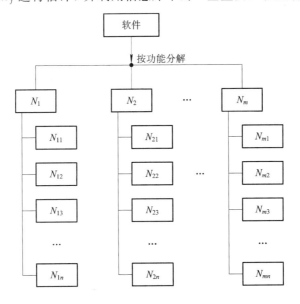

图 3.2　系统的功能分解示意图

本费用率、劳动生产率、工时费用率等来综合汇总计算系统的总成本,最后再对由两种不同方式(其中一种计算只按功能/性能一个维度进行分解,另一种计算则按功能/性能和生存周期阶段二个维度进行分解)所得到的成本估计值进行对比分析,通过分析来寻找完成系统构建的关键任务及研究关键任务的解决措施。利用功能分解法求解软件成本估算的流程见图 3.3。以下通过例 3.1 来介绍该流程实现内容。

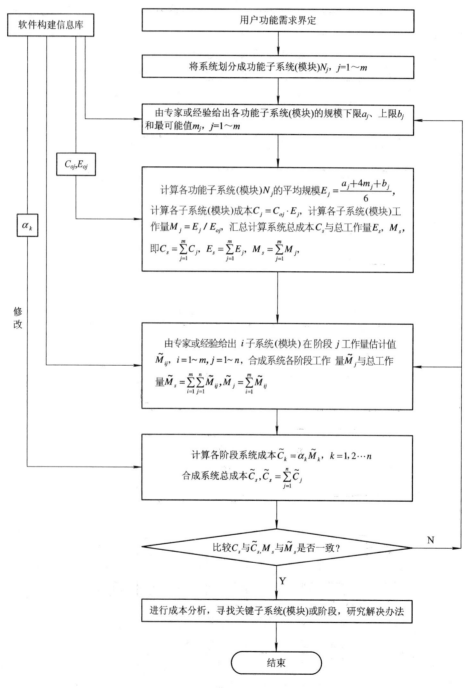

图 3.3　功能分解法的成本测算流程图

　　[例 3.1]　　某计算机辅助设计(CAD)软件是计算机集成制造系统(CIMS)的一个子系统，根据对用户的需求调查与分析，确定该系统按功能可划分成七个功能模块，它们分别是用户接口控制模块、二维几何造型模块、三维几何造型模块、数据结构管理模块、外部设备控制模块、计算机图形显示模块和设计分析模块。试对该软件系统做成本与工作量估算。

　　解　　设上述七个功能模块分别记为 N_1、N_2、N_3、N_4、N_5、N_6、N_7，而各功能模块的成本费用率 C_{oj}(单位：元/行)、劳动生产率 E_{oj}(单位：行/人月)及各阶段的工时费用率 α_k(单位：元/人月)，则可由该企业的软件构建(历史)信息库可得数据，如表 3.3 所示，其中软件生存周期仅考虑需求分析、设计、编码、测试四个阶段。

表 3.3　工程经济参数表

工程经济参数＼模块	N_1	N_2	N_3	N_4	N_5	N_6	N_7
成本费用率 C_{oj}/(元/行)	14	20	20	18	28	22	18
劳动生产率 E_{oj}/(行/人月)	315	220	220	240	140	200	300

工程经济参数＼生存周期阶段	需求分析	系统设计	编码	测试
工时费用率 α_k/(元/人月)	5200	4800	4250	4500

　　由专家及经验可给出该软件各模块的最小可能值(最乐观值)a_j，最大可能值(最悲观值)b_j 和最可能值 m_j。若设各模块工作量均服从 β 分布，则由 β 分布性质知各模块期望(平均)工作量 E_j 有

$$E_j = \frac{a_j + 4m_j + b_j}{6} \quad 行 \tag{3.2}$$

从而可计算各模块成本 C_j 和以人月为单位的工作量 M_j，其中

$$C_j = C_{oj}E_j \quad 元$$

$$M_j = \frac{E_j}{E_{oj}} \quad 人月 \tag{3.3}$$

最后汇总有

$$C_s = \sum_{j=1}^{7} C_j = 656\ 680 \ 元, E_s = \sum_{j=1}^{7} E_j = 33\ 360 \ 行, M_s = \sum_{j=1}^{7} M_j = 144.5 \ 人月$$

上述计算过程详见表 3.4，观察表 3.4 可知系统成本 C_s 和工作量 E_s(M_s)是仅通过功能这一个维度分解而完成的汇总计算。为了使估算更具可靠性，我们还可以将系统工作量按功能与生存周期阶段二个维度进行分解，并利用表 3.3 的工时费用率 α_k 来计算系统在生存周期各阶段的成本，并有

$$\widetilde{C}_k = \alpha_k\widetilde{M}_k \qquad k = 1, 2, 3, 4 \tag{3.4}$$

表 3.4　CAD 软件成本、工作量估算表(一)

模块＼参数	a_i/行	m_j/行	b_j/行	E_i/行	C_{oj} /(元/行)	C_j/元	E_{oi} /(行/人月)	M_s/人月
N_1	1800	2400	2650	2340	14	32 760	315	7.4
N_2	4100	5200	7400	5380	20	107 600	220	24.4
N_3	4600	6900	8600	6800	20	136 000	220	30.9
N_4	2950	3400	3600	3350	18	60 300	240	13.9
N_5	2000	2100	2450	2140	28	59 920	140	15.2
N_6	4050	4900	6200	4950	22	108 900	200	24.7
N_7	6600	8500	9800	8400	18	151 200	300	28.0
总计	$E_s=333\,60$ 行				$C_s=656\,680$ 元		$M_s=144.5$ 人月	

由表 3.5 可知,依次有

$$\widetilde{C}_1 = \alpha_1 \widetilde{M}_1 = 14.5 \times 5200 = 75\,400 \text{ 元}$$
$$\widetilde{C}_2 = \alpha_2 \widetilde{M}_2 = 61 \times 4800 = 292\,800 \text{ 元}$$
$$\widetilde{C}_3 = \alpha_3 \widetilde{M}_3 = 26.5 \times 4250 = 112\,625 \text{ 元}$$
$$\widetilde{C}_4 = \alpha_4 \widetilde{M}_4 = 50.5 \times 4500 = 22\,725 \text{ 元}$$

表 3.5　CAD 软件成本、工作量估算表(二)

功能维＼时间维	需求分析 $\widetilde{M}_{i1}$	设计 $\widetilde{M}_{i2}$	编码 $\widetilde{M}_{i3}$	测试 $\widetilde{M}_{i4}$	总计 $\widetilde{M}_i$/人月
N_1	1.0	2.0	0.5	3.5	7.0
N_2	2.0	10.0	4.5	9.5	26.0
N_3	2.5	12.0	6.0	11.0	31.5
N_4	2.0	6.0	3.0	4.0	15.0
N_5	1.5	6.0	3.5	5.0	16.0
N_6	1.5	11.0	4.0	10.5	27.0
N_7	4.0	14.0	5.0	7.0	30.0
总计 $\widetilde{M}_k$/人月	14.5	61.0	26.5	50.5	$\widetilde{M}_s=152.5$
α_k/(元/人月)	5200	4800	4250	4500	—
$\widetilde{C}_k$/元	75 400	292 800	112 625	227 250	$\widetilde{C}_s=708\,075$

由此可得系统总成本 $\widetilde{C}_s$ 与总工作量 $\widetilde{M}_s$（单位：人月）有

$$\widetilde{C}_s = \sum_{k=1}^{4} \widetilde{C}_k = 708\ 075\ 元$$

$$\widetilde{M}_s = \sum_{i=1}^{7} \widetilde{M}_i = \sum_{i=1}^{7} \sum_{k=1}^{4} \widetilde{M}_{ik} = 152.5\ 人月$$

注意到通过两条不同途径得到了该软件成本（单位：元）与工作量（单位：人月）的二组数值，但考虑到这二组数值有相对误差：

$$\Delta_C = \left| \frac{\widetilde{C}_s - C_s}{\widetilde{C}_s} \right| = \frac{708\ 075 - 656\ 680}{708\ 075} \approx 7\%$$

$$\Delta_M = \left| \frac{\widetilde{M}_s - M_s}{\widetilde{M}_s} \right| = \frac{152.5 - 144.5}{152.5} \approx 5\%$$

故可从中选择二者之一输出，例如从保守的观点出发可选择系统成本与系统工作量有

$$\widetilde{M}_s = 152.5\ 人月，\quad \widetilde{C}_s = 708\ 075\ 元$$

然而我们注意到上述之成本与工作量是在生存周期的需求分析、系统设计、程序编码、系统测试四个阶段成本与工作量基础上的累计值，而并非在整个生存周期内的累计值。而后者还包括系统运行与维护阶段的成本，因而我们可在 $\widetilde{M}_s$ 与 $\widetilde{C}_s$ 的基础上采用加乘因子的方法求得系统成本与工作量在整个生存周期内的估计值 $\dot{M}_s$ 与 $\dot{C}_s$，即

$$\dot{M}_s = \widetilde{M}_s(1 + \beta_M)，\quad \dot{C}_s = \widetilde{C}_s(1 + \beta_C) \tag{3.5}$$

式中 β_M 与 β_C 分别为工作量与成本的加乘因子，其取值将依赖于系统的功能与性能特性，例如根据此 CAD 软件特性，可取 $\beta_M = 40\%$，$\beta_C = 40\%$，则有系统成本与工作量在整个生存周期内的估计值为

$$\dot{M}_s = \widetilde{M}_s(1 + \beta_M) = 152.5(1 + 0.4) = 213.5\ 人月$$

$$\dot{C}_s = \widetilde{C}_s(1 + \beta_C) = 708\ 075(1 + 0.4) = 991\ 305\ 元 = 99.13\ 万元$$

此外，观察表 3.4 可知，从成本分析的角度来看各模块中成本较高的为 N_3（三维几何造型模块）和 N_7（设计分析模块），因此为进行成本控制或降低系统成本首先应关注 N_3 和 N_7 模块，另外从人力资源投入的角度来分析，由表 3.4 可知投入量最大的同样为 N_3 和 N_7，因此可将 N_3 和 N_7 模块作为系统成本分析的关键模块，系统管理员可寻找相关措施来降低 N_3 与 N_7 的成本（例如设法提高 N_3 与 N_7 的劳动生产率 E_{o3} 和 E_{o7} 以及降低 N_3 和 N_7 的成本费用率 C_{o3} 和 C_{o7} 等）。此外，观察表 3.5 还可得知系统成本在需求分析、系统设计、程序编码和系统测试的阶段分布中以系统设计阶段为最大，程序测试阶段为次之，了解上述的成本的时间分布特点将有助于企业的资金运转过程。

最后我们需要说明的是：在表 3.4 中关于各子系统 N_j 的成本特性值 a_j、m_j、b_j 均是由一个专家给出的，考虑到一个专家对事物的认识难免会有主观、片面之处，因而由其个人来决定 a_j、m_j、b_j 往往有可能不够科学、可靠，而理论分析与经验表明，若采用一个专家群体（专家组）来对上述成本特性值各自独立地作出判断，且当这些判断值彼此差异不大的情况下用这些判断值的平均值来作为软件各子系统的成本估值时将更为科学、可靠，从而产生了以专家群体作判断为基础的 Delphi 法。一般来说，对于一些规模较大、研发经费较多的软件项目，在对其作成本估计时，项目管理部门往往采用 Delphi 法。

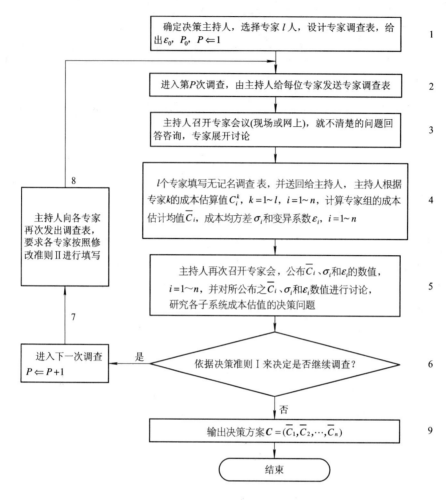

图 3.4　Delphi 法求解流程

3.2.2　Delphi 法

Delphi 法又称专家群体法，是由美国 Rand 公司首先推出的一种专家群体意见性预测法，设 NIS 根据系统概要设计拟由 n 个子系统构成，则采用 Delphi 法对该系统各子系统的成本估值求解流程见图 3.4。

在图 3.4 的框 1 中有关专家调查表的设计可见表 3.6。表 3.6 与图 3.4 中有关符号之含义如下：

ε_0：专家组对各子系统成本调查的终止上界；

P_0：专家组对各子系统成本调查的次数上限；

C_i^k：专家 k 对 i 子系统成本的估计值；

$\overline{C}_i$：专家组对 i 子系统成本估值的平均值；

σ_i：专家组对 i 子系统成本估值的样本均方差值；

ε_i：专家组对 i 子系统成本估值的变异系数；

a_i^k：专家 k 对 i 子系统成本估计的最乐观值（下界）；

m_i^k：专家 k 对 i 子系统成本估计的最可能值(中间值)；

b_i^k：专家 k 对 i 子系统成本估计的最悲观值(上界)。

表 3.6　Delphi 法专家调查表

1　软件名称

2　系统性能、功能、结构需求及有关说明

3　概要设计及有关说明

4　调查表填写规范与有关说明

5　专家编号：

6　填表日期：年 月 日

子系统	N_1	N_2	N_3	…	N_n	简要理由
成本参数 (单位：万元)	$a_1^k:$ $m_1^k:$ $b_1^k:$	$a_2^k:$ $m_2^k:$ $b_2^k:$	$a_3^k:$ $m_3^k:$ $b_3^k:$	… … …	$a_n^k:$ $m_n^k:$ $b_n^k:$	

并有

$$
\begin{cases}
C_i^k = \dfrac{a_i^k + 4m_i^k + b_i^k}{6} \\[2mm]
\overline{C}_i = \dfrac{1}{l} \sum_{k=1}^{l} C_i^k \\[2mm]
\sigma_i^2 = \dfrac{1}{l-1} \sum_{k=1}^{l} (C_i^k - \overline{C}_i)^2 \\[2mm]
\varepsilon_i = \dfrac{\sigma_i}{\overline{C}_i}
\end{cases}
\qquad k = 1 \sim l,\ i = 1 \sim n
\tag{3.6}
$$

图 3.4 中框 6 中的决策准则 I 之有关内容如下：

(1) 对于专家组预先给定的 ε_0，若在某次调查中对子系统 N_j 有 $\varepsilon_j \leqslant \varepsilon_0$，则可将对应的 $\overline{C}_j$ 作为专家组意见，以后的调查将不再对 N_j 进行；若该次调查有 $\varepsilon_j > \varepsilon_0$，则对 N_j 继续进行下一次调查。

(2) 对于专家组预先设定的调查次数 P_0，若对所有的调查次数 $P = 1 \sim P_0$，子系统 N_j 均有 $\varepsilon_j > \varepsilon_0$，则可取各次调查 $\overline{C}_j(P)$ 的平均值输出，即有 $\overline{C}_j \Leftarrow \dfrac{1}{P_0} \sum_{P=1}^{P_0} \overline{C}_j(P)$。其中，$\overline{C}_j(P)$ 为第 P 次调查中专家组对 N_j 子系统成本的平均估值。

图 3.4 中框 7 中的修改准则 II 之有关内容如下：

(1) 若专家 k 对子系统 N_j 之第 P 次成本估值有 $C_j^k(P) < \overline{C}_j(P)$，则要求专家 k 在下一次调查中提高对 N_j 之成本估值，并有 $C_j^k(P) < C_j^k(P+1) < \overline{C}_j(P)$；

(2) 若专家 k 对子系统 N_j 之第 P 次成本估值有 $C_j^k(P) > \overline{C}_j(P)$，则要求专家 k 在下一次调查中降低对 N_j 之成本估值，并有 $C_j^k(P) > C_j^k(P+1) > \overline{C}_j(P)$；

(3) 若专家 k 对子系统 N_j 之第 P 次成本估值有 $C_j^k(P) \approx \overline{C}_j(P)$，则要求专家 k 在下一次调查中对 N_j 之成本估值保持不变，或按(1)、(2)法则修改。

由于 Delphi 法是系统工程中的一种常用的综合评价方法，故上述 Delphi 法不仅对成本估值有效，而且也适用于对系统的规模、复杂性、性能、功能等的评价。

3.2.3　统计模型法

1. 统计模型法的基本思想

运用统计模型法来作软件成本预测或估计的基本思想为：首先寻找对软件成本 y 的影响要素 x_1，x_2，…，x_n，一般来讲，这些影响成本的要素有设备(硬件)投入(购买)、人力资源投入、工作量、工期、系统功能/性能、环境，等等；然后从中选出一些主要影响要素和收集企业(机构)长期从事软件开发时这些要素的数据序列(可从 IT 企业信息库中获得)及对应的项目成本序列，在此基础上通过研究这些主要影响因素与成本的统计关联关系建立起统计模型(图 3.5 给出了统计模型的关联关系图)；最后通过统计模型来预测软件的成本。此统计模型的建立常采用回归分析法。

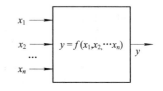

图 3.5　统计模型的关联关系图

统计模型通常有一元函数 $y=f(x)$ 与多元函数 $y=f(x_1$，x_2，…，$x_n)$ 两种。当然，前者可看成后者当 $n=1$ 时的特殊情况。以下我们以一元函数形式为例来介绍统计模型的建立及其数学原理，对于多元函数形式的统计模型的建立是类似的。

2. 常见的一元统计模型

在工程经济分析中，常见的具有一元非线性函数形式的统计模型有六类，其数学形式与对应几何图形见图 3.6。

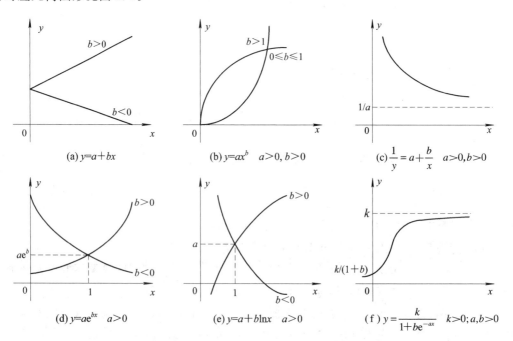

(a) $y=a+bx$　(b) $y=ax^b$　$a>0,b>0$　(c) $\dfrac{1}{y}=a+\dfrac{b}{x}$　$a>0,b>0$

(d) $y=ae^{bx}$　$a>0$　(e) $y=a+b\ln x$　$a>0$　(f) $y=\dfrac{k}{1+be^{-ax}}$　$k>0;a,b>0$

图 3.6　常见一元统计模型几何图形

以下以统计模型 $y=ax^b$ 为例来介绍该统计模型的建立过程及其数学原理：其中，y 为软件成本，x 为影响成本的主要要素，如人力资源投入量、工作量、设备购买费用等。对 $y=ax^b$ 两边同取对数，则有 $\ln y = \ln a + b \ln x$，令 $Y=\ln y$，$A=\ln a$，$X=\ln x$，则统计模型 $y=ax^b$ 相当于如下线性模型：

$$Y = A + bX$$

如果企业在过去曾参与或主持过类似的软件项目 l 个，并在信息库中记录并存贮了这 l 个软件项目对应的 x_n 与 y_n 数值，亦即数据序列 (x_n, y_n)，$n=1\sim l$ 已知，则由线性回归分析的知识可知由此求解线性模型的参数 A 与 b，并有

$$\begin{cases} \hat{b} = \dfrac{\sum\limits_{n=1}^{l}(X_n - \overline{X})(Y_n - \overline{Y})}{\sum\limits_{n=1}^{l}(X_n - \overline{X})^2} \\[4mm] \hat{A} = \overline{Y} - \hat{b}\overline{X} \\[2mm] \overline{X} = \dfrac{1}{l}\sum\limits_{n=1}^{l} X_n,\ \overline{Y} = \dfrac{1}{l}\sum\limits_{n=1}^{l} Y_n \\[2mm] X_n = \ln x_n,\ Y_n = \ln y_n \end{cases} \tag{3.7}$$

利用(3.7)式的参数 A 与 b 的估计值，即可建立统计模型

$$y = ax^b = \mathrm{e}^A x^b \tag{3.8}$$

根据回归分析的知识，(3.8)式之统计模型能否作为合理、可靠的预测模型，尚需经过统计检验。若记参数 T，有

$$T = \dfrac{\hat{\sigma}}{\sqrt{\sum\limits_{n=1}^{l}(X_n - \overline{X})^2}} \qquad \hat{\sigma}^2 = \dfrac{1}{l-2}\sum\limits_{n=1}^{l}(Y_n - \hat{A} - \hat{b}X_n)^2 \tag{3.9}$$

对于给定的参数 T，$\hat{b}$ 和置信度 β，若满足如下检验条件，则(3.8)式的统计模型通过统计检验，并可作为对 y_n 的预测模型；若检验条件不满足，则或重新寻找拟合模型，或重新寻找影响因素。检验条件：

$$\hat{b} > Tt_{\alpha/2}(l-2) \quad \text{或} \quad \hat{b} < -Tt_{\alpha/2}(l-2) \tag{3.10}$$

检验条件算式中的 $t_\alpha(m)$ 为自由度是 m 的 T 统计量，$\alpha = 1-\beta$。对于给定的 $m=l-2$ 和 $\alpha = 1-\beta$，可由统计检验表中查出 $t_{\alpha/2}(l-2)$ 的数值，从而可判断(3.10)式是否成立。图 3.7 给出了预测模型的求解流程。

[例 3.2]　美 IBM 公司的 Walston & Felix 对 IBM 联合系统分部(FSD)负责的 60 个软件工程项目的工作量与规模进行了统计，获得了数据序列 $\{(x_n, y_n), n=1, 2, \cdots, 60\}$。其中，$y_n$ 表示第 n 个软件工程的工作量(单位为人月或 PM)；x_n 表示第 n 个软件工程项目的规模(源代码千行数，记为 kLOC)；60 个软件工程的源代码行数从 400 到 467 000 LOC，而开发的工作量从 1.2 人月到 117.58 人月，共使用 29 种不同语言和 66 种计算机。他们根据数据序列 $\{(x_n, y_n), n=1, 2, \cdots, 60\}$ 在 xOy 平面上的对应点序列进行了联结，并根据此联结曲线的趋势与图形特征选择了前述六种统计模型中的图 3.6(b)，并进而将上述数据序列代入(3.7)式，求得有

$$\hat{a} = \mathrm{e}^{\hat{A}} = 5.2, \quad \hat{b} = 0.91$$

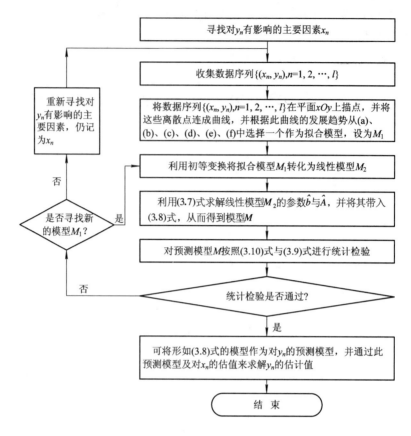

图 3.7 预测模型求解流程

且通过了 (3.9) 式与 (3.10) 式的统计检验条件，从而得到了由软件工程规模来推算工作量的如下预测模型：

$$y = 5.2 \times x^{0.91} 人月$$

如果再利用信息库中的有关工时费用率 α（单位：元/人月），则又可得到 IBM 公司由软件工程规模推算对应成本的成本测算模型为

$$C = \alpha y = 5.2\alpha \cdot x^{0.91} 元$$

利用 (3.7)～(3.10) 式的数学原理，IBM 公司还得了如下一些估算公式：

$$D = 4.1 \times x^{0.36} = 13.47 \times y^{0.35}$$
$$S = 0.54 \times y^{0.6}$$
$$F = 49 \times x^{1.01}$$

式中，y 为软件工程项目的工作量（单位：人月）；x 为软件工程项目的规模（单位：源代码千行数即 kLOC）；D 为软件工程项目的持续时间或工期（单位：月）；S 为软件工程项目投入的人力资源数（单位：人）；F 为软件工程项目的文档数量（单位：页）。

需要说明的是，上述统计模型是在 IBM 公司联合系统分部下属的技术人员水平、工作环境等条件下，经过统计分析与检验所得到的；如果技术人员的水平与工作环境发生变化，则上述统计模型就可能不一定合理可靠。因此，我国的一些 IT 企业应该及早地建立符合我国国情及对企业本身合理可靠的对应统计模型，这样才有利于今后的软件成本分析的展开。

3.2.4　影响因子法

1. 影响因子法模型的求解思想

影响因子法又名驱动因子法，是一种在统计模型的基础上通过引入更多的对 y 有影响的要素来完成对统计模型估计值的修正的一种定性与定量相结合的方法。该模型的求解思想是：首先确定对因变量 y 作出估计的统计模型 $y = g(x_1, x_2, \cdots, x_n)$，其中，$x_j(j = 1 \sim n)$ 为对 y 有较大影响的有限的几个影响要素（定量估计值）；考虑到仅凭上述统计模型来对 y 作出估计，有可能遗漏了更多的其他影响要素，从而使估计的结果不够合理和全面，为此，在上述统计模型的基础上再引入一个综合影响要素 U，并令 $U = \prod\limits_{j=1}^{m} U_j$，其中，$U_1, U_2,$ $\cdots, U_m$ 是除 $x_1, x_2, \cdots, x_n$ 以外的其他对 y 有影响的影响要素（估计值），从而用以下修正模型来对 y 估计值作出求解将更为科学、合理。其中，修正模型为

$$\begin{cases} y = U \cdot g(x_1, x_2, \cdots, x_n) \\ U = \prod\limits_{j=1}^{m} U_j \end{cases} \tag{3.11}$$

需要说明的是：

(1) 影响要素 $x_1, x_2, \cdots, x_n$ 与 $U_1, U_2, \cdots, U_m$ 的取舍依赖于 y。显然，对于不同工程经济含义的 y，应有不同的 $x_j(j = 1 \sim n)$ 与 $U_k(k = 1 \sim m)$。

(2) 诸多影响要素归入 x_j 的基本准则有三条：① 对 y 有重要影响的要素归入 x_j，而影响相对不重要的要素则归入 U_j；② 易于定量的影响要素归入 x_j，不易定量的影响要素归入 U_j；③ x_j 的个数不宜太多，否则统计模型的求解将成为困难。例如考虑一个对通信性能要求较高的 NIS，若 y 表示该 NIS 的成本（单位：万元），则其主要影响要素可考虑为硬（软）件的设备（开发工具）投资额 x_1（单位：万元）和系统构建工期 x_2（单位：人年），而除 x_1、x_2 以外，对 NIS 成本有影响的因素可分成四类，即系统的规模、复杂性与主要性能需求，系统的功能需求，系统的人力资源特性，系统构建的环境特性。此四类影响因素的详细分解见表 3.7。从而该软件采用影响因子法的修正模型如下：

$$\begin{cases} y = U \cdot g(x_1, x_2) \\ U = \prod\limits_{j=1}^{18} U_j \end{cases} \tag{3.12}$$

表 3.7　某软件影响要素表

影　响　类　别	影　响　要　素	因子
系统的规模、复杂性与主要性能要求	系统规模（通信网络、计算机与数据库规模）	U_1
	系统复杂性（通信网络与系统集成的复杂性）	U_2
	网络吞吐量	U_3
	话音业务呼损率	U_4
	数据传输速率	U_5
	数据传输差错率	U_6

影 响 类 别	影 响 要 素	因子
系统功能需求	系统可靠性、可维护性与综合保障性	U_7
	系统的安全性与抗毁性	U_8
	系统的可测性与可控性	U_9
	系统的连通性与互联性	U_{10}
系统的人力资源投入特性	人员的 NIS 构建经历	U_{11}
	人员的系统设计能力	U_{12}
	人员的系统生产(开发)能力	U_{13}
	人员的系统集成、测试、维护能力	U_{14}
系统构建的环境特性	投入资金约束	U_{15}
	系统生产(开发)难度	U_{16}
	系统营销投入资金规模	U_{17}
	系统运行环境复杂性	U_{18}

有关统计模型 $y = g(x_1, x_2)$ 的建立与前述统计模型法所述类似，需利用 IT 企业信息库中有关 x_1(设备与工具投资额)与 x_2(工期)及 y_1(软件成本)的历史数据序列经过多元回归分析技术求解得到，常用的 $g(x_1, x_2)$ 之函数形式有

$$y_1 = \alpha_0 + \alpha_1 x_1 + \alpha_2 x_2, \quad y_1 = c x_1^{\alpha_1} x_2^{\alpha_2} \ 或 \ y_1 = c a^{x_1} \cdot b^{x_2}$$

2. 修正模型中影响因子 U_j 的取值方法

考虑到影响因子 U_j 大多为不易量化的定性变量，为使这些定性变量量化和使模型求解简单化，人们常利用系统工程中给出的因子等级评分法。利用该方法求解 U_j 的基本思路为首先确定各影响因子的度量等级数(常用的等级数可在 3～9 中任取一数)，然后给出 U_j 的每一个等级度量的定性(或定量)说明(如表 3.8 所示)，最后给出各影响因子度量的等级分表(如表 3.9)，从而可由系统的有关人员(或专家)依据软件的具体各类特性的实际状况按照等级分表来给出 U_j 的具体等级分(度量)值，从而完成(3.11)式模型的求解。

表 3.8　影响因子等级说明表(部分)

因子 等级	U_7 (系统可靠度)	U_{11} (平均经历)	U_{13}(能力)	U_{15}(资金约束)	U_{18} (复杂性)
很低	$\leqslant 0.5$	$\leqslant 4$ 个月	很低	若投入资金不足，允许追加资金	简单
较低	0.5～0.7	5 个月～2 年	较低	若投入资金不足，允许追加一定数额资金	较简单
一般	0.7～0.85	2 年～5 年	一般	按原合同资金结算不允许追加资金投入	一般
较高	0.85～0.98	5 年～11 年	较高	要求降低合同资金预算	较复杂
很高	>0.98	$\geqslant 12$ 年	很高	合同资金投入有较大风险	复杂

表 3.9　影响因子等级分值表(部分)

等级 \ 因子	U_1	···	U_7	U_8	···	U_{11}	···	U_{15}	···	U_{18}
很低	0.50	···	0.80	0.50	···	1.40	···	0.75	···	0.70
较低	0.75	···	1.00	0.75	···	1.20	···	0.85	···	0.85
一般	1.00	···	1.20	1.00	···	1.00	···	1.00	···	1.00
较高	1.25	···	1.60	1.25	···	0.85	···	1.25	···	1.15
很高	1.50	···	1.85	1.50	···	0.78	···	1.50	···	1.30

　　作为案例,以下我们给出了 Boehm 所建立的利用影响因子法求解软件工程成本 C、工作量 M 和进度 T_a 的修正模型及其有关参数。

　　[例 3.3]　(COCOMO 模型)　COCOMO 模型是构造性成本模型(Constructive Cost Model)的缩写,该模型是采用影响因子法原理所建立的一种适用于系统规划阶段作软件成本估算的预测成本估算模型。该模型的数学形式如下,它是一个由五个算术表达式构成的组合模型,组合模式的求解流程见图 3.8:

$$\begin{cases} C_s = \alpha \cdot M_s \\ T_d = h(M_s)^d \\ M_s = U \cdot M_o \\ M_o = r \cdot L^k \\ U = \prod_{j=1}^{15} U_j \end{cases} \qquad (3.13)$$

式(3.13)模型中各变量的工程经济含义如下: C_s 为软件开发成本(单位:美元); α 为软件开发阶段的工时费率(单位:美元/人月); M_s 为软件开发阶段的修正工作量(单位:人月); M_o 为软件开发阶段的基本工作量(单位:人月); L 为软件开发规模(单位:源指令千行数或 kDSI); U 为软件综合影响因子(无量纲); U_j 为对成本有一定影响的第 j 个影响因子(无量纲), $j=1\sim15$; T_d 为软件开发工期(单位:月); r、k、h、d 为形式参数。

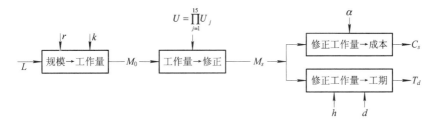

图 3.8　COCOMO 模型求解流程

　　根据图 3.8 所示的求解流程,为求解 C_s 与 T_d,首先应对待估目标软件的规模作出估计,这一任务通常可由软件开发机构中有经验的软件分析师或专家依据该软件的目标与功能需求以及系统结构设计来作出估计;其次应该给出模型(3.13)式中形式参数 r、k、h、d 的具体数值,这一问题由 Boehm 根据对其所掌握的软件工程有关信息进行了统计分析后给出的如表 3.10 所示的 r、k、h、d 的经验数据所解决。在表 3.10 中,Boehm 给出了对应于三种不同类型软件的对应形式参数值。其中所谓组织型（Organic 又称有机型），是指规模相对较小，结构简单的软件项目，此类软件需求不那么苛刻，开发人员对此类软件产品开发目标理解充分，工作经验丰富，对软件的使用环境很熟悉，受硬件的约束较少，程序的规模不是很大（小于 5 万行）。例如，多数应用软件及老的操作系统和编译程序均属此种类型。所谓嵌入型（Embedded），是指此种软件要求在紧密联系的硬件、软件和操作的限制条件下运行，通常与某些硬件设备结合在一起。因此，这种类型对接口、数据结构、算法的要求较高，而软件规模任意。例如，大而复杂的事务处理系统、大型/超大型的操作系统、航天测控系统、大型指挥系统，均属此种类型。所谓半独立型（Semidetached），是指对此种软件的要求介于上述两种软件之间，但软件规模和复杂度都属于中等以上，最大可达 30 万行。例如，大多数事务处理系统、新的操作系统、新的数据库管理系统、大型的库存/生产控制系统、简单的指挥系统，均属此种类型。

表 3.10 形式参数表

软件总体类型	基本工作量 M_o		开发工期 T_d	
	r	k	h	d
组织型	3.2	1.05	2.5	0.38
嵌入型	2.8	1.20	2.5	0.32
半独立型	3.0	1.12	2.5	0.35

根据影响因子法的基本原理，为求解软件成本，还应解决对软件成本的影响要素的识别和给出各影响因子不同等级的等级分值表等问题。Boehm 等人根据对其所掌握的软件工程的有关信息，对软件成本有所影响的 104 个要素进行了研究，最终他们识别出四大类共 15 个影响要素如表 3.11 中的第一、二列所示。

表 3.11 15 种影响软件工作量的因素 U_j 的等级分值表

工作量影响要素 U		非常低	低	正常	高	非常高	超高
产品因素类	软件可靠性 U_1	0.75	0.88	1.00	1.15	1.40	—
	数据库规模 U_2	—	0.94	1.00	1.08	1.16	
	产品复杂性 U_3	0.70	0.85	1.00	1.15	1.30	1.65
计算机因素类	执行时间限制 U_4	—		1.00	1.10	1.30	1.66
	主存储限制 U_5	—		1.00	1.06	1.21	1.56
	虚拟机*易变性 U_6		0.87	1.00	1.15	1.30	
	环境周转时间 U_7	—	0.87	1.00	1.07	1.15	
人员的因素类	分析员能力 U_8	1.46	1.19	1.00	0.86	0.71	
	应用领域实际经验 U_9	1.29	1.13	1.00	0.91	0.82	
	程序员能力 U_{10}	1.42	1.17	1.00	0.86	0.70	
	虚拟机*使用经验 U_{11}	1.21	1.10	1.00	0.90	—	
	程序语言使用经验 U_{12}	1.41	1.07	1.00	0.95	—	
项目因素类	现代程序设计技术 U_{13}	1.24	1.10	1.00	0.91	0.82	
	软件工具的使用 U_{14}	1.24	1.10	1.00	0.91	0.83	
	开发进度限制 U_{15}	1.23	1.08	1.00	1.04	1.10	

*虚拟机是指为完成某一软件任务所使用的硬、软件的结合。

表中各影响因子 U_j 的度量等级分为六档，且根据各影响因子 U_j 的各自特性，有的度量等级采用四档(如 U_4，U_5 等)有的度量等级采用了五档(如 U_8，U_9 等)，有的度量等级采用了六档(如 U_3)。显然，利用模型(3.13)式和图 3.8 的求解流程，以及表 3.10 的形式参数表和表 3.11 的影响因素等级分值表，即可根据目标软件的目标功能与结构设计估计出软件规模 L 以及各影响因子 U_j 的等级分值，从而使软件的成本、工作量与工期的估计问题得到解决。作为结构化模型的应用，以下我们介绍一个通信软件的成本与工期估计问题。

[**例 3.4**]　考虑一个规模为 10 kDSI 的商用软件中的远程通信控制软件(嵌入型软件)，根据该目标软件的目标、功能需求以及开发机构人力资源投入的现实状况，可得到各影响因子 U_j 的具体内涵如表 3.12 的第二列，又得知该软件开发机构的工时费用率 $\alpha = 4000$ 元/人月，试对该目标软件的成本、工作量与工期作出估计。

解　首先由目标软件的基本特性(嵌入型)、表 3.10 和模型(3.12)式，可知有

$$M_o = rL^k = 2.8 \times 10^{1.2} = 44.38 \text{ 人月}$$

其次，由表 3.12 第二列中对各影响因子的具体内涵及表 3.11 可得到各影响因子对应的等级分值并记录于表 3.12 第三列，于是可得到综合影响因子为

$$U = \prod_{j=1}^{15} U_j = 1 \times 0.94 \times 1.30 \times 1.10 \times \cdots \times 0.91 \times 1.10 \times 1.00 = 1.17$$

表 3.12　影响因子 U_j 的具体内涵

影响因子 U_j	对影响因子要求的现实情况	等级分取值
U_1 软件可靠性(RELY)	只用于局部地区，恢复问题不严重	1.00(正常)
U_2 数据库规模(DATA)	2000 字节	0.94(低)
U_3 产品复杂性(CPLX)	用于远程通信处理	1.30(很高)
U_4 时间限制(TIME)	使用 70% 的 CPU 时间	1.10(高)
U_5 主存储限制(STOR)	64 KB 中使用 45 KB	1.06(高)
U_6 机器易变性(VIRT)	使用商用微处理器	1.00(额定值)
U_7 周转时间(TURN)	平均 2 小时	1.00(额定值)
U_8 分析员能力(ACAP)	优秀人才	0.86(高)
U_9 工作经验(AEXP)	远程通信工作 3 年	1.10(低)
U_{10} 程序员能力(PCAP)	优秀人才	0.86(高)
U_{11} 工作经验(VEXP)	微机工作 6 个月	1.00(正常)
U_{12} 语言使用经验(LEXP)	12 个月	1.00(正常)
U_{13} 使用现代程序设计技术(MODP)	1 年以上	0.91(高)
U_{14} 使用软件工具(TOOL)	基本的微型机软件	1.10(低)
U_{15} 工期(SCED)	9 个月	1.00(正常)

最后由(3.12)式可得到

$$M_s = U \cdot M_0 = 1.17 \times 44.38 = 51.5 \text{ 人月}$$

$$T_d = h(M_s)^d = 2.5 \times (51.5)^{0.32} = 8.9 \text{ 月}$$
$$C_s = \alpha \cdot M_s = 4000 \times 51.5 = 20.6 \text{ 万元}$$

需要说明的是,(3.12)式的模型国外称为中级 COCOMO 模型,它适用于中、小规模软件的成本估算问题,但对于大型软件而言这种估算过于粗略,且无法按阶段来估算其工作量与成本的分配问题,而上述问题则是大型软件人力资源投入与成本的组织与分配所关注的。于是在中级 COCOMO 模型的基础上人们引入了所谓详细(高级)COCOMO 模型。

详细 COCOMO 模型与中级 COCOMO 模型的区别在于:

(1) 详细 COCOMO 模型在中级 COCOMO 模型的基础上对各影响因子按照开发阶段的四个子阶段(需求和产品设计子阶段,详细设计子阶段,编程和单元测试子阶段,集成与测试子阶段)作进一步的分解,并按各子阶段给出各影响因子 U_j 的等级度量分值表及其相应的说明。

(2) 对于不同类型(组织型、半独立型和嵌入型)和不同规模(小型、次中型、中型、大型、巨型)的软件工程,进一步给出了软件开发四个子阶段的工作量的分布比例(%)的推荐值。

3. 模型的修正

Boehm 推出的上述 COCOMO 模型是在其所在机构的特定环境下推出的,我们引入该模型时切不可机械搬用,而应在该模型的基础上进行适当修正来寻求适合于我国国情、本企业的构造性成本模型。以下介绍这样的修正工作的基本思想。

(1) 单参数修正。设 $M_0 = rL_s^k$ 中 Boehm 给出的 $k=1.05$ 可用($y=ax^b$ 中 b 反映了该曲线的弯曲程度),而 r 需修正。此时可利用本企业(软件开发机构)在同样配置环境下过去已完成的同一模式 n 个软件项目的样本数据,如规模 L_i,工作量乘数 U_i,实际开发工作量 MM_i,$i=1 \sim n$,然后可通过数理统计中的最小二乘法来求解新的适合于本企业环境的统计模型。

设 $\hat{MM_i} = U_i rL_i^k$,作如下平方误差和 $S(r)$:

$$S(r) = \sum_{i=1}^{n} (\hat{MM_i} - MM_i)^2 = \sum_{i=1}^{2} (U_i rL_i^k - MM_i)^2 = \sum_{i=1}^{n} (r\theta_i - MM_i)^2$$

其中,$\theta = U_i L_i^{1.05}$,为求 $S(r)$ 取最小时的 r,可作求导运算有

$$\frac{\partial S(r)}{\partial r} = 2\sum_{i=1}^{n} (r\theta_i - MM_i)\theta_i = 0$$

可解得有

$$\begin{cases} \hat{r} = \dfrac{\displaystyle\sum_{i=1}^{n} MM_i \cdot \theta_i}{\displaystyle\sum_{i=1}^{n} \theta_i^2} \\ \theta_i = U_i L_i^{1.05} \end{cases} \tag{3.14}$$

[例 3.5]　某软件开发机构已完成了五个组织型软件项目开发,各项目的参数如表 3.13 所示,现取 $k=1.05$,拟对 r 进行修正。试求解在上述开发环境下的成本构造性模型。

表 3.13　样本参数表（一）

项目序号	L_i/kLOC	U_i	MM_i/人月	θ_i	$\theta_i \cdot MM_i$	θ_i^2
1	5	0.75	15	4	60	16
2	10	1.00	44	11	484	121
3	20	0.80	60	19	1140	361
4	30	1.00	140	36	5040	1296
5	40	0.70	133	34	4522	1156
总和					11 246	2950

解　由(3.15)式及表 3.13 可得

$$\hat{r} = \frac{\sum_{i=1}^{5} \theta_i \cdot MM_i}{\sum_{i=1}^{5} \theta_i^2} = \frac{11\ 246}{2950} = 3.81$$

由此可得新模型为

$$\begin{cases} M_s = UM_0 \\ M_o = 3.81 L_s^{1.05} \end{cases}$$

（2）双参数修正。若模型 $M_0 = rL_s^k$ 可用，但需对参数 r 与 k 同时修正，此时可利用软件开发机构过去已开发过的同一模式的参数样本序列$\{L_i, U_i, MM_i, i=1\sim n\}$运用最小二乘法，求解最优化问题$\min_{r,k} S(r,k)$即可，为此，可设$\hat{MM}_i = U_i rL_i^k$，$S(r) = \sum_{i=1}^{n} (U_i rL_i^k - MM_i)^2$，令$\frac{\partial S(r,k)}{\partial r} = 0$，$\frac{\partial S(r,k)}{\partial k} = 0$，可解得

$$\begin{cases} \log \hat{r} = \dfrac{a_2 b_1 - a_1 b_2}{na_2 - a_1^2} \\ \hat{k} = \dfrac{nb_2 - a_1 b_1}{na_2 - a_1^2} \end{cases} \tag{3.15}$$

其中

$$\begin{cases} a_1 = \sum_{i=1}^{n} \log L_i \\ a_2 = \sum_{i=1}^{n} (\log L_i)^2 \\ b_1 = \sum_{i=1}^{n} \log\left(\dfrac{MM_i}{U_i}\right) \\ b_2 = \sum_{i=1}^{n} \left[\log\left(\dfrac{MM_i}{U_i}\right) \cdot \log L_i\right] \end{cases}$$

[例3.6] 有关项目参数同表3.13，试求解在此开发环境下双参数修正的成本模型。

解 假设 $\overset{\wedge}{MM_i} = U_i r L_i^k$，故有最小平方误差 $S(r) = \sum_{i=1}^{n}(U_i r L_i^k - MM_i)^2$，对上述参数值经计算可得表3.14。

表3.14 样本参数表(二)

i	L_i	U_i	MM_i	$\log L_i$	$(\log L_i)^2$	$\log\dfrac{MM_i}{U_i}$	$\log\dfrac{MM_i}{U_i}\cdot\log L_i$
1	5	0.75	15	0.7	0.49	1.30	0.91
2	10	1.00	44	1.0	1.00	1.64	1.64
3	20	0.80	60	1.3	1.69	1.88	2.44
4	30	1.00	140	1.48	2.18	2.15	3.18
5	40	0.70	133	1.60	2.56	2.28	3.65
6		$\sum$		6.08	7.92	9.25	11.82

利用(3.15)式可算得 $a_1 = 6.08$，$a_2 = 7.92$，$b_1 = 9.25$，$b_2 = 11.82$，故有

$$\log\hat{r} = \frac{a_2 b_1 - a_1 b_2}{na_2 - a_1^2} = \frac{7.92\times9.25 - 6.08\times11.82}{5\times7.92 - 6.08^2} = 0.53$$

$$\hat{r} = 10^{0.53} = 3.99$$

$$\hat{k} = \frac{nb_2 - a_1 b_1}{na_2 - a_1^2} = \frac{5\times11.82 - 6.08\times9.25}{5\times7.92 - 6.08^2} = 1.09$$

故有新模型

$$\begin{cases} M_s = UM_o \\ M_o = 3.39\cdot L_s^{1.09} \end{cases}$$

4. COCOMO(2000)介绍

Boehm 在 1987 年推出的成本构造性模型(COCOMO)基础上，经过多年的实践与研究，于 2000 年推出了一种新的成本构造性模型 COCOMO Ⅱ。该模型与 COCOMO(81)相比较具有下述特点：① 保留了 COCOMO(81)的基本功能，且具有兼容性；② 为适应软件工程技术学与软件工程管理学发展的需要，引入了在 1980～2000 年软件技术与软件管理中的一些新概念，如软件重用、过程成熟度等，以解决由此而产生的新的软件工程经济问题；③ 在软件成本估算时提供了多条途径，如采用 kLOC 作为规模的度量和采用功能点作为规模的度量，然后转化成软件成本的估算；④ 修改和调整了一些算法，如多模块工作量算法等；⑤ 编制了相关的支持软件和数据库，可对软件开发、重用、业务外包、软件包购买、投资等决策活动提供支持；⑥ 在将 COCOMO Ⅱ 推向市场时采用了一些软件营销手段(策略)，如建立会员制，通过提供相关知识与教程培训、专家指导、提供经验数据、技术经济方法等服务策略来实现其运营目标。

以下简述由 kLOC 计算成本的 COCOMO Ⅱ 的基本算法。算法中的相关参数内涵详见表3.15。

$$
\begin{cases}
C_s = \alpha M_s \\
M_s = A \cdot U \cdot L_s^E \\
E = B + 0.01 \sum_{j=1}^{5} F_j \\
U = \prod_{j=1}^{n} U_j \\
T_d = C M_s^F \\
F = D + 0.2 \times (E - B) = D + 0.2 \times 0.01 \sum_{j=1}^{n} F_j
\end{cases}
\tag{3.16}
$$

表 3.15　模型参数内涵

参　　数	内　　涵	参　　数	内　　涵
α	工时费用率(单位:万元/kLOC)	U_j	工作量影响因子
M_s	软件工作量(单位:人月)	B	规模指数的基数
L_s	软件规模(单位:kLOC)	F_j	规模指数修正因子
E	规模指数	n	工作量影响因子的个数
Λ	比例系数	T_d	工期(单位:月)
U	工作量乘数	F	工期指数
		C	工期系数
		D	工期指数的基数

　　由式(3.16)可知,为计算 C_s 和 T_d,需要根据软件的属性确定 A、B、C、D、F_j、U_k 等参数值和工时费用率 α。其中,α 可用地区或行业水平确定,F_j 的确定见表 3.16,U_j 的确定见表 3.17,规模 L_s 的确定与前相同,可用功能分解法、Delphi 法等确定,其他参数 Boehm 建议 $A = 2.94$,$B = 0.91$,$C = 3.67$,$D = 0.28$,$n = 17$。

表 3.16　指数修正因子等级分表

	比例因子	很低	低	一般	高	很高	极高
F_1	PREC 先例性	全新的 6.20	绝大部分新的 4.96	有一些新的 3.72	基本熟悉 2.48	绝大部分熟悉 1.24	完全熟悉 0.00
F_2	FLEX 开发灵活性	严格 5.07	偶尔放宽 4.05	放宽 3.04	基本一致 2.03	部分一致 1.01	通用目标 0.00
F_3	RESL 体系结构/风险化解	很少 7.07	一些 5.65	常常 4.24	通常 2.83	绝大多数 1.41	完全 0.00
F_4	TEAM 团队凝聚力	交流非常困难 5.48	交流有一些困难 4.38	基本的交流协作 3.29	广泛的协作 2.19	高度协作 1.10	无缝协作 0.00
F_5	PMAT 过程成熟度	CMM1 较低 7.80	CMM1 较高 6.24	CMM2 4.68	CMM3 3.12	CMM4 1.56	CMM5 0.00

表 3.17　软件开发工作量乘数 U_j 等级分表

属性	工作量影响因子 U_j	等级分					
		非常低	低	正常	高	非常高	超高
产品属性	1. 要求的软件可靠性(RELY)	0.82	0.92	1.00	1.10	1.26	/
	2. 数据库规模(DATA)	/	0.90	1.00	1.14	1.28	/
	3. 产品复杂性(CPLX)	0.73	0.87	1.00	1.17	1.34	1.74
	4. 可复用开发(RUSE)	/	0.95	1.00	1.07	1.15	1.24
	5. 匹配生命周期需求文档(DOCU)	0.81	0.91	1.00	1.11	1.23	/
平台属性	6. 执行时间约束(TIME)	/	/	1.00	1.11	1.29	1.63
	7. 主存储约束(STOR)	/	/	1.00	1.05	1.17	1.46
	8. 平台易变性(PVOL)	/	0.87	1.00	1.15	1.30	/
人员属性	9. 分析员能力(ACAP)	1.42	1.19	1.00	0.85	0.71	
	10. 程序员能力(PCAP)	1.34	1.15	1.00	0.88	0.76	
	11. 人员连续性(PCON)	1.29	1.12	1.00	0.90	0.81	
	12. 应用经验(APEX)	1.22	1.10	1.00	0.88	0.81	
	13. 平台经验(PLEX)	1.19	1.09	1.00	0.91	0.85	
	14. 语言和工具经验(LTEX)	1.20	1.09	1.00	0.91	0.84	
项目属性	15. 软件工具使用(TOOL)	1.17	1.09	1.00	0.90	0.78	
	16. 多点开发(SITE)	1.22	1.09	1.00	0.93	0.86	0.80
	17. 要求的开发速度(SCED)	1.43	1.14	1.00	1.00	1.00	/

3.2.5　表格法与类比法

1. 类比法

任何一个软件机构，其开发的目标软件一般有如下两种状况：① 目标软件是全新的，即相对于该软件的开发机构而言，目标软件的结构、功能是从未接触过的，或开发人员有了很大的变化；② 目标软件与过去已开发过的某一软件有相同或类似的功能与结构，而开发人员变化较小，此时可利用类比法来估计新的目标软件的成本。

设开发机构过去已开发过一个软件 S_A，其规模为 L_A，现欲开发的目标软件为 S_B，其规模为 L_B，由于目标软件 S_B 之结构、功能与原软件 S_A 有类似之处，故 S_B 可通过对 S_A 软件的改编来完成。现引入改编调整系数 AAF，并认为改编的工作是通过设计修改、编码修改和集成修改三部分工作来完成的。

设 DM 表示为适应新目标、新环境，对原开发软件 S_A 所作的设计修改百分比；CM 表示为适应新目标、新环境，对原开发软件 S_A 所作的代码修改百分比；IM 表示为适应新目标、新环境，对原开发软件 S_A 所作的集成修改百分比，则有

$$\text{AAF} = W_1 \cdot \text{DM} + W_2 \cdot \text{CM} + W_3 \cdot \text{IM} \tag{3.17}$$

权系数 Boehm 建议取 $W_1 = 0.4$，$W_2 = W_3 = 0.3$。

利用(3.17)式及原开发软件 S_A 的规模 L_A，即可估计新的目标软件的规模有

$$L_B = L_A \cdot \text{AAF} = L_A \cdot (0.4\text{DM} + 0.3\text{CM} + 0.3\text{IM}) \qquad (3.18)$$

进而由规模还可计算出相应的软件工作量和成本。

[例 3.7]　某软件公司已开发过一种规模为 10 kLOC 的生产辅助设计软件 S_A，现欲将其改编为生产过程控制软件 S_B，经估算其设计、编码与集成修改的百分比为 DM = 35，CM = 60，IM = 140，并有工作量乘数 $U = 1.17$，工时费用率 $\alpha = 6000$ 元/人月。试利用类比法估计目标软件 S_B 的成本。

解　由(3.18)式与(3.17)式可得

$$\text{AAF} = 0.4 \times 35 + 0.3 \times 60 + 0.3 \times 140 = 74$$

$$L_B = L_A \cdot \text{AAF} = 10 \text{ kLOC} \times 74\% = 7.4 \text{ kLOC}$$

注意到生产过程控制软件属嵌入型软件，故有

$$M_s = U \cdot M_o = U \times 2.8(7.4)^{1.20} = 1.17 \times 31 = 33 \text{ 人月}$$

$$C_s = \alpha \cdot M_S = 6000 \text{ 元/人月} \times 33 \text{ 人月} = 216 \text{ 千元} = 21.6 \text{ 万元}$$

2. 表格法

表格法的基本思想是将与软件成本有关的工程经济参数，如系统规模、复杂性、工期（进度）、对计算机与通信资源的需求及资金投入约束、劳动生产率、工时费用率以及对成本有影响的其他各类各种影响因子有机地组织起来，并汇总成几张表格，然后系统设计人员可根据软件的功能需求及开发机构的人员素质、经历等具体情况，按照表格填写的顺序要求进行逐次计算与填写，并最终完成对目标系统软件的成本、工期等参数的估算。例如 Aron 模型、详细 COCOMO 模型等都可视为利用表格法做成本估算的应用案例。

限于篇幅，上述内容从略，有兴趣的读者可参见 Boehm（参考文献[1]）。

3.2.6　设备的折旧

在前述各种软件成本测算方法中，多数未考虑硬件的固定资产折旧问题，例如计算机与通信设备的折旧问题，这是由于对多数软件而言，上述设备资源的购置费相对于其他成本（如生产成本、人力资源成本）而言要小得多，故在成本测算中可以忽略不计。然而，对于某些特殊的软件，如某些大型的证券投资业务处理系统，银行联机业务处理系统，铁路、航空订票系统和军事作战系统中的中央计算机、通信设备及传感器等，由于其对存贮空间及运算速度及环境要求等性能的特殊要求，而使设备的购置费用较为昂贵，对于此类设备，在计算成本时，其设备折旧将无法忽略。以下我们来介绍有关此类设备的折旧问题。

有关设备折旧的方法很多，如直线折旧法、加速折旧法、余额递减法、偿还基金法、年金法等，本节主要介绍两种常用的设备折旧方法：直线折旧法与加速折旧法。

1. 直线折旧法

直线折旧法的基本思想是设备在使用期内，平均地分摊设备价值来作为设备的折旧额。若设 A_b 表示一年设备的折旧额，k_0 表示设备的原始价值，O 表示设备若干年后的残值（预计），T 表示设备的最终使用年限，α 表示设备的年基本折旧率，则其基本算法如下：

$$A_b = \frac{k_0 - O}{T}$$

$$\alpha = \frac{A_b}{k_0} = \frac{k_0 - O}{T \cdot k_0} \times 100\% \qquad (3.19)$$

2. 加速折旧法

加速折旧法的基本思想是设备在整个使用过程中,其效能是变化的,其中使用的前几年,设备处于良好状态,效能较高,因而可为企业提供较高的效益,而在使用后期,由于设备的各种有形磨损(如摩擦、振动、介质腐蚀、材料老化等导致)与无形磨损(如由于技术进步而不断出现新的高性能、低价格的设备,而使原设备价值降低导致)加速,从而为企业提供的效益相对较低。因此设备使用的前几年分摊的折旧费应比后期分摊的折旧费更多一些,方为合理。为此人们又提出了如下一些新的设备折旧算法:

$$A_t = \frac{T+1-t}{\sum_{j=1}^{T} j}(k_0 - O) = \frac{T+1-t}{\frac{T(T+1)}{2}}(k_0 - O) \qquad t \leqslant T \qquad (3.20)$$

式中,A_t 为设备在使用年限内第 t 年的折旧额,t 为设备使用的年数,T 为设备使用年限。

[**例 3.8**] 设某型计算机其购买价格(原始价值)为 9200 元,预计使用五年,其残值估计为 200 元。试求该计算机应摊入成本中的各年设备折旧费。

解 由于 $k_0 = 9200$ 元,$T = 5$ 年,$O = 200$ 元

$$U = \frac{T+1-t}{\frac{T(T+1)}{2}} = \frac{6-t}{15} \qquad t = 1, 2, 3, 4, 5$$

$$k_0 - O = 9200 - 200 = 9000 \ \text{元}$$

从而由(3.20)式可得表 3.18。

表 3.18 计算机各年折旧额　　　　　　　　单位:元

t	$k_0 - O$	$U = \dfrac{6-t}{15}$	$A_t = (k_0 - O)U$
1	9000	5/15	3000
2	9000	4/15	2400
3	9000	3/15	1800
4	9000	2/15	1200
5	9000	1/15	600
合计		15/15	9000

由表 3.18 可知,该计算机设备各年折旧呈递减趋势,但各年折旧总额 $\sum_{t=1}^{5} A_t = 9000$ 元,再加上残值 200 元,即为该计算机的原始价值。

3.3　软件成本与价值工程分析

价值工程分析(Value Engineering Analysis,VEA)又称价值工程(Value Engineering,VE)是一种通过对产品(或系统)的功能与成本间的关系研究,来改进产品(或系统)经济效益的一种技术经济与管理方法。它起源于 20 世纪 40 年代,面对二次大战后的资源稀缺,

美国通用电气公司的设计师 L. D. Miles 在对原材料与器件的替代问题研究中总结了一种系统科学方法。该方法迅速得到国际科学与工程界的重视，并在应用中取得了很大的成效。其应用领域也由最初的稀缺材料代用品的寻找开始，发展到改进设计、工艺、制造和新产品的研发，由研究单个零件出发，发展到单项作业、工序的改进，直到整机（整个系统）的改进，价值工程分析应用到软件工程，可用来作软件成本估值，改进软件设计与开发方案，研究成本控制等内容。

3.3.1　价值工程分析原理

价值工程分析的作用是通过对产品或作业的功能与成本的关系研究，力求以最低的寿命周期成本来实现产品或作业的必要功能，进而使企业获得最大利润。它是通过对如下的功能、成本、价值三要素的关联来展开研究和组织一系列改进活动的。

功能（Function），简称 F，指的是有用效果或用途，它是产品的基本属性之一，是产品对于人们的某种需要的满足能力和程度。产品的功能通过设计与生产技术得以实现，并凝聚了设计与生产技术的先进性与合理性。功能按重要程度，可分为基本功能和辅助功能。基本功能是指产品必不可少的功能，决定了产品的主要用途，而辅助功能则是基本功能外的辅助功能，可以根据用途的需要而增减，如手机的基本功能是无线通信，而辅助功能则有计时、来电显示、电子数据记录等；功能按用途属性划分，可分为使用功能和美学功能，其中，使用功能反映产品的物质属性，而美学功能则反映产品的精神和艺术属性，如手机的使用功能有上述的无线通信、计时、来电显示等，而美学功能则体现在手机的体型、色彩和装饰性；功能按强度划分可分为过剩功能与不足功能。其中，过剩功能是指虽属必要功能，但由于功能强度超过了用户需求而成为富余，而不足功能则是指产品功能水平低于用户需求水平，因而不能满足用户需求。如手机的数码摄像功能对许多青年消费者而言是必要功能，但若将摄像的像素配置得很高，则又可能成为过剩功能了。

成本（Cost），简称 C，它是企业为实现产品的功能而相应付出的费用。有关成本的概念与分类前面已涉及，故不再重复。

价值（Value），简称 V，这里的价值是指相对于一个产品所具有的功能 F 而言，其成本 C"合算不合算"或"值不值"的含义，这种认识，人们往往可用 $V=F/C$ 来作为其概念描述。需注意的是，大多数人对手机"价值"的认识是将其作为一种通信工具，而追求时尚的人则把一款新颖漂亮的手机作为一种时尚和饰物，这说明价值的概念不仅依赖于功能与成本，还取决于需求客体——用户。

1. 基本原理

提高产品的价值是价值工程分析的目标，它既是用户的需要，也是企业追求的目标。但与其他的技术经济方法相比，价值工程分析既非通过单纯降低成本来实现，也非通过片面追求较高功能来实现，而是通过追求"比值 F/C"的提高来实现产品价值的提高，更确切地说，是通过实现产品功能与成本之间的最佳匹配关系来达到目的是价值工程分析的基本原理或思路。为了实现这一目的，价值工程分析需要采取如下的措施来完成：① 对所选定的分析对象的功能作正确的描述；② 明确功能特性的具体需求；③ 通过去掉不合理的功能、合理选择辅助功能、强化基本功能、降低过剩功能和美学功能的水平等手段来达到降低成本、提高产品价值的目的。

　　显然,采用上述各种措施的过程实质上是一种创造性的思维活动过程,它只有通过有组织的团队(价值工程分析小组)的有序的积极工作,才能取得成效。有关价值工程分析的创新过程详见图3.9。

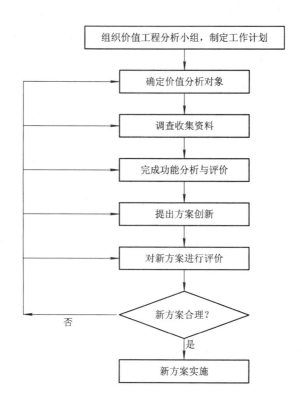

图3.9　价值工程分析创新过程图

　　需要说明的是,价值分析对象的选择是整个工作的基础,对一般产品而言,可以将构成产品的零部件、产品的技术结构、设计方案、制造的工艺流程方案、质量管理中的质量影响诸要素等作为价值分析的对象。但在软件工程中常用的价值分析对象为:开发过程中的各模块(子系统)、组织流程中的各工序、设计过程中的各功能结构方案、开发模型、测试方案、开发工具等,还可以将影响软件质量的各要素作为价值分析的对象。

　　价值工程分析是通过概念模型 $V = F/C$ 来展开思考的,然而此概念模型中的两个要素功能(F)和价值(V)具有模糊的内涵,无法用来直接作定量分析。为此,人们通过研究,提出了一些供价值分析的数量分析方法,力求使模糊概念确定化,从而使定性形式的概念模型作定量分析成为可能。以下介绍常用的价值系数法和 ABC 分类法。

2. 价值系数法

　　判断一个产品所具有的功能是否与其所支付的成本相匹配是价值工程分析中需要解决的一大问题,为了解决此问题,人们引进了功能系数(Function Index,FI)、成本系数(Cost Index,CI)和价值系数(Value Index,VI)三个参量来作为度量指标并通过如下的方法来解决此问题。

　　设价值分析的对象选择为软件的各模块(子系统),而构成软件的模块(子系统)有 m

个，FI_j 称为 j 模块(子系统)的功能系数，C_j 称为 j 模块(子系统)的成本，CI_j 称为 j 模块(子系统)的成本系数，VI_j 称为 j 模块(子系统)的价值系数；并设

$$\mathrm{CI}_j = \frac{C_i}{C} = \frac{C_j}{\sum_{j=1}^{m} C_j}, \quad \mathrm{VI}_j = \frac{\mathrm{FI}_j}{\mathrm{CI}_j} \quad j = 1, 2, \cdots, m; \ 0 \leqslant \mathrm{CI}_j \leqslant 1; \ 0 \leqslant \mathrm{FI}_j \leqslant 1$$

$$(3.21)$$

由(3.21)式可知，j 子系统的成本系数 CI_j 反映了该子系统成本 C 在软件总成本中所占的份额(比例)，而各子系统的成本 C_j 可以通过功能分解法、类比法、统计法等方法得到估计；对于各子系统的功能系数 FI_j，我们可将其视为该子系统功能与其他各子系统功能相对比较的优劣程度或重要程度。

考虑到各子系统功能比较应在一定的评价准则与指标体系下进行才能科学、合理，为此可建立功能综合评价过程示意图，如图 3.10 所示。它是一个具有递阶层次结构的评价过程示意图，该递阶层次结构由目标层、准则层、指标层和比较对象层组成，其中目标层即为功能的综合评价值，而准则层则由重要性、规模与复杂性和性能、功能的可实现性三条准则组成，它表示功能的综合评价需要通过重要性、规模与复杂性和性能、功能可实现性三方面的相互比较来实现，其中规模与复杂性又可分解成两个评价指标即规模、复杂性，而性能、功能可实现性可分解成性能、可靠性、可维护性、安全性、可测性、可控性和互联性的可实现性(或实现难度)等指标；最底层称为比较对象层，它由软件的各子系统 N_1，N_2，$\cdots$，N_m 组成，利用图 3.10 中各相邻层元素的上、下从属关系和各子系统 $N_1 \sim N_m$ 关于每一指标的相互两两比较，以及运用层次分析法(AHP 法)可以求得各子系统的功能系数 $\mathrm{FI}_j (j = 1 \sim m)$。

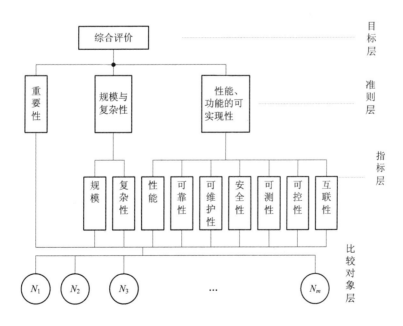

图 3.10 系统功能综合评价过程示意图

由(3.21)式知价值系数 VI_j 实际上可理解为该系统的功能成本比,它类似于性能价格比一样是反映各子系统功能与成本是否匹配的综合价值的一项指标。利用价值系数可进行各子系统的功能/成本分析。这是由于:

若 $VI_j=1$,说明该子系统 j 的功能与成本配置恰当,相对合理;

若 $VI_j>1$,说明该子系统 j 的功能系数 FI_j 大于成本系数 CI_j,这意味着为实现该子系统功能的实际成本偏小,应适当加大该子系统的成本以完善其对应的功能;

若 $VI_j<1$,说明该子系统 j 的功能系数 FI_j 小于成本系数 CI_j,这意味着为实现该子系统功能分配的成本过高,需要对该子系统的结构设计进行改进或降低相应的硬件设备价格或软件开发费用,以达到最终降低子系统成本的目的,并促使功能与成本的匹配。

3. ABC 分类法

价值工程分析的目的是通过对产品所选择考察的对象作功能/成本(价值)分析来提出具有创造性的改进或替代方案以实现价值的提高。然而,当产品(系统)的规模较大,构成产品的部件(子系统)十分众多时,在有限的人力资源约束下,要对这些众多部件(子系统)逐个进行考察既不可能,也无必要。这是由于人们只要从中寻找出某几个对产品价值影响最大的部件,进而对这几个重要部件逐个进行价值分析,并提出改进或替代方案,即可达到整个产品的价值提升。ABC 分类法即是基于上述思想的一种常用统计方法。

ABC 分类法又称 Pareto 分析法,它是一种可应用于软件成本控制、质量控制等方面的一种十分有效的技术经济方法或统计方法。它通过对被考察对象的有序组织、排列与相应计算,将被考察的对象划分为 A、B、C 三类,进而使图形(又称 ABC 分类图)上呈现出人们需要寻找的重要部件的范围。

以下介绍以软件模块为考察对象,以成本为度量指标的 ABC 分类法的基本步骤。其中,设被考察的模块有 m 个,分别以 $O_1,O_2,\cdots,O_m$ 表示,C_j 为模块 O_j 的成本。

(1)将各模块成本自大到小按序排列,设为 $C_{i_1}\geqslant C_{i_2}\geqslant\cdots\geqslant C_{i_m}$,并分别计算各对应模块的成本系数

$$CI_{i_e}=\frac{C_{i_e}}{C},\quad C=\sum_{j=1}^{m}C_j\qquad e=1,2,\cdots,m \qquad (3.22)$$

(2)计算累计成本系数,并寻找 A、B、C 分类点 i_A 与 i_B,使有

$$\left.\begin{aligned}\sum_{e=1}^{i_A-1}CI_{i_e}<70\%\leqslant\sum_{e=1}^{i_A}CI_{i_e}\\\sum_{e=1}^{i_B-1}CI_{i_e}<90\%\leqslant\sum_{e=1}^{i_B}CI_{i_e}\end{aligned}\right\} \qquad (3.23)$$

(3)作直方图,其中直方图中从左向右排列着代表模块 $O_{i_1},O_{i_2},\cdots,O_{i_m}$ 的一列小长条,各小长条的底依次为下标 $i_1,i_2,\cdots,i_m$,高为各模块的成本系数值,然后自左向右累加模块的成本系数值,并在图中相应的高度获得一系列的点 $F_1,F_2,\cdots,F_m$,最后利用(3.23)式可以在横轴上获得 A、B、C 分类点 i_A 与 i_B,以及对应的三个类(集合),其中 $A=\{O_{i_1},O_{i_2},\cdots,O_{i_A}\}$,$B=\{O_{i_A+1},\cdots,O_{i_B}\}$,$C=\{O_{i_B+1},\cdots,O_{i_m}\}$,并有 $A\cup B\cup C=\{O_1,O_2,\cdots,O_m\}$,详见图 3.11。

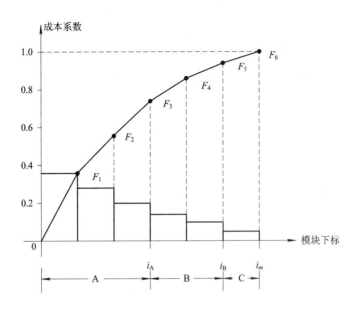

图 3.11 ABC 分类图

显然，利用上述分类法所得的 A 类模块集合是我们在作价值分析时的重点考察对象，而 B 类模块集合则是我们作价值分析时的一般考察对象，C 类模块则一般可以不作价值分析，因为它们对应模块的成本对总成本的影响较小。此中需要说明的是，人们常希望 A 类模块个数占到总模块个数的 20%左右，B 类模块个数占到总模块个数的 40%左右，C 类模块个数占到总模块个数的 40%左右，亦即管理学中著名的三七效应(或二八效应)，但对于每一个应用问题，最后计算所得的结果有可能与上述希望不同。

[**例 3.9**] 某软件经功能设计由 $O_1, O_2, \cdots, O_8$ 八个模块组成，各模块经模块开发后所作的单元测试得到的缺陷数见表 3.19。试利用 Pareto 分析法对这八个模块作 ABC 分类，以便进一步作价值分析与质量控制。

表 3.19 软件模块缺陷表

模块	O_1	O_2	O_3	O_4	O_5	O_6	O_7	O_8	共计
缺陷数 n_e	5	4	3	1	1	1	0	0	15
缺陷比率 P_e/%	33.3	26.6	20.0	6.7	6.7	6.7	0	0	100
比率累计/%	33.3	59.9	79.9	86.6	93.3	100	100	100	—

解 计算各类模块缺陷数 n_e 占总缺陷数的比率 P_e，写于表 3.19 的第三行，其中

$$P_e = \frac{n_e}{\sum_{e=1}^{8} n_e} \qquad e = 1, 2, \cdots, 8$$

再计算累计缺陷比率写于表 3.19 的第四行，其中，累计缺陷比率有

$$\sum_{e=1}^{k} P_e \qquad k = 1, 2, \cdots, 8$$

利用表 3.19 数据即可画出软件模块缺陷 ABC 分类法图 3.12。由图 3.12 可得各类模块集合为

$$A = \{O_1, O_2, O_3\}, B = \{O_4, O_5\}, C = \{O_6, O_7, O_8\}$$

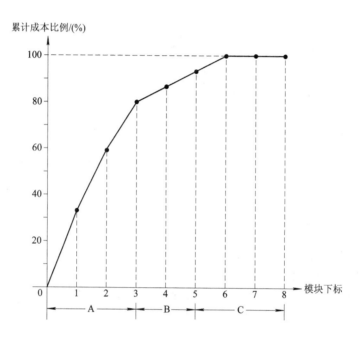

图 3.12　软件模块缺陷分类图

3.3.2　价值工程分析与成本估值

当采用价值系数法的(3.21)式来代替前述概念模型时，注意到价值系数 VI_j 可看成 j 的子系统的功能成本比，它类似于产品的性能价格比一样是反映 j 子系统功能与成本的匹配程度。而且根据功能系数的内涵，功能系数愈大，该模块实现预定功能的难度就愈大，因而在分配成本时应给予其较大的支持。基于上述思想，若 j 模块的目标成本为 C_j，总目标成本为 $C = C_1 + C_2 + \cdots + C_m$，则 j 模块应分摊的成本 $\widetilde{C}_j$(计划成本)应有

$$\widetilde{C}_j = \frac{C \cdot FI_j}{\sum_{j=1}^{m} FI_j} = C \cdot FI_j \qquad j = 1, 2, \cdots, m \qquad (3.24)$$

由此可得利用价值工程分析法作成本估值的计算流程见图 3.13。以下通过例 3.10 来介绍运用价值工程分析法来进行目标成本分解(构成计划成本)和对各子系统进行功能/成本分析的具体内容和计算过程。其中，目标成本可根据投资者的约束来确定。

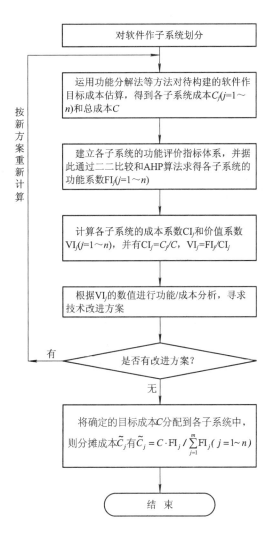

图 3.13　成本估值流程图

[**例 3.10**]　某城市交通控制系统根据用户需求调查、需求分析和概要设计,确定该 NIS(网络信息系统)的系统结构如图 3.14 所示,该系统由信息采集子系统、网络信息传输子系统、图像显示子系统等七个子系统构成的一个软/硬件系统,其中,信息采集子系统通过在该城市的主要交通路口布设的传感器(压力、振动传感器)和摄像机来完成对各交通路口的车流信息的采集任务,然后这些有关信息经网络传输到控制中心的数据库(车流到达与控制信息数据库)存储起来,并随时从数据库中调用有关数据来完成该交通道路口的图像显示和进行车流分析与实时控制,而交通事故处理支持子系统则完成对突发事件的应急处理事务支持,网络管理子系统则负责对网络的日常管理如网络的接口管理、配置管理、安全管理、维护管理等功能。

现经成本估计并报政府批准,拟下拨政府经费 120 万来完成该系统的构建任务,试对该 NIS 进行目标成本分解和进行功能/成本分析。

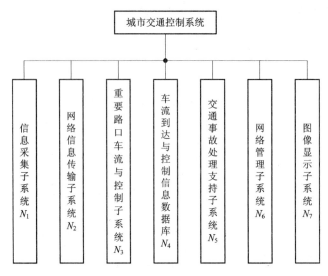

图 3.14　系统结构图

解　首先根据该软件项目组上级单位的有关政策,上述经费中可提取 24 万作为项目构建的劳务酬金和管理费用,故实际上的项目总成本(目标成本)应为 96 万元,该项目组采用有关方法对各子系统成本进行了测算,得到的各子系统成本估值见表 3.20 第一行。并依据图 3.10 所示的功能综合评价过程示意图中的各指标对 $N_1 \sim N_7$ 进行了两两比较,且根据文献[20]的有关算法进行了排序计算,从而得到了各子系统功能的相对比较值为 0.25∶0.1548∶0.2024∶0.0952∶0.1786∶0.0476∶0.0714,此即表 3.20 之第三行,然后可根据(3.21)式计算出各子系统的成本系数 CI_j(见表 3.20 中第二行)和价值系数 VI_j(见表中第四行)。

表 3.20　各子系统成本参数表

行序号	参数　　子系统	N_1	N_2	N_3	N_4	N_5	N_6	N_7	总和
1	成本估值 C_j/万元	23	19	20	9.7	12	6.8	9.5	100
2	成本系数 CI_j	0.23	0.19	0.2	0.097	0.12	0.068	0.095	1
3	功能系数 FI_j	0.250	0.1548	0.2024	0.0952	0.1786	0.0476	0.0714	1
4	价值系数 VI_j	1.0870	0.7789	1.0120	0.9814	1.4883	0.700	0.7516	—

　　根据价值系数 VI_j 之大小可进行如下的功能/成本分析:子系统 N_1、N_3 与 N_4 之价值系数 VI_1、VI_3、$\mathrm{VI}_4 \approx 1$,说明该子系统的成本估值与功能配置相对合理;子系统 N_5 有 $\mathrm{VI}_5 > 1$,此意味着 N_5 的成本估值偏小,应适当加大其成本来完善其功能;子系统 N_2、N_6、N_7 有 VI_2、VI_6、$\mathrm{VI}_7 < 1$,这意味着该子系统的原成本估值分配过高,应采取措施降低其成本,以促使功能与成本匹配。

　　根据功能系数的大小,可对各子系统的原成本估值 C_j 进行调整。利用目标成本 $C = 96$ 万元及(3.24)式计算出经调整后的计划成本 $\tilde{C}_j$ 见表 3.21 第三列,据此可计算各子系统原成本估计值经调整后的降低值,见表 3.21 第五列;然后再利用(3.21)式计算出各子系统

新的成本系数 $\widetilde{\mathrm{CI}}_j$ 见表 3.21 第六列，利用(3.21)式计算出各子系统新的价值系数 $\widetilde{\mathrm{VI}}_j$ 见表 3.21 第七列。

表 3.21　各子系统成本调整表

子系统	功能系数 FI_j	新分配的计划成本 $\widetilde{C}_j$/万元	原成本估值 C_k	应降低的成本额/万元	计划(目标)成本系数	计划(目标)价值系数
N_1	0.25	24	23	-1	0.25	1
N_2	0.1548	14.861	19	4.139	0.1548	1
N_3	0.2024	19.43	20	0.57	0.2024	1
N_4	0.0952	9.139	9.7	0.561	0.0952	1
N_5	0.1786	17.146	12	-5.146	0.1786	1
N_6	0.0476	4.570	6.8	2.23	0.0476	1
N_7	0.0714	6.854	9.5	2.646	0.0714	1
共计	1	96	100	4.0	1	—

根据表 3.21 之数据得知，对子系统 N_2、N_3、N_4、N_6、N_7，应寻求降低成本的有关措施(有关内容从略)，如通过上述措施能达到各子系统的计划成本(目标成本)，则据此可从原系统成本中降低 $100-96=4$ 万元。

3.3.3　价值工程分析与成本控制

运用价值分析作软件成本控制的基本思想是首先对被考察的对象进行 ABC 分类，从中选出重点考察对象，然后对每一个重点考察对象引入一些与成本、进度有关的工程经济参数，在软件开发过程中对这些工程经济参数进行不断的观察，并根据这些工程经济参数的状态采取相应的措施，以达到成本控制的目的。以下就前述的城市交通控制系统为例来介绍有关成本控制的内容。

1. ABC 分类

若将前述城市交通控制系统的各模块(子系统)作为考察对象，为作 ABC 分类，可先根据表 3.22 将各子系统成本系数 $\widetilde{\mathrm{CI}}_j$ 按大小顺序重新排列于表 3.22 的第二行；然后自左向右计算各子系统成本系数累计值于表 3.22 的第三行；最后观察表 3.22，可知有 $\boldsymbol{A}=\{N_1,N_3,N_5,N_2\}$，亦即将信息采集子系统($N_1$)、重要路口车流分析与控制子系统($N_3$)、交通事故处理支持子系统($N_5$)、网络信息传输子系统($N_2$)，作为成本控制的重点研究对象。以下介绍采用挣值管理作成本控制的有关内容。

表 3.22　模块成本指数分类表

子系统	N_1	N_3	N_5	N_2	N_4	N_7	N_6
$\widetilde{\mathrm{CI}}_j$	0.25	0.2024	0.1786	0.1548	0.0952	0.0714	0.0476
$\sum_{j=1}^{e} \widetilde{\mathrm{CI}}_j$	0.25	0.4524	0.6310	0.7858	0.8810	0.9524	1.0000

2. 挣值管理与成本控制

项目的挣值管理(Earned Value Management，EVM)，是用于成本预算、进度计划、实际成本相联系的三个变量，进行项目绩效测算和评价的一种方法。它比较项目的计划工作量、实际完成量和实际成本花费，以决定工作进度和成本是否符合预期计划。相对其他成本管理方法，挣值管理更适合于软件企业成本管理的成本控制和绩效评价。现在，许多学术界和企业界的权威都认为"挣值管理方法"将会成为 21 世纪项目管理的主导性方法之一。

成本控制过程要求成本管理人员能及时发现并纠正成本执行与成本计划之间的偏差，这需要对成本的执行状况进行有效的和经常性的测量。例如，即使是小型偏差，多次的积累偏差也可以发展变大。因为整个项目有一定的资源限制，所以可利用的资源就越来越少。如果再出现一些不利因素，就会更加难于控制与协调，导致更大隐患。挣值管理法通过对四个基本关键指标、四个评价参数以及一个预测指标进行综合分析，能有效地预测项目各个阶段的进度和资源利用情况，分析项目是否按计划进度和预算成本进行，进而对项目采取有效的控制措施。

四个关键指标为 TBC、CBC、CAC 和 CEV，其内涵如下：

总预算成本 TBC(Total Budgeted Cost)表明完成一个项目总共需要多少钱。明确核算出什么级别的人一天成本是多少，并将需要投入的人力折算成 TBC 中的"钱"，通过控制项目的成本来提高公司人员的使用效率。

另外三个参数 CBC、CAC 和 CEV 都和时间相关，它们是解决如何描述一个特定时间点的成本状态问题的参数。

累计预算成本 CBC(Cumulative Budgeted Cost)描述了一个项目按照预算在某个特定的时间点为止应该花费的所有成本的总和(注意：不是实际消耗的成本)。

累计实现成本 CAC(Cumulative Actual Cost)描述一个项目在某个特定的时间点为止实际上已花费的所有成本的总和。

累计实现价值 CEV(Cumulative Earned Value)也称为净值，描述了一个项目在某个特定的时间点为止已经完成的工作产品的价值，反映了实际完成工作量按照预算定额计算的工时/费用。

TBC 是指总共需要多少资金，而 CBC、CAC 和 CEV 则分别表示某个特定时间点上的"总预算"、"总投入"和"总产出"。

为了对所获得的上述成本指标进行必要的分析，以确定当前时刻项目的状态，需要引入如下四个绩效评价参数：

(1) 成本偏差 CV(Cost Variance)。CV＝CEV－CAC，它表示当前产出的价值与投放成本的差异。显然，该参数为正，说明产出比投入多，项目开发到当前时刻为止还是省钱的；反之，则说明产出比投入少，项目开发到目前为止已经赔钱。

(2) 成本绩效 CPI(Cost Performance Index)。CPI＝CEV/CAC，它表示投放单位成本而得到产出的价值。

(3) 进度偏差 SV(Schedule Variance)。SV＝CEV－CBC，它表示当前产出的价值与预期产出价值的偏差。显然，若该参数为正，说明项目进度已经提前；反之，则说明该项目进度已经滞后。

(4) 进度绩效 SPI(Schedule Performance Index)。SPI＝CEV/CBC，它表示当前完成

工作量占预计完成工作量的比例。若 SPI＝1，则表示项目直到目前为止，其开发过程成本消耗正按预期的轨迹前进。

利用上述指标与参数还可引进一个预测指标以预计未来的完工成本，该指标称为完工预测成本 FCAC(Forecosted Cost at Completion)。完工预测成本有如下三种简单的计算方法：

(1) FCAC＝TBC/CPI。该算法表明，如果项目继续以当前的成本绩效水平进行，那么到项目完工时所需要的成本可按此公式计算。

(2) FCAC＝CAC＋(TBC－CEV)。该算法表明，如果项目剩余部分按预算完成，那么到项目完工时所需要的成本可按此公式计算。

(3) FCAC＝CAC＋重估剩余工程预算。这实际上要求完全重新估算。

成本分析后可能需要采取必要措施进行调整。确定调整对象时应该优先考虑成本偏大、成本绩效差、成本高的模块(子系统)，并从近期开始的工作任务着手进行调整。纠正措施包括使用合格的但成本较低的人工、选派有经验的人指导工作、减少工作范围或减缓进度、降低质量等。

在成本控制过程中可以利用差异分析。差异分析是指确定差异的数额，将其分解为不同的差异项目，并在此基础上调查发生差异的具体原因并提出分析报告，找到造成差异的原因，分清责任，采取纠正行动，实现降低成本的目的。总之，成本控制首先要规划花费的计划——CBC，然后定期核算 CAC 和 CEV，通过分析偏差和绩效指标弄清楚项目状态，进而通过成本预测和采取措施确保成本向有利的方向发展。成本动态控制原理如图 3.15 所示。

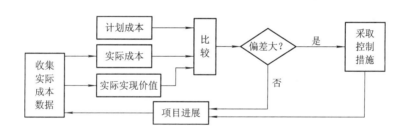

图 3.15　动态控制流程图

实际成本通过收集项目进展数据得到。计划成本来自于项目成本计划。通过计划成本与实际成本的比较，找到实际与计划的偏差，采取必要的措施，使项目向有利的方向发展。

3. 基于挣值管理的成本控制分析实例

[例 3.11]　软件企业 A 正在开发一个项目 B，如图 3.16 所示。在项目进行到第四阶段时，假定三个要素值，即预期值 CBC、实际值 CAC 和挣得值 CEV，分别为 125 万元、130 万元和 110 万元。如果这个软件项目的总预算 TBC 是 500 万，总工期是 20 个月，这组数据可以产生以下信息：

(1) 成本偏差：CV＝110－130＝－20 万元；结论：这个项目超预算 20 万元。

(2) 成本绩效：CPI＝110/130＝0.846；结论：这个项目成本绩效是计划绩效的 84.6%。

(3) 预计最终成本：FCAC＝TBC/CPI＝500/0.846＝591.02 万元。

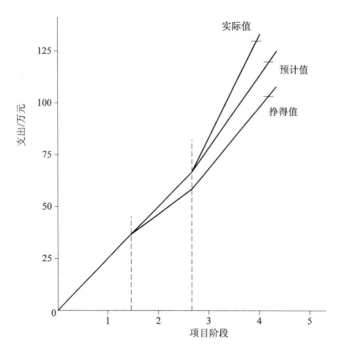

图 3.16　挣值管理的 S 曲线分析

通过对 S 曲线图中预计值、实际值和挣得值的分析，可以得出更多的信息。图 3.16 中的曲线显示了直至第二阶段早期，项目成本与进度都一直是按计划进行的。但从第二阶段早期开始到第三阶段中后期，实际值与预计值相一致，即项目按成本计划进行，但是进度明显落后于计划。从第三阶段开始，项目就一直超支，工作进度也落后于计划进度。这就要求成本管理部门分析项目实施过程中导致费用超支和进度落后的因素，并采取一定的补救措施，如加强项目小组成员间的沟通与协调，提高工作效率，降低管理费用，适当加班等。

3.4　软件产品的定价与营销

软件产品的定价和营销是软件生存周期中的两项重要工程经济活动。这是因为软件作为一个产品，当开发机构在参与投标、签订合同、投放市场时，一些软件企业作为中间商或代理商进行软件买卖交易时必然要关注软件的价格制定（定价）和营销的有关问题。本节主要介绍影响软件产品价格的主要因素、软件定价的一般步骤、定价方法、定价策略以及软件产品的市场定位、营销模式和促销策略等有关内容。

3.4.1　软件产品的定价

产品价格（Price）是产品价值的货币表现。对于生产者（软件开发机构）来说，软件的价值就是开发机构在开发该软件时所耗费的代价，因此软件产品的价格就可用一定数量的货币来作为开发机构所耗费代价的补偿；而对于消费者（软件用户）来说，软件价格则是用户为了获得软件及服务所支付的货币数量。

一般来说，产品价格是由其价值所决定的，价值愈高，产品的价格就愈高，反之亦然。但由于软件开发机构(生产者)和软件用户(消费者)其自身的不同立场而形成对软件价值认识的不一致，这就使得软件的市场价格必须为供需双方所共同接受。当软件开发机构对某软件产品的定价高于市场价格时，该软件产品将卖不出去，当此软件产品的定价低于市场价格时，开发机构将失去其应得的一部分收益，因此开发机构对软件产品的定价是一项科学而复杂的任务。

由上分析可知，软件的价格主要受用户需求、产品成本因素的影响，除此之外，软件产品的价格还将受到市场竞争和垄断及环境因素的影响。因为在商品市场中，既有买方的竞争，又有卖方的竞争，而价格则是市场竞争的重要手段之一。此外，国内外宏观经济形势，通货膨胀率，银行利率、汇率，政府对部门、产品的扶植及税率等环境因素也将影响着软件的定价。与此同时，软件的定价又影响着软件机构(企业、研究所等)的销售收入、利润及软件营销时所采取的营销组合手段。

1. 软件产品定价的一般步骤

软件产品的价格制定(定价)一般需遵循如图 3.17 所示的步骤。作为定价的第一个步骤，首先要确定软件的定价目标(或定价准则)。一般来说，产品的定价目标(Pricing Objectives)有如下六类。

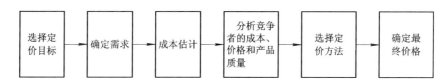

图 3.17 软件定价步骤图

(1) 利润导向目标。将追求最大可能利润为目标来作为价格制定的主要准则，在追求最大利润目标时，要处理好短期利润与长期利润的关系和企业局部与整体的关系。

(2) 收益导向目标。投资收益率反映着企业的投资效益，企业对于所投入的资金，都期望在预期内能分批收回，因此，在定价时应在成本的基础上考虑预期的投资收益率这一因素。

(3) 销售导向目标。企业以达到一定的产品销售量(或销售收入)或市场占有率为目标来作为价格制定的准则。企业获得更大的市场份额，不仅能获得短期利润，而且由于取得对市场更为有利的控制权，进而获得长期利润。企业为提高或保持产品的市场份额，需要在较长时间内维持低价进行促销，力求排挤竞争对手或应付竞争对手的进攻，往往需要有足够的资金和成本优势作后盾。

(4) 竞争导向目标。企业在价格决策时主要着眼于应付激烈的市场竞争。以竞争导向为目标的产品定价可采用低价竞争或高价竞争等策略来实施定价。

(5) 品牌导向目标。软件产品的品牌或企业形象构成了企业的无形资产，以此为定价目标可收到较好的效果。要实现该目标，需综合运用多种营销策略与价格策略。不仅使用户认为其市场价格与消费者对价格的预期相符合，还应宣传产品优质高价，为企业和产品树立起高品质的形象。

(6) 维持生存导向目标。企业由于经营不善或人员外流等原因造成产品积压、资金周转困难、濒临破产，此时只能以维持生存避免破产为目标，在此目标指导下，应尽量采取压低价格，甚至价格定的低于成本，以便回收资金，克服财政困难，以图东山再起。

作为软件定价的第二个步骤，确定需求是指企业应研究价格与用户需求的关联关系。一般情况下，需求与价格存在负相关关系，即价格愈高，需求愈低，反之亦然。然而对于某些具有品牌效应的产品来说，会出现价格愈高，需求愈大的现象，这是由于用户认为较高的价格意味着该软件产品具有更好的效用，如功能多、易于操作、可靠性高等。进一步地说，软件机构还应研究软件产品的需求价格弹性，或需求对价格变动的敏感性，当某软件对某用户群而言具有较低的价格敏感性时，可采取适当的高价策略。一般认为在下列情况下，产品的需求会有较低的价格敏感性：

（1）产品高度差异化；

（2）购买者不太了解替代品（相似功能的软件）；

（3）产品被认为具有较高的质量或品牌效应；

（4）产品的功能或可靠性具有独占性；

（5）产品的购买价格占用户总收入的比例很低。

有关软件产品的成本估计可参见 3.2 节。竞争者产品的成本、价格与质量分析的主要工作包括情报收集与同类产品的成本、价格与质量对比分析，并依据分析的结果来采取相应的定价策略。

2. 软件产品的定价方法

软件产品的定价方法（Pricing Methods）包括成本导向定价法、需求导向定价法和竞争导向定价法三类，每一类定价法又包含了几种不同定价方法，详见图 3.18。表 3.23 给出了成本导向定价法中的四种算法。

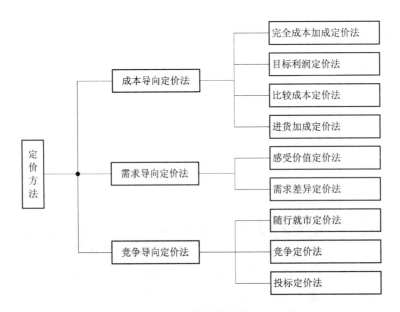

图 3.18　软件定价方法

表 3.23　成本导向定价法有关算法表

名　称	对　应　算　法	适用对象
完全成本加成定价法	售价＝成本×(1＋成本利润率)÷(1－税率)	生产企业
	售价＝成本÷(1－销售利润率－税率)	商业企业
比较成本定价法	新品种产品价格＝标准品价格＋(新产品成本－标准品成本) $\times \dfrac{1+标准品成本利润率}{1-税率}$	新产品或新品种
进货加成定价法	售价＝进货价格/(1－加成率)	中间商
目标成本定价法	售价＝目标成本＋目标利润＋税金 ＝目标成本$\times\dfrac{1+目标成本利润率}{1-产品税率}$	生产企业或商业企业

作为完全成本加成定价法的一个应用案例，以下介绍作者给出的一种适用于 NIS 定价的实用算法。该算法的基本思想是 NIS 成本主要由硬件成本和软件成本两部分构成，其中硬件成本可根据 NIS 成本构成中的硬件部分如通信设备、传感器、打印机、摄像设备等各分项有关费用进行累加，而软件成本主要由软件开发(人力资源)费用及机时消耗费用两部分构成，从而可用一些简便的方法估计软件开发费用，然后采用完全成本加成定价法的原理来给定 NIS 的定价。计算公式见(3.25)式，式中的 NIS 有关变量的工程经济内涵见表 3.24。

表 3.24　NIS 有关变量的工程经济内涵表

变量	工程经济内涵(单位)	变量	工程经济内涵(单位)
P	NIS(产品)价格(万元)	α_1	系统分析员、总体设计人员在开发阶段的费用率(万元/人年)
C	NIS 构建总成本(万元)	α_2	高级程序员、详细设计人员在开发阶段的费用率(万元/人年)
C_1	NIS 构建硬件成本(万元)	α_3	程序员、操作员、录入员在开发阶段的费用率(万元/人年)
C_{1j}	NIS 硬件成本中之第 j 项分项成本(万元)	d_1	系统分析员、总体设计人员在开发阶段之工作量(％)占总工作量的比例
C_2	NIS 开发软件成本(万元)	d_2	高级程序员、详细设计人员在开发阶段之工作量(％)占总工作量的比例
C_{2A}	NIS 软件开发人力资源所耗成本(万元)	d_3	程序员、操作员、录入员在开发阶段之工作量(％)占总工作量的比例
C_{2B}	NIS 软件开发机时消耗成本(万元)	γ_C	NIS 成本利润率(％)
M	NIS 软件开发工作量(人月)	γ_M	NIS 使用维护成本加成因子(％)
L	NIS 软件规模(源代码行数)	γ_0	NIS 工程税率(％)
$\bar{\alpha}$	NIS 软件开发平均费用率(万元/人年)	β	机时费用率(万元/人年)
		δ	NIS 软件开发生产率(源代码行/人月)

$$\begin{cases} P = \dfrac{C(1+\gamma_M)(1+\gamma_C)}{1-\gamma_0}, \ C = C_1 + C_2 \\[2mm] C_1 = \sum_j C_{1j} \\[2mm] C_2 = C_{2A} + C_{2B}, \ C_{2A} = \bar{\alpha} \cdot M, \ C_{2B} = \beta \cdot M \\[2mm] \bar{\alpha} = \sum_{k=1}^{3} \alpha_k \cdot d_k, \ M = \dfrac{L}{\delta} \end{cases} \qquad (3.25)$$

在运用(3.25)式之算法计算 NIS 价格 P 时，除需对软件规模 L 作预测外，还需确定参数 $\bar{\alpha}$、δ、β 及 γ_M、γ_C、γ_0，其中，$\bar{\alpha}$ 的确定可利用表 3.25 之有关数据，而 β 可通过 L 来确定，每个人月的机时消耗再利用表 3.26 数据可得到。

表 3.25　软件开发工种有关参数表

序号	软件开发人员工种	开发人员费用率 α_k/(万元/人年)	各工种工作量占总工作量的百分比 d_k/%
1	系统分析员与总体设计人员	5～10	20
2	详细设计人员(高级程序员)	3～7	40
3	程序员	2～4	40(含工种 3、4)
4	操作员与数据录入员	1～3	

表 3.26　机 时 费 用 表

序号	机　　型	机时费/(元/时)
1	IBM308 等大型机	300
2	DEC 等小型机、超小型机	120
3	32 位工作站	30
4	多用户高档微机终端	5
5	Pentium5	1.5
6	Pentium4	1
7	Pentium3	0.8
8	586	0.5

［**例 3.12**］　某定制型 NIS 拟委托 A 公司负责构建与维护，若已知其硬件成本 $C_1 =$ 43 万元，有关软件规模 $L = 16$ kLOC，软件开发生产率 $\delta = 160$ LOC/人月，机时费用率 $\beta = 200$ 元/人月，开发人员费用根据本地区行情取表 3.25 之下限，维护成本加成因子 $\gamma_M = 0.6$，成本利润率 $\gamma_C = 0.5$，NIS 平均税率 $\gamma_0 = 0.2$，试为 A 公司确定此 NIS 价格 P。

解　由表 3.25 之开发人员费用下限有平均费用率：

$$\bar{\alpha} = \sum_{k=1}^{3} \alpha_k d_k = 5 \times 0.2 + 3 \times 0.4 + 2 \times 0.4 = 3 \ 万元/人年$$

$$M = \frac{L}{\delta} = \frac{16 \ \text{KLOC}}{160 \ \text{LOC/人月}} = 100 \ 人月$$

$$C_{2A} = \bar{\alpha} \cdot M = 3\ \frac{\text{万元}}{\text{人年}} \times 100\ \text{人月} = 3 \times \frac{100}{12} = 25\ \text{万元}$$

$$C_{2B} = \beta \cdot M = 200\ \frac{\text{元}}{\text{人月}} \times 100\ \text{人月} = 2\ \text{万元}$$

又由于硬件成本经分析统计已得知 $C_1 = 43$ 万元，故有总成本：

$$C = C_1 + C_2 = C_1 + (C_{2A} + C_{2B}) = 43 + (25 + 2) = 70\ \text{万元}$$

从而由(3.25)式可得

$$P = \frac{C(1 + \gamma_M)(1 + \gamma_C)}{1 - \gamma_0} = \frac{70 \times (1 + 0.6)(1 + 0.5)}{1 - 0.2}\ \text{万元} = 210\ \text{万元}$$

由上计算可知，A 公司可将 $P = 210$ 万元作为该公司(承制方)与投资方谈判或投标标价的基本依据。除完全成本加成定价法外，以下介绍其他定价方法的基本思想与适用范围：

感受价值定价法(见图 3.18)是依据消费者对软件产品的认识和估价来作为价格决策的依据。在具体确定某一产品的单价时，企业首先要估计和测定其产品在消费者心目中的价值水平，然后根据消费者对产品所理解的价值水平再结合竞争和环境因素确定产品的价格。

感受价值定价法的依据是：任何产品在市场上的价格以及该产品的质量、服务水平等在消费者心目中都有一定的认识和认知，当该产品的价格水平与消费者对产品价值的理解和认知程度大体一致时，消费者就会接受这种产品。反之，由于消费者拒绝接受这一产品，产品自然就会销售不出去。当然，不同的消费群体对产品价值的理解和认知程度会不相同，因此在采用感受价值定价法时，首先应确定该软件产品的用户对象目标，即该软件产品的用户对象是政府、企业还是个人？是中国还是欧美销售？是面向系统设计、CAD 支持还是游戏？……上述做法称为产品的市场定位。

感受价值定价法一般在软件机构推出一个新产品或进入一个新市场时采用。其具体做法是：首先为软件产品设计一个市场形象(包括产品的功能、性能水平、服务)；然后进行市场调查以确定消费者对该软件的接受程度并制定一个能够被目标市场接纳的价格，与此同时，估计软件的成本、投资额与市场份额；最后综合比较上述各数据来确定该软件是否开发或继续开发。

需求差异定价法的基本思想是根据用户群体的不同需求或对产品价值的认识差异来进行差别定价的，可以用户的不同如企业、政府群体客户和个人客户区别定价，对老用户和新用户、工业用户和居民用户差别定价等；也可以不同地区如欧美地区与中国、东南沿海与中西部地区差别定价等。

随行就市定价法是按目标市场中的产品之平均价格水平来定价的，这是由于在激烈的市场竞争中，在销售同类软件功能的产品时，企业在定价上实际没有多少选择的余地，企业为了避免竞争风险，获得稳定的收益而被迫采用此方法来定价。而事实上，这种由于市场机制所形成的"市场价格"往往比较科学，它使销售者有利可图，而购买者也能接受。目前我国软件市场的中间商与代理商常采用此法。

竞争定价法是一种"进攻型"的定价方法，企业通过自身的努力后，使同类软件产品在消费者(用户)心目中树立起不同的产品形象，进而根据自身的特点，采用低于或高于竞争者的价格作为本企业软件产品的价格，以求在市场竞争中提升自己的市场地位与市场占有率。当然，竞争定价法的运用首先要求企业必须具备一定实力，在某一行业或某一地区市场占有较大的市场份额，使得用户能将软件产品与企业本身的形象联系起来，其次，欲定位其本身的软件为"质优价高"形象的企业来说，必须支持宣传和售后服务方面的费用。因此，企业只有通过提高产品质量，才能真正赢得用户的信任，才能在竞争中立于不败之地。

投标定价法是指软件机构在参加某软件项目投标时，不是根据招标机构公布的项目功能与性能要求来确定成本进而拟定标价的，而是主要针对其他参与投标的竞争单位的报价来拟定标价以达到最大可能的中标概率。

3. 软件企业的定价策略

所谓定价策略（Pricing Policies），是根据所确定的定价目标而采取的定价方针和价格竞争方式，软件作为一种特殊的产品，由于其产品的特征因而其定价策略与其他产品的定价策略有很大的不同，常用的定价策略有撇脂和渗透定价策略，捆绑定价策略，免费使用策略，歧视定价策略等。现分述如下。

1）撇脂和渗透定价策略

撇脂和渗透定价策略可分为撇脂定价法和渗透定价法。

撇脂定价法是将产品价格定得较高，在短期内获取厚利，以尽快收回投资，就像从牛奶中撇取所含的奶油一样，取其精华。撇脂定价法适合需求弹性较小的细分市场。并需要满足以下条件：

（1）市场上存在一批购买力很强，并且对价格不敏感的消费者。

（2）这样的一批消费者数量足够多，企业有厚利可图。

（3）暂没有竞争对手推出同样的产品，本企业的产品具有明显的差别化优势。

（4）当有竞争对手加入时，本企业有能力转换定价方法，通过提高性价比来提高竞争力。

（5）本企业的品牌在市场上有传统的影响力。如图 3.19 所示的 A 区域就适合撇脂定价法。

软件企业在推出软件产品时，如果该软件所采用的技术领先于对手企业，或者该系统所提供的功能更为完善和稳定，软件企业自身能提供优质的软件服务，那么在产品上市时，就可以利用客户的求新心理，采用撇脂定价法；进入成熟期后，价格可以逐步分段下降，不同

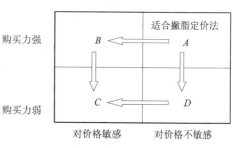

图 3.19　撇脂定价法

价位的用户提供不同的系统功能和服务，以开拓更广阔的用户市场。对于跨国软件企业来说，可根据地域及人均收入水平的不同，对各细分市场采用差别定价的策略。

撇脂定价法又分为快速撇脂策略和缓慢撇脂策略。快速撇脂策略采用高价格、高促销费用，以求迅速扩大销售量，取得较高的市场占有率。采用这种策略必须有一定的市场环境，如大多数潜在消费者还不了解这种新产品，已经了解这种新产品的人急于求购，并且愿意按价购买；此外，当企业面临潜在竞争者的威胁，应该迅速使消费者建立对自己产品的偏好时，也可采用快速撇脂策略。缓慢撇脂策略采用高价格、低促销费用的形式进行经营，以求得到更多的利润。这种策略可以在市场面比较小，市场上大多数的消费者已熟悉该新产品，购买者愿意出高价，潜在竞争者威胁不大的市场环境下使用。撇脂定价策略以

高价格为企业攫取丰厚的利润，但也容易招来竞争者，迫使价格下降。

　　渗透定价法是以低价来获得销售量的增加和市场占有率的扩大，例如同一功能的面向大众的证券投资分析软件，彼此之间优劣差别不大，软件企业可以通过低价在市场上发行，并且提供相应的升级服务，以达到迅速占领市场、树立软件品牌和争取大量用户的目的。因为在网络效应下，用户是容易被"捆绑"的，而且同一品牌的软件之间是相互兼容的，转换也方便。以高性价比的某一软件产品揽住了用户，软件运行良好，那么用户下次在采购其他软件的时候，更倾向于先咨询前一软件企业的相关产品，一是有了品牌保证，二是"系统兼容"效应。这样无形之中软件企业在销售的时候就发展和抓住了自己的潜在客户。

　　渗透定价法也分为快速渗透策略和缓慢渗透策略。快速渗透策略实行低价格、高促销费用的策略，迅速打入市场，取得尽可能高的市场占有率。在市场容量很大，消费者对这种产品不熟悉，但对价格非常敏感、潜在竞争激烈、企业随着生产规模的扩大可以降低单位生产成本的情况下适合采用这种策略。缓慢渗透策略则是以低价格、低促销费用来推出新产品。这种策略适用于市场容量很大、消费者熟悉这种产品但对价格反应敏感，并且存在潜在竞争者的市场环境。

　　渗透定价法不能迅速地为软件企业攫取商业利润，但却可以为软件企业树立品牌效应、扩大市场占有率、发展潜在客户，正所谓"细水长流"，对于有多个相关软件产品的软件企业来说，这种策略有助于实现整体产品的利润优化。

　　撇脂定价法和渗透定价法都不是一成不变的，软件企业需要考虑自身软件技术的先进性、系统功能的完整性、竞争对手的差距、市场需求及接受力等等因素，对这两种策略加以灵活运用。如果软件企业没有敏感地认识到市场的变化，一味地撇脂，一旦竞争对手在产品接近的情况下，采取渗透性定价，企业就会付出巨大代价，不仅会丧失潜在的客户市场，也会失去老客户的信任的满意度。

　　2）捆绑定价策略

　　从经济学上说，捆绑销售可以克服商品偏好的过度分散和使用差别定价的高交易成本。软件与硬件的捆绑可以带动双方的销售，也可以直接向用户销售最适合该软件运行的硬件环境，从而也可以使软件发挥最大的功效；相关软件的捆绑既可以克服单一软件不能解决的多样问题，又可以防止大而全的软件功能不集中的毛病，还可以使用户在该套软件内部转换自如。例如，微软的办公软件推出市场的时候，情况并不乐观，当时市场上占据主要地位的是字处理软件 WordPerfect 和 Lotus 的电子表格软件 Lotus1-2-3。尤其是后者大获成功之后，更向大众宣布要开发适用于 IBM 和 Apple 两个操作系统界面的Lotus1-2-3-4-5，它包括的系统功能更强，也更全面。这对于立志于开发新型表格软件 Excel 的微软来说无疑是雪上加霜。但是他们想到了如此多的功能加到一个软件里对运行速度、处理效果势必会有影响，于是另辟蹊径，采用功能组织与捆绑相结合的策略，把已经开发的文字处理软件 Word 和电子表格软件 Excel，加上数据库处理软件 Access 和演示工具 PowerPoint，捆绑而成一套办公自动化软件 Office，并以单一产品的价格推向市场，取得巨大成功，短期内抢占了办公软件市场的大部分份额，以迂回的方式打败了 Lotus。

　　需要说明的是，软件的早期营销采用将软件产品与其服务捆绑在一起的策略，然而随着营销思想的转变，人们改变了服务从属于销售的传统观念，而将软件产品和服务分别对待，取消软件产品与服务的捆绑定价策略，这是由于将软件产品与服务捆绑，一方面对于用户来说，产品的真实价格不易衡量，同时服务很难标准化、规范化；另一方面对于软件厂商来说，高质量且不收费的服务必然花费更多的成本，影响企业的资源合理分配和利润来源。此外，将软件服务单独定价也可避免软件厂商默认其技术服务人员在面对故障的时候，不一次性彻底排除，迫使用户多次求救并且付费，这种情况短期看来似乎会增加软件企业的利益，但长久下去会大大影响软件企业的形象，不利于企业发展潜在用户。例如 Oracle 公司对用户的年费按产品价格的 15％ 收取（主要指升级服务），若存在后续维护，则再加收 7％。目前的国际惯例是软件企业一般收取 20％ 左右的服务费用。

3）免费使用策略

软件是高技术产品，用户在使用之前对软件的功能和性能往往存在疑虑，免费试用软件的推出则可以解决这一矛盾。它可以在短时间内帮助产品聚集"人气"，获得声望，毕竟没有人不喜欢免费的东西。对于软件企业来说，软件的复制成本几乎为零，多生产一份软件产品没有生产能力上的限制，在免费试用期内还可以借助用户来寻找软件中的错误，进行测试，更好地完善软件。等到正式版收费软件推出的时候，也可以突出其比免费版软件的优势所在，引起用户的兴趣。

4）"歧视"定价策略

不同用户对软件的功能需求和价格敏感度不同，对一些爱好者、初学者来说，只要软件能用、其基本功能运行良好就可以了，他们对价格非常敏感，高价会迫使他们不得不去考虑盗版软件；而对于企业、专业人士来说，他们追求的是软件的功能强大、安全性能好，系统健壮性强，低价的软件反倒会给人劣质的印象，他们对价格是不敏感的。因此软件企业必须分开定价，对不同细分市场进行"价格歧视"，才能更多地攫取生产者剩余，实现企业利润的最大化。例如将同一软件分为系统功能和安全措施较强的高端版本与系统功能和安全措施较弱的低端版本，分别满足不同用户市场的需求，将高端版本提供给对软件功能敏感的用户，低端版本提供给对软件价格敏感的用户。极端地，还有一些企业，如网上数据供应商 Lexis - Nexis 几乎对每一顾客的要价都不同。你支付的价格可能取决于你是什么类型的实体（大公司、小企业、政府、学术组织），你的组织的大小，你使用的是什么数据库，你使用数据库的时间是白天还是晚上？你使用数据库的数量（随量打折），你是把数据库中的文章打印出来还是只在屏幕上看，等等。从中我们可以看到，此种定价策略实际上是软件产品对用户的价值决定了其价格，而不是成本决定了价格。

同时，该策略也有利于打击盗版软件和树立企业的品牌知名度。高端版本强大的防盗版功能自然让盗版者望而却步，保证了企业的正常利润来源，而低端版本的价格与盗版软件相差无几，用户当然愿意选择正版软件，从而扩大该软件产品在低端市场上的占有率，而且以价廉物美的形象树立了良好的品牌知名度。

3.4.2 软件产品的营销策略

什么是营销（Marketing）？现实中存在很多认识上的误区。许多人将营销仅仅理解为软件开发后的市场推销与广告宣传过程。然而推销和广告事实上只是营销的一个组成部分，远非营销的全部内容。它还应包括软件开发前的产品市场分析（客户需求，市场容量等），科学的软件定价，有效的软件分销和促销，软件产品的销售才会变得容易。著名管理学家菲利普·科特勒（Philip. kotler）认为：营销就是通过创造和交换产品的价值，从而使个人或集体满足欲望和需要的社会和管理过程。

软件的市场营销过程一般包括：① 目标市场定位；② 确定产品策略；③ 确定定价策略；④ 确定（销售）渠道策略；⑤ 确定促销策略；⑥ 确定服务策略。其相应的层次关系见图 3.20。上述内容除定价策略前面涉及，以下对其他各内容作简略的介绍。

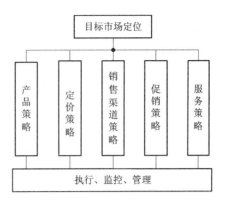

图 3.20　软件企业市场管理的主要内容

1. 软件产品目标市场定位

所谓目标市场，是指软件产品市场中具有共同需求与期望，愿意而且有能力去从事产品交换，以满足其本身需求的潜在的客户群。一个待开发的软件，必须明确其功能、性能与服务是为哪一些客户群所需求，这就是目标市场定位的基本内涵。目标市场的不同定位就决定了该软件今后面临的市场进入壁垒的高低和市场竞争的激烈程度。例如，进入 IT 服务和咨询领域相对容易，但进入操作系统等软件产业链上游的业务领域则很难，这是因为要面临具有强大实力的跨国企业的竞争。

理想的目标市场最好能满足以下几个条件：① 在本质上吸引人；② 有相对高的进入壁垒，可以排除一些竞争者；③ 没有太多的竞争者，竞争不会演变成残酷的价格战；④ 相关的购买者或供应商没有足够的讨价还价能力；⑤ 基本产品或服务没有很好的替代品。当然，在市场竞争日益激烈的今天，要同时满足这些条件非常困难，软件企业只有根据市场状况和自身情况尽量去寻找理想的目标市场。

对于每一个成功的软件企业，其产品都有着准确的市场定位，如微软通过 Windows 2000 和 Windows XP 的 Profession 版本（Windows NT 的升级）以及 Windows 的其他版本，同时定位于企业和个人消费者的大众市场。Sun Microsystems、IBM 和惠普则将高端 Unix 操作系统定位于企业大众市场，同时 IBM 还有分别定位于主流、小环境大型机和微机客户的专有操作系统。Apple 定位于需要易操作或有很多绘图工作的小环境用户。

软件企业确认目标市场后，应采用市场分割的方法来为目标市场上不同层次的客户提供不同的软件产品及软件服务。市场分割是将潜在目标市场内的客户群依据他们的需求与价值观分割成不同的群组，企业针对不同的群组，提供适当的市场策略与信息。采用产品的市场分割的原因是由于不同类别客户的行为模式和做事方法不尽相同，知识层次不完全一样，他们对软件产品/服务的需求和期望也不可能相同。例如，微软将企业用户大致划分为五类：① 程序开发者：开发企业所用的软件；② IT 专业人员：架设网络，维护企业的计算机系统；③ 企业决策者：不一定很懂计算机系统，但对企业的运营拥有决策权；④ 知识工作者：企业里的白领阶层，是企业的核心成员；⑤ 一般员工：行政人员等普通员工。

2. 软件企业的产品策略

企业产品的生产或开发应遵循的方针称为产品策略（Product Policies）。不断发展的技术促使软件企业必须要不断地开发新产品，增加软件的新功能，这样才能吸引用户。但是开发何种新产品并不是随意为之的，同其他工业企业一样，软件企业也要规划软件产品链的问题。不同软件，如标准化软件、半定制软件和软件服务的技术要求、营销渠道、项目规划都不一样，一昧追求大而全的软件体系只会让企业找不到重点，没有自己的核心产品和核心竞争力。软件企业应充分考虑自身面临的内外部环境，应用 SWOT 分析（优势、劣势、机会、威胁分析）来确定今后企业的技术和产品开发方向，同时注意规划的系统性，增加软件产品组织的关联性，以充分利用已有的技术资源、销售渠道、市场资源，为下次新产品进入市场降低障碍和风险，提高用户的品牌接受度，提高软件企业的总体利润，树立行业知名度。如在软件产品中增加同类软件所没有的功能，最终将其他同类软件的用户转变成自己的用户，就是一个很好的产品开发策略。

软件企业的推陈出新除了开发新产品之外，还有对原有软件版本的不断升级，这是由于新产品的开发通常需要投入很多的精力，在市场接受之前也要承担很大的风险，相比而言，为一个已经获得市场许可的软件产品开发升级版本则可以节省相当多的费用和时间，也降低了风险，而且每个升级版本可以作为新软件来销售，这对软件企业来说是一笔不小的收益。但是软件产品升级版本的推出也要视时间而定。因为升级版本一经推出，势必会降低原有版本的价值，对原版本软件的销售也会造成一定的阻碍。另一方面，软件升级相隔时间太短，会对已经购买原版本的用户产生影响，他们还没有享受到技术领先的软件产品带来的乐趣，就已经在烦恼要不要再花钱购买升级版本，这样会极大地打击消费者购买该软件的信心，也影响软件企业的声誉。因此软件企业在开发新软件、升级版本的时候，一定要掌握好推向市场的时机，而且要对新用户和已经购买原版本的老用户在价格上实行差异化对待，才能维持老客户的忠诚度，同时发展潜在的客户。有关软件的最佳投放时间的选择，本书还将在后面的第 7 章谈及。

3. 软件产品的营销渠道与营销模式

在当今的市场经济中，多数生产者并不将自己的产品直接出售给最终用户，而是通过一些营销中介机构将其产品供应给市场，这些营销中介机构就组成了营销渠道（Marketing Channel）。根据菲利普·柯特勒的定义，营销渠道（又称分销渠道）是指促使产品和服务顺利地被使用或被消费的一整套相互依存的组织。这些营销中介机构之所以能存在是基于它们的营销业务专业化，从而能取得规模效益、降低营销成本和提高营销效率，同时也弥补了某些生产者缺少进行直接营销（直销）的财力、人力的缺陷。然而，随着网络技术的发展，特别是近年来电子商务的发展和宽带网络技术的普及，一个新的软件销售渠道正在兴起，这就是网络渠道。用户通过网络可直接了解各种软件产品功能与性能，可以下载试用版软件和作软件购买决策。而软件企业通过网络既能准确、迅速地获取软件销售信息，同时又能获取用户使用过程中的反馈信息，从而为今后的软件版本升级和推出新产品的方向确定奠定了基础。

对于一些面向大众市场的标准化软件，由于用户数量多、分布广、服务难度小，适合采用分销模式、捆绑销售模式和网络直销模式。其中，分销渠道可包括专业软件分销商、软件零售连锁店、书店书摊和硬件专卖店，而相关的增值服务可以通过网络向广大消费者提供，如网上升级服务等。而一些需要现场服务的项目也可以通过零售店向用户提供，如换盘服务等；捆绑销售模式可借用硬件销售渠道与硬件进行捆绑销售，这样可以使软件企业迅速推广产品和发展用户；网络直销渠道就是通过网络直接向用户提供软件和相关服务，其实这就是软件的电子商务。面向大众市场的成套软件也适合用网络渠道来进行销售和传递，这既减少了中间环节的销售成本，而且也可遏制和打击市面上出现的盗版软件。

当然，对于在因特网上以电子方式擅自传播有版权的软件程序的行为，我们也需要引起警惕。

而对于另一类诸如企业信息系统解决方案之类的软件服务，由于客户相对较少且固定，开发过程复杂，技术难度大、服务要求高，适合采用一对一的直销模式。企业解决方案一般面对的都是大客户，开发人员和销售人员需要在软件开发之前对客户进行前期咨询，通过详细的调研，了解客户企业的工作流程和对系统的功能要求，既不能一味地否定客户的要求，认为技术至上，也不能一味地接受客户的要求，因为从客户的角度来说，总希望系统功能是越多越好，但这样会导致多而不精，系统可能根本没办法正常有效地运转，系统的主要功能不能得到突出显示。软件开发的过程中也要注意和客户的沟通互动，软件交互实施后除了一般的初期安装调试，后期的系统维护也很重要，这也是向客户提供的增值服务。可以通过对增值服务进行分类，明码标价，从而为客户提供优质的服务。

除了上述分销、捆绑销售、网络直销和一对一直销模式外，代理商模式在软件营销中也较为常见。这是由于软件企业销售软件产品及服务有两种选择：一种选择是建立自己的销售部或者销售分公司，专门负责本企业的软件销售工作，这样效率较高，也保证了收入和利润的集中获取，但是企业需要投入巨大的人力和财力来管理营销渠道，对于实力稍弱的软件企业来说风险偏高，不能专注于做核心的软件开发；另外一种选择是建立代理制度，由代理商来负责软件产品的销售和服务。一般来说，当公司的销售力量相对薄弱，不具备足够的资源销售其软件产品时，大多数软件企业选择通过认证加盟的方式招收地区代理，建立长期的合作伙伴关系。因为代理商专职销售，掌握了大量的客户信息，同客户保持着密切的关系，销售方面更加得心应手。软件企业虽然降低了利润率，但保证了在产品上市的时候可以收回一部分开发投资，又给了代理商足够的空间来经营软件产品获取利润。在这种情况下，软件企业的销售部只是一个与各代理商联系的通道，减轻了整个企业的负担，软件企业也可以集中优势进行新技术和新产品的研发。

在采用代理商模式时，软件企业可对代理商采用特许经营的方式来销售自己的软件产品。特许经营主要是指授权者把自己所拥有的商标（服务商标）、商号、专利产品和专利技术以及经营模式等企业智力资源（无形资产）以特许经营合同形式授予加盟者，被特许者（加盟者）必须在授权者的经营模式下规范操作，从事某种特殊许可的活动，并且定期向授权者支付相应费用的商业模式。特许经营的本质是授权者以特许经营转让方式推行自己的经营理念和经营方式，其主要特征是：技术和品牌价值的扩张、特许经营的垄断性以及授权者和加盟者双方赢得市场。目前特许经营已经成为国际上流行的商业模式，主要有三种：专利特许经营、特许经营连锁、连锁直销特许。

为了能向客户更完整地展示出其软件产品的优越性能，软件企业必须对代理商进行培训和促销支持，让代理商了解企业的软件产品管理模式，除了免费发放宣传资料、技术手册、演示光盘，与代理商共同承担宣传费用等方式外，还要对代理商进行一定的激励，如给予销售折扣、提供免费培训机会等，对代理商销售和服务的知识进行考核或者认证，保证企业自身品牌的销售和服务质量。

4. 软件产品的促销策略

促销是促进销售的简称，它指采用人员或非人员的方式来帮助或说服顾客来购买某产品或服务，或使用户、消费者或企业对软件产品的观念产生好感的一种活动。也就是说，促销是通过及时、准确向用户和消费者传递有关信息，让用户和消费者认识到该软件产品或服务能给他们带来收益和好处，进而激发他们的购买欲望并最终使其使其实现购买行为的一种活动。一般产品的促销手段有直接促销（即人员上门推销产品）和间接促销两类，而间接促销又可采用广告、营业推广和公共关系宣传等方式。

软件作为一种特殊产品，除上述各种促销手段外，还有一些特殊的促销手段（又称促销策略），如教育促销、品牌促销、人员促销等。现分述如下。

1）教育促销

软件作为一种无形的高科技产品，一般用户很难理解和掌握，软件企业需要利用各种场合演示自己的产品，如软件博览会、展销会等来让目标用户和潜在用户了解该软件的主要功能。软件是无形的知识性产品，其性能和功能不能在产品交付那一刻全都体现出来，其稳定性也有赖于在客户使用过程中得到检验。特别当客户打算购买一套大型软件系统时，总会对此存有疑惑，难以确定系统的使用到底能给自身带来多大的利益，而且当用户不是技术开发人员，无法了解软件系统的运行原理和技术要求时，用户更会担心无法解决系统故障等问题。因此，为了更好地发挥软件性能，软件企业可以采用对用户进行教育和培训，或将软件的部分功能免费交付给用户使用一段时间，让用户体会到软件产品和服务带来的经济利益和社会利益等手段，从而消除用户的疑虑。此外，软件企业也要努力扩大自己的社会影响，如与高校合作开展科普兴教活动，在高校建立技术俱乐部，满足和培养潜在消费者渴望掌握计算机技能的愿望，对于表现优秀的个人给予进修的机会，这样既扩大了企业的知名度，也为企业培养了潜在的人才。教育促销主要可以采用以下几种方式：

（1）产品展示。软件企业可以利用各种手段向目标市场展示。如利用展示会展示自己的软件，使用范例向用户展示软件及服务能够给用户带来的效用和利益，让用户对软件和服务有一个感性的认识。

（2）普及知识教育。举办各种讲座向目标用户和潜在用户培训软件和服务的相关知识，如杀毒软件公司可以向公众培训计算机防病毒的知识。

（3）认证培训。对于一些专业性和知识性很强的软件，软件企业可以采取认证培训的形式进行产品的推广。如微软在全球范围内推广的微软认证培训计划，使大量的技术人员加入到使用微软产品和服务的用户队伍中。

（4）通过各种媒体发送免费测试软件。软件企业还可以通过软件专业报刊杂志和其他各种媒体发送免费版测试软件，并采用有奖征集意见和建议的方式，收集用户对于软件的信息反馈。这样既可以扩大软件产品的宣传，又可以对还未开发的正版软件进行更好的完善。

2）品牌促销

软件及服务的高技术特性使得一般用户在购买软件之前都心存疑虑。一个良好的软件品牌形象能极大地消除用户的购买疑虑，让用户产生安全感和信任感。因此软件企业利用品牌进行促销的关键是提高品牌的知名度，让客户对软件企业产生信任感，放心购买其软件产品和软件服务。为此，软件企业可采用如下措施：

（1）确立品牌定位。不同类型的软件品牌形象应结合不同客户的特点来制定和规划。在确立品牌形象时还要考虑竞争对手的品牌形象而采取差别定位。此外，软件企业还应该在品牌属性、利益、价值、文化、个性和用户六个方面深化自身的品牌形象。

（2）引入企业形象识别系统。软件企业将自身的经营理念和企业文化，运用整体传达系统（特别是视觉传达设计），传达给目标市场和公众，使其对企业产生认同感，从而达到促销的目的。

（3）采用适当的手段和措施。如采用发布产品广告、企业形象广告，建立公司网站，开展各种培训、媒体宣传等手段，积极扩大企业的品牌知名度。

3）人员促销

人员促销应注重人际关系。软件企业通过专业的服务人员与用户实现有效的沟通，为客户做好完备的前期咨询工作。这种方式针对性强，让客户觉得自己备受重视，无效劳动少，因此促销成功率也比较高。人员促销也有利于软件企业了解市场，能够为软件企业营销决策提供有效的建议和意见。人员促销需注意下述问题：

（1）挑选合适的促销人员。促销人员要有较高的个人素质和专业技术。

（2）软件企业要根据目标市场的特点、产品特点等情况，对促销人员进行资源和时间上的分配。

（3）软件企业必须对促销人员实施有效的管理和激励，以确保促销目标的实现。

5. 软件产品的服务策略

在营销学的意义上，服务（Service）是指一方向另一方所提供的基本上无形的行为和绩效，服务并不导致任何所有权的产生。服务的产生可能与某种物质产品相联系，也可能毫无联系。软件服务是以客户为中心，以需求为主线，围绕客户在软件购买、安装、使用、二次开发过程中所遇到的一系列问题，帮助客户挖掘软件的价值，实现软件产品与客户业务的有机交融，从而为客户带来业务增值的过程。软件服务将软件企业运营的重心由产品转向服务，由人机对话的技术平台转向人人对话的服务平台，由一次开发重复使用的传统软件模式转向多次开发个性使用的现代软件模式，对于传统软件企业来说，这是一次质的飞跃。Microsoft 在内部业务调整过程中提出要"以客户为中心"的软件服务战略，而 IBM 的业务重心也早已转到了服务上，因此软件服务市场正成为软件巨头的一个新战场。

同样，软件服务也为软件企业打击盗版，跳出同质产品恶性竞争、肆意降价的怪圈，提供了一个思路。传统的软件产品只是一张光盘，软件服务体系下的产品则变成"光盘＋服务"的理念。光盘可以复制，服务则没有这么简单。没有对软件源代码的掌控，没有对客户长期密切的跟踪访问，就不可能提供给客户满意的服务。这是盗版者难以模仿的，而且盗版者也没有耐心和兴趣来为软件服务买单。另外，软件业同行之间的竞争，也可以从简单的价格战转向更深的层面，服务的加入使企业提供的产品有了区别，也能刺激软件企业在如何提高核心竞争力上多做文章，带动整个软件产业的良性发展。

互联网的迅速发展，为软件服务提供了强大的工具支持并拓展了概念外延。网络时代的来临从根本上改变了软件开发模式、使用模式和维护模式。随着分布式开发、模块式选用安装和远程界面维护技术的成熟，软件的个性化定制将更加灵活，二次开发将更加高效，远程管理将更加直接，这些都为软件服务提供了极大的方便。软件业的服务不应局限在传统的维护性售后服务，而是集售前咨询、售中培训与实施、售后维护与升级于一体的综合性全程化、全方位服务。尤其是对于面向大中型企业的中高端产品如 ERP，售前咨询起着无可替代的作用。售前咨询事实上是先于软件产品进入用户企业的，售前咨询解决的核心问题是业务流程重组（BPR）。对于企业解决方案来说，软件企业往往是在一个通用的平台上根据客户企业自身的组织结构和业务活动，量身定做解决方案。

一套成型的企业管理软件中渗透着先进的管理思想和科学的业务流程，对物流、资金流的管理有较强的规范和要求。在软件应用过程中无疑会出现诸如系统维护、业务拓展等很多动态的问题，每一个环节都需要供应商提供高质量的管理咨询、实施指导和技术支持，否则便会降低软件产品的附加值，影响用户对软件产品及更新管理理念的信心。显然，这是一种基于软件本身所蕴含的特定管理模式之上的新的服务模式，即动态管理支持模式。一方面，软件尤其是中大型软件的复杂性使上述这种服务模式变得必不可少，另一方面，以因特网为基础的各种网上服务不断推出，形成新的增值性服务市场，因此，目前的软件企业所提供的服务已由"成本中心"转化为"利润中心"，并逐渐形成软件服务的产业化。例如 SAP 的服务收入占整个收入的 60%，Oracle 的服务收入占 55% 以上。

随着软件服务市场的逐渐发展，软件企业应大力推进服务标准化、规范化，实行有偿服务及产品价格与服务分离，逐步培育用户买服务的观念，并应认识到捆绑带来的免费服务往往会使用户对于服务不够重视，而忽略了软件厂商的有效帮助以及软件本身所包含的管理思想和能够带来的管理效益，无法实现管理创新和技术创新的结合，从而造成软件投资失败。正如对于国内企业界流传的"不上 ERP 等死，上了 ERP 找死"的说法，一位业内人士一语中的："中国企业实施 ERP 系统之所以难以成功，是因为他们走了高目标、低起点、大软件、小服务这条路"。

习 题 三

1. 简述软件的成本构成。说明影响软件成本有哪些因素，为什么说成本预测是一项复杂和困难的任务，其预测精度不高在所难免？

2. 简述软件成本的测算流程，由此测算流程中得知软件成本测算的基础是什么？如何解决此基础问题？

3. 某软件公司拟开发一城市社区管理信息系统(MIS)。根据概要设计，该 MIS 由 N_1、N_2、N_3、N_4 和 N_5 五个功能子系统构成，项目组根据经验及公司信息库的资料确定各子系统工作量的最小可能值 a_j、最大可能值 b_j 和最可能值 m_j（单位：行）及成本费用率 C_{oj}（单位：元/行）、劳动生产率 E_{oj}（单位：行/人月）($j=1,\cdots,5$)，见表 3.27。此外，在系统的需求分析、系统设计、编码、测试四个阶段的工时费用率 α_k（单位：元/人月）和 i 子系统在上述各阶段的工作量估计 $\widetilde{M}_{i1}$、$\widetilde{M}_{i2}$、$\widetilde{M}_{i3}$、$\widetilde{M}_{i4}$（单位：人月），$i=1,\cdots,5$，见表 3.28。试利用功能分解法对该 MIS 作成本与工作量估算。

表 3.27 成本、工作量功能维估算表

参数 子系统	a_j	m_j	b_j	C_{oj}	E_{oj}
N_1	2200	2360	2490	15	314
N_2	5000	5200	5880	20	220
N_3	6000	6830	7600	22	220
N_4	3200	3300	3760	18	240
N_5	1800	2150	2200	30	140

表 3.28　成本、工作量功能维/时间维估算表

参数 子系统	$\widetilde{M}_{i1}$	$\widetilde{M}_{i2}$	$\widetilde{M}_{i3}$	$\widetilde{M}_{i4}$
N_1	1.0	2.0	0.5	3.5
N_2	2.0	10.2	4.5	9.5
N_3	2.5	11.8	6.0	10.5
N_4	2.0	5.8	3.0	4.5
N_5	1.5	6.2	3.5	5.0
α_k	5000	4800	4250	4500

4. 某大型测控系统根据概要设计，拟由 N_1、N_2、N_3、N_4、N_5、N_6 和 N_7 七个功能子系统构成，项目组根据各子系统功能重要性的两两比较，可得如表 3.29 所示的有关数据。其中，f_i 称为子系统 N_i 的功能重要性得分，并有 $f_i = \sum_{j=1}^{7} e_{ij}$，$i = 1, \cdots, 7$。试由 f_i 计算子系统 N_i 的功能系数 $\mathrm{FI}_i = f_i / \sum_{j=1}^{7} f_i$ 于表 3.29 第十列。此外，项目组对各子系统的成本估计初值 C_i（单位：万元）于表 3.29。若该测控系统的目标成本已确定为 650 万元，试利用价值工程法对该测控系统做目标成本分解和进行功能/成本分析。

表 3.29　各子系统功能、成本估计表

e_{ij}	N_1	N_2	N_3	N_4	N_5	N_6	N_7	f_i	FI_i	C_i
N_1	1	1	1	0	1	1	1			180
N_2	0	1	1	0	1	1	1			210
N_3	0	0	1	0	1	1	1			28
N_4	1	1	1	1	1	1	1			87
N_5	0	0	0	0	1	0	1			90
N_6	0	0	0	0	1	1	1			47
N_7	0	0	0	0	0	0	1			8
总和										650

5. 考虑一个规模为 32kDSI 的半独立气象预报软件，根据该软件的目标与功能需求以及开发机构的人力资源投入状况，可得各影响因子 U_j 的等级如表 3.30 所示，又知该软件开发机构的工时费用率有 $\alpha = 3000$ 元/人月。试利用中级 COCOMO 模型对该软件的成本、工作量与工期作出估计。

表 3.30　软件影响因子的等级与相应取值表

序号	U_1	U_2	U_3	U_4	U_5	U_6	U_7	U_8	U_9	U_{10}	U_{11}	U_{12}	U_{13}	U_{14}	U_{15}
U_j 名称	软件可靠性	数据库规模	产品复杂性	执行时间限制	主存储限制	虚拟机易变性	环境周转时间	分析员能力	应用实践经验	程序员能力	虚拟机使用经验	程序语言经验	现代程序设计技术	软件工具使用	开发进度限制
U_j 等级	低	正常	正常	正常	正常	正常	正常	正常	正常	正常	正常	正常	正常	正常	正常

6. 某软件开发机构已完成了七个嵌入型应用软件项目开发，各项目的规模 L_i（单位：kLOC）、工作量 MM_i（单位：人月）和工作量乘数 U_i，见表 3.31。试利用中级 COCOMO 模型形式建立适合于本单位开发环境下的双参数修正成本构造性模型。

表 3.31　项目参数样本表

项目序号	L_i/kLOC	MM_i/人月	U_i
1	7	17	0.7
2	12	30	1.0
3	15	40	0.8
4	25	70	0.9
5	40	80	1.0
6	75	150	0.9
7	90	230	1.0

7. 设 D 表示软件工程项目的工期（单位：月），S_D 表示软件工程项目在开发阶段投入的人力资源数（单位：人），F 表示软件工程项目的文档数（单位：页）。欲建立适用于本单位开发环境下的预测 D、S_D、F 的统计模型，你认为应如何开展工作？

8. 某通信网络测试设备其购买价格（原始价值）为 5 万元，预计使用五年，其残值估计为 1000 元。利用加速旧法求解该设备每年应摊入成本的各年设备折旧费。

9. 什么是软件项目的挣值管理？利用其进行软件成本动态管理的基本原理是什么？

10. 某软件公司拟接受他人委托开发一定制型 NIS，该公司项目组经论证知该 NIS 的硬件成本 $C_1 = 20$ 万元，有关的软件规模 $L = 10.8$kLOC，软件开发生产率 $\delta = 180$LOC/人月，机时费用率 $\beta = 200$ 元/人月，开发人员费用根据公司所在地区行情取表 3.25 之上限，维护成本加成因子 $\gamma_M = 0.6$，成本利润率 $\gamma_C = 0.5$，NIS 平均税率 $\gamma_0 = 0.2$。试利用完全成本加成定价法为此软件公司确定此 NIS 的委托开发费用。

11. 某软件项目根据总体设计方案，它由 N_1、N_2、……、N_7 共七个功能模块构成，各模块根据其规模复杂性与功能、性能要求，可估计出模块成本详见表 3.32。试利用 ABC 分类法寻找此软件项目成本控制的重点跟踪与控制模块。

表 3.32　模 块 成 本 表

模块	N_1	N_2	N_3	N_4	N_5	N_6	N_7
成本估计/万元	15	19	21	6.5	7.5	10	13

12. 软件产品的定价目标和定价方法有哪些？这样的目标与方法分别是在软件企业面临什么样的外部环境和内部条件下采用的？什么是软件产品的定价策略？软件产品的定价策略有哪些？试举例说明之。

13. 某组织型软件 B 由软件工程 A 改编而成，A 由三个子系统构成，各子系统规模 L_{Aj}（单位：LOC；$j = 1, 2, 3$）及修改调整因子 DM、CM、IM（单位：%）见表 3.33。

(1) 计算经改编后的 B 软件各子系统规模 $L_{Bj}(j = 1, 2, 3)$；

(2) 若 B 各子系统的工作量乘数 U_j 和工时费用率 F_{cj}（单位：千元/人月；$j = 1, 2, 3$）

见表 3.34，试利用表格法和中级 COCOMO 法求表 3.34 中的各参数，其中参数的经济内涵和关联可参见表 3.35。

表 3.33　修改调整因子表

子系统	$DM_j(\%)$	$CM_j(\%)$	$IM_j(\%)$	$AAF_j(\%)$	L_{Aj}	L_{Bj}
A_1	90	90	90		8000	
A_2	100	100	100		6000	
A_3	80	80	80		10 000	

表 3.34　软件工程经济参数计算表

子系统	L_{Bj}	U_j	M_{oj}	M_j	F_{dj}	F_{cj}	C_j	C_{Lj}
B_1		1.01				5.5		
B_2		0.95				6.5		
B_3		0.85				6.0		
$L_{Bs}:$			$M_s:$		$F_{ds}:$		$C_s:$	
$M_{os}:$			$T_d:$		$F_{Ls}:$		$F_{cs}:$	
$F_{os}:$			开发模式：					

表 3.35　参数内涵与关联表

参数	内涵（单位）	参数关联	参数	内涵（单位）	参数关联
L_{Bj}	j 模块规模（kLOC）	$L_{Bj}=AAF_j \cdot L_{Aj}$	C_j	j 模块成本（千元）	$C_j=F_{cj} \cdot M_j$
L_{Bs}	系统规模（kLOC）	$L_{Bs}=\sum\limits_{j}L_{Bj}$	C_{Lj}	j 模块单位成本（千元/kLOS）	$C_{Lj}=C_j/L_{Bj}$
M_{os}	系统基准工作量（人月）	$M_{os}=rL_{Bs}^k$	M_s	系统修正工作量（人月）	$M_s=\sum\limits_{j}M_j$
F_{os}	系统基准劳动生产率（kLOC/人月）	$F_{os}=L_{Bs}/M_{os}$	T_d	系统工期（月）	$T_d=h(M_s)^d$
U_j	j 模块工作量乘数	$U_j=\prod\limits_{k=1}^{15}U_{jk}$	F_{ds}	系统劳动生产率（kLOC/人月）	$F_{ds}=L_{Bs}/M_s$
M_{oj}	j 模块基准工作量（人月）	$M_{oj}=L_{Bj}/F_{os}$			
M_j	j 模块修正工作量（人月）	$M_j=U_j \cdot M_{oj}$	C_s	系统成本（千元）	$C_s=\sum\limits_{j}C_j$
F_{dj}	j 模块劳动生产率（kLOC/人月）	$F_{dj}=L_{Bj}/M_j$	F_{Ls}	系统单位成本（千元/kLOC）	$F_{Ls}=C_s/L_{Bs}$
F_{cj}	j 模块工时费用率（千元/人月）	见表 3.34	F_{cs}	系统工时费用率（千元/人月）	$F_{cs}=C_s/M_s$

14. 软件产品的市场营销管理包括哪些内容？软件产品的营销渠道有哪些？产品的促销手段和服务策略有哪些内容？

第4章　软件项目的经济效益、社会效益与风险分析

　　软件项目投资方案评价分析是工程项目可行性分析的主要内容之一,其目的是从项目的经济效果和社会效益角度出发来研讨该工程项目可否投资？若投资应采用何种工程技术方案(又可称为投资方案)？采用该方案能获得多大的经济效果？等一系列投资决策问题的答案。考虑到工程项目的经济效果是各方案在项目寿命期内不同时间发生的现金流量序列的综合结果,为此人们研究出一系列的评价指标,如投资回收期、投资效果系数、净现值、净年值和内部收益率等来定量描述上述工程项目投资方案的经济效果,而项目的社会效益则与经济效果不同而有其特点。本节将介绍其中的主要内容。除此之外,本章还将介绍软件的经济效益估计和软件项目的风险分析等内容。考虑到上述评价指标的求解与不同软件项目的现金流量特征有关,作为预备知识,本章还将介绍软件项目投资方案的现金流量及其特征。

4.1　软件项目的经济效果评价

　　本节除作为预备知识,介绍软件项目的现金流量及其特征外,还将介绍单方案项目评价、多方案项目排序、短期多方案项目排序、收益相同但未知的多方案排序等内容。

4.1.1　软件项目的现金流量及其特征

　　根据前述介绍,若以项目投资主体来划分,软件可分成项目定制型、市场投放型和合作型三种类型,其中项目定制型的软件,其项目投资方与项目承建方(软件构建方)两者常常分离,即通常是由投资方通过合同来委托另一个承制方来完成软件的构建工作的,而市场投放型的软件其项目投资方与承建方二者常合二为一,即项目投资方既为投资主体,又承担了软件项目的构建工作;合作型软件则介于上述两种类型之间。根据上述三种不同类型软件的特性及项目投资与收益的时间特性,软件项目投资的现金流量常表现为如下三种不同形式:

　　(1) 对于现金流量主体为投资方的定制型软件项目而言,由于其投入(支出)的分期性(通常的软件合同付款常分为3～4次付款,例如在项目执行初期,系统分析与设计阶段,系统构建与测试阶段和系统验收后四次付款)以及其产出(收益)必须在软件运行以后才能获得这一特性,同时考虑到系统运行与维护费用的支出,故其对应的项目投资现金流量具有如图4.1(a) 所示的特征。

　　(2) 对于现金流量主体为承制方的定制型软件而言,由于其收益(合同付款)的分期性和投入的连续性(承制方在软件项目构建的任何阶段均需投入,且这种投入将逐渐增大)以及系统运行、维护的支出,故其对应的项目投资现金流量具有如图 4.2(b)所示的特征。

　　(3) 对于集投资方与承制方为一体的市场投放型软件而言,由于其软件项目构建及运

行各阶段资金投入的连续性以及项目收益应在投放市场后的特点，故其对应的项目投资现金流量具有如图 4.1(c)所示的特征。

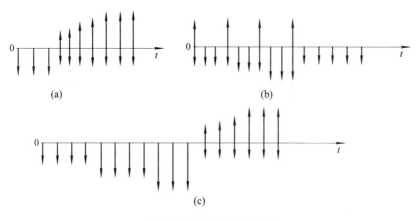

图 4.1　软件现金流量图

4.1.2　单方案项目评价

所谓单方案项目评价，是指对某一给定的软件项目投资方案从技术经济角度出发来作出是否可行的判断或评价。以下介绍常用的三种方法：净现值法、内部收益率法和投资回收期法。

1. 净现值法

净现值法的基本思想是，将软件项目寿命期内不同时期的投资(支出)和收益(收入)的现金流量根据资金的时间价值将其转换到参考点 $t=0$(即贴现)，并将这一系列贴现值累加起来并定义其称为该项目现金流的净现值 NPV(Net Present Value)，然后根据 NPV 的数值是否大于零来作为该软件项目从经济效益角度出发来看是否值得投资的依据。

若设 NPV、B_t、C_t、D_t、K_t、N、i 等经济变量之内涵见表 4.1，则根据 2.1 节现金流的贴现原理可知有

$$\text{NPV} = \sum_{t=0}^{N} \frac{B_t - C_t - K_t}{(1+i)^t} + \frac{D_N}{(1+i)^N} \tag{4.1}$$

表 4.1　软件项目经济变量之内涵表　　　　　　　　　　单位：万元

符号	内　涵
NPV	软件项目的净现值
B_t	软件项目在寿命期内 t 期的收益
C_t	软件项目在寿命期内 t 期的支出(成本)
D_t	软件项目在寿命期内 t 期的残值
K_t	软件项目在寿命期内 t 期的投资额
N	软件项目使用年限
i	基准贴现率

并有如下评价准则：

若 NPV>0，则说明在基准贴现率 i 的水平下该软件项目可盈利，故从经济效果角度出发来看该项目投资可行。

若 NPV≤0，则说明在基准贴现率 i 的水平下，该软件项目仅能收支平衡或可能亏损，故从经济效果角度出发来看，该项目投资不可行。

[**例 4.1**] 某钢铁厂拟投资 400 万元构建 ERP 系统，经过项目组的规划与概要设计，预计该 ERP 系统将在三年后投入运行，并预计运行后可使该厂的有关产品成本降低、质量提高，工人劳动生产率提高，企业流动资金周转加快，资源利用率大大提高等经济效果，并根据计算得到系统运行后的各年现金流量如表 4.2 所示。若考虑该 ERP 系统运行五年，并不考虑其残值，且根据该厂产品的行业指标确定取 $i=0.1$。试运用净现值法对该 ERP 项目是否可以投资作出决策。

表 4.2　ERP 项目现金流量表
单位：万元

t	K_t	B_t	C_t
0	100		
1	100		
2	100		
3	100		
4		90	10
5		130	10
6		170	10
7		170	10
8		170	10

解　由上知有 $N=8$，$D_8=0$，$i=0.1$，由(4.1)式及表 4.2 有

$$\text{NPV} = \sum_{t=0}^{8} \frac{B_t - C_t - K_t}{(1+i)^t} + \frac{D_8}{(1+i)^8}$$

$$= -100 \sum_{t=0}^{3} \frac{1}{(1+0.1)^t} + \frac{80}{(1+0.1)^4} + \frac{120}{(1+0.1)^5} + 160 \sum_{t=6}^{8} \frac{1}{(1+0.1)^t}$$

$$= -348.69 + 54.64 + 74.51 + 247.06 = 27.52 \text{ 万元}$$

注意到 NPV>0，且在上述计算过程中仅考虑了系统运行五年的经济效益并设定了残值为零这样的保守估计，因此，从经济效果角度出发来评判，该 ERP 项目应属可以投资的项目。

需要说明的是，净现值法是先将软件项目寿命期内不同时期的现金流量全部贴现到当前期($t=0$)，然后进行累加，故称为净现值法。事实上，还可将软件项目寿命期内不同时期的现金流量全部转换到寿命期 T 内的某年度 t 或终期 $t=T$，然后来作出投资决策。显然，此时有关的计算与评价准则是类似的，读者可自行练习并写出有关算法与评价准则。

2. 内部收益率法

内部收益率法是一种通过求解使工程项目方案达到收支平衡时的对应临界贴现率 i_0，并将 i_0 与基准贴现率或最低期望盈利率(由投资者确定)i 相比较来决定工程项目是否值得投资的一种评价方法。此方法的原理为注意到项目的净现值 NPV 由(4.1)式知一般为 i 的单调降函数，故 $\text{NPV}(i_0)=0$ 则表示该工程项目方案在 i_0 水平下收支平衡，并知当 $i>i_0$ 时该项目将亏损，$i<i_0$ 时该项目将盈利，从而将该项目盈亏临界点 $i=i_0$ 称为该工程项目的内部收益率，常记 i_0 为 IRR(Internal Rate of Return)。内部收益率可以理解为对工程项目与占用资金的一种恢复能力，其值越高，说明项目方案的经济性越好。根据内部收益率的上述性质，容易得到下述项目投资方案是否可行的判别准则：

若 IRR≤i_c，则有 $0=\text{NPV}(\text{IRR})\geq\text{NPV}(i_c)$，从而由净现值法判别准则得知该工程项

目方案在 i_c 水平下不可行。

若 $\mathrm{IRR} > i_c$，则有 $0 = \mathrm{NPV}(\mathrm{IRR}) < \mathrm{NPV}(i_c)$，从而由净现值法判别准则得知该工程项目方案在 i_c 水平下可行。

需要说明的是，上述 i_c 表示基准贴现率，而 i_c 水平表示了该企业产品所在行业的平均水平，通常基准贴现率应高于贷款利率。而对于一个保守的投资者而言，为减少投资风险，他还可将基准贴现率进一步提高到一个最低期望贴现率 i_D，即有 $i_D > i_c$，并用 i_D 来作为项目投资方案是否可行的判别依据。

在考察上述判别准则时，我们知道无论是基准贴现率 i_c，还是最低期望贴现率 i_D，都是预先给定的，因此项目投资方案是否可行所作出的判断依赖于内部收益率 IRR 的求解。但考虑到 $\mathrm{NPV}(i)$ 一般是关于 i 的单调连续降函数，故可利用对分法等数值方法来求解 IRR，有关非线性代数方程求解零点的对分法程序流图详见图 4.2，对分法的原理图示见图 4.3。

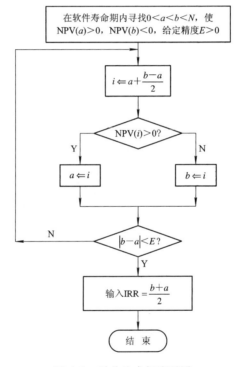

图 4.2　对分法求解流程图

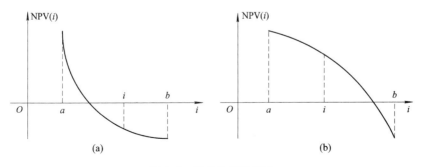

图 4.3　对分法原理图示

[**例 4.2**]　某 IT 公司经市场调研拟自行投资构建一宾馆、博物馆防盗系统并投放市场进行销售，根据项目组的概要设计及市场用户的购买意向，预计上述市场投放型软件经一年即可完成系统生产与测试，并估计该防盗系统的寿命期约为 5 年，在此寿命期内有关的现金流量详见表 4.3。今取最低限度期望贴现率 $i_D = 12\%$，且不考虑系统残值，试用内部收益率法对该防盗系统作投资决策。

表 4.3　防盗系统现金流量表

单位：万元

t	k	$B_t - C_t$
0	10	
1		2
2		3
3		2
4		4
5		4

解　由题意知有 $N = 5$，$i_D = 12\%$，$D_5 = 0$，故利用表 4.3 的现金流量信息可得该软件项目投资的净现值函数为

$$\text{NPV}(i) = \sum_{t=0}^{5} \frac{B_t - C_t - K_t}{(1+i)^t} + \frac{D_5}{(1+i)^5}$$

$$= -10 + \frac{2}{1+i} + \frac{3}{(1+i)^2} + \frac{2}{(1+i)^3} + \frac{4}{(1+i)^4} + \frac{4}{(1+i)^5}$$

对 $i = i_D$，利用图 4.2 的对分法求解程序，容易求得有

$$\text{IRR} = 13.5\% \quad \text{或} \quad \text{NPV(IRR)} = \text{NPV}(0.135) = 0$$

注意到有 $13.5\% = \text{IRR} > i_D = 12\%$，故从经济效果角度来看，该企业自行投资并承建此宾馆、博物馆防盗系统项目是可行的。

3. 投资回收期法

所谓软件项目的投资回收期（Payback Time of Investment）n_d，是指将该工程项目的投资以净收益的形式全部收回的时间。它反映了能将项目投资得到补偿（回报）的速度（单位为年）。投资回收期法是通过给定工程项目的投资回收期的求解，并将其与行业基准投资回收期作比较来判决该投资项目的可行性的一种评价方法。根据投资回收期 n_d 的上述经济含义及(4.1)式，显然有

$$\sum_{t=1}^{n_d} \frac{B_t - C_t}{(1+i)^t} + \frac{D_{n_d}}{(1+i)^{n_d}} = \sum_{t=0}^{n_d} \frac{K_t}{(1+i)^t} \tag{4.2}$$

求解(4.2)式有如下两种思路：

(1) 当工程项目的现金流量采用简化分析时，可将所有时间点上的投资合并视作一次性初始投资 K_0，而系统运行后的净收益视作各年均等值为 A 且不考虑残值时，则(4.2)式可简化为

$$\sum_{t=1}^{n_d} \frac{A}{(1+i)^t} = K_0 \quad \text{或} \quad \sum_{t=1}^{n_d} \frac{1}{(1+i)^t} = \frac{K_0}{A}$$

上式经求和、移项和取对数后，容易求得投资回收期的计算公式为

$$n_d = \frac{-\lg\left(1 - \frac{iK_0}{A}\right)}{\lg(1+i)} \tag{4.3}$$

若该企业产品的行业基准投资回收期为 n_c，则有项目投资方案是否可行的如下判别准别：

若 $n_d < n_c$，则说明该项目全部投资得到补偿的时间低于行业的平均补偿时间，故该项目投资方案可行。

若 $n_d \geqslant n_c$，则说明该项目全部投资得到补偿的时间不低于行业的平均补偿时间，故该项目投资方案不可行。

[例 4.3]　在例 4.2 的宾馆、博物馆防盗系统投资中，为简化分析，可将初始投资仍设为 $K_0 = 10$ 万元，而 5 年后的年均净收益 $(2+3+2+4+4)/5 = 3$ 万元分摊给各年，$A = 3$ 万元，取 $i = 0.1$，则可利用(4.3)式计算该项目投资回收期为

$$n_d = -\frac{\lg\left(1 - \frac{0.1 \times 10}{3}\right)}{\lg(1 + 0.1)} = \frac{\lg 3 - \lg 2}{\lg 1.1} = 4.25 \text{ 年}$$

虽然目前防盗系统之类的安全性软件之行业标准贴现率、行业投资回收期等尚未给出，但参考其他行业(一般多有 $n_c \geqslant 6$)来看，防盗系统项目的投资回收期还是较小的，亦即项目的投资补偿(回报)速度较快，因而从经济效果来看该项目投资可行，此外，注意到该项目的安全性功能，因而其社会效益亦是明显的。

(2) 考虑到该工程项目之现金流量较为复杂，若作简化分析，可能出现误差较大的状况，为此只能直接求解(4.2)式，但此时(4.2)式的 n_d 求解可用如下的近似公式来代替(有关证明从略)：

$$\begin{cases} n_d = (t_d - 1) + \dfrac{\left|\displaystyle\sum_{t=0}^{t_d-1} F_t\right|}{F t_d} \\[4mm] F_t = \dfrac{B_t - C_t - K_t}{(1+i)^t} \end{cases} \tag{4.4}$$

其中，n_d 为项目投资回收期，F_t 为 t 期净现金流量的贴现值，t_d 为净现金流量累计贴现值第一次出现正值的年份，B_t、C_t、K_t 之含义同前。有关的项目投资方案是否可行的判别准则与前相同，即有：

若 $n_d < n_c$，则该项目投资方案可行；

若 $n_d \geqslant n_c$，则该项目投资方案不可行。

[例 4.4]　某化工企业欲投资构建 CIMS(计算机集成制造系统)，以提高该厂的信息化水平和劳动生产率，降低产品成本，但考虑到本单位技术力量的不足，故该企业拟与某 IT 公司联合承建此 CIMS。根据两单位的联合项目组的概要设计和工程经济分析，该项目的现金流量表见表 4.4 的前二行，系统的寿命为 10 年。若该企业产品的行业基准贴现率 $i_c = 10\%$，行业基准动态投资回收期 $n_c = 8$ 年，试利用投资回收期法对该 CIMS 项目投资作可行性评价。

解　为方便投资回收期的计算，我们在表 4.4 前三行的基础上，增加了计算净流量 $B_t - C_t - K_t$，t 期净流量贴现值 F_t 和累计净流量贴现值 $\sum_{t=0}^{l} F_t$ 三栏参数，并分别计算了上述三参数在系统寿命期间每一年的对应参数值记录于表 4.4 的第三行、第四行和第五行。

注意到参数 t_d 为净现金流量累计贴现值第一次出现正值的年份。并由表 4.4 观察可知：$G_l = \sum_{t=0}^{l} F_t$ 在 $l = 0, 1, 2, \cdots, 5$ 时均有 $G_l < 0$，而当 $l \geqslant 6$ 时有 $G_l > 0$，故知有 $t_d = 6$，

$F_{t_d} = F_6 = 141.1$，$\sum_{t=0}^{t_d-1} F_t = \sum_{t=0}^{5} F_t = -118.5$，从而可根据(4.4)式计算该项目投资回收期有

$$n_d = (6-1) + \frac{\left| \sum_{t=0}^{6-1} F_t \right|}{F_6} = 5 + \frac{|-118.5|}{141.1} = 5.84 \text{ 年}$$

表 4.4　CIMS 现金流量表　　　　　　　　　　单位：万元

项目参数 $\diagdown$ t	0	1	2	3	4	5	6	7	8	9	10
投资 K_t	20	500	100								
收益 $B_t - C_t$				150	250	250	250	250	250	250	250
净流量 $B_t - C_t - K_t$	−20	−500	−100	150	250	250	250	250	250	250	250
贴现值 $F_t = \dfrac{B_t - C_t - K_t}{(1+i)^t}$	−20	−454.6	−82.6	112.7	170.8	155.2	141.1	128.3	116.6	106	96.4
累计贴现值 $G_l = \sum_{t=0}^{l} F_t = \sum_{t=0}^{l} \dfrac{B_t - C_t - K_t}{(1+i)^t}$	−20	−474.6	−557.2	−444.5	−273.7	−118.5	22.6	150.9	267.5	373.5	469.9

由于行业基准投资回收期 $n_c = 8$ 年，并有 $n_d = 5.84 < n_c = 8$，故以经济效果来看，上述 CIMS 项目投资是可行的。

上述介绍了经济效果的三种常用评价方法，即净现值法、内部收益率法、投资回收期法，这些方法在对软件的项目投资分析中均可适用。表 4.5 列出了三种方法的优点、缺点比较，由表 4.5 可知三种方法各有优点，也有缺点，因此在对某一特定的软件作经济效果评价时，应根据需要与现实状况对这三种方法从中作出选择。

表 4.5　常用评价方法比较

属性 $\diagdown$ 方法	净现值法	投资收益率法	投资回收期法
优点	能反映项目占用资金的盈利能力 可在其基础上作项目投资不确定性分析	能反映项目占用资金的盈利能力 采用百分率，与传统的利息形式一致，较为直观形象	能准确描述项目投资得到等值回收的速度（偿还能力）
缺点	不能反映项目投资的偿还能力	$\text{NPV}(i) = 0$，为一非线性代数方程，有可能出现无解或多个解的情形 求解较为麻烦	没有考虑投资项目的使用年限 不能反映项目投资的可盈利性 没有考虑投资回收期以后的收益

4.1.3　多方案项目排序

在软件项目的招、投标及项目规划与设计时，通常需要解决多个软件项目投资方案的比较与选优问题，此类问题常称为多方案排序问题。软件项目的多方案排序可采用净现值法、净年值法、研究期法和特殊的多方案组合排序法，如费用现值法和年费用法等。

1. 净现值法进行多方案比较

设对于某一给定的软件项目有 n 种 $(n>1)$ 投资方案，其中 NPV_K 表示第 K 种投资方案的净现值，$K=1,2,\cdots,n$，则在软件项目寿命期相同的情况下来考虑它们各自的经济效果时，可采用如下的决策步骤来选择最优方案：

(1) 淘汰那些使 $NPV_K<0$ 的方案，设剩下的投资方案为 NPV_{j1}，NPV_{j2}，$\cdots$，NPV_{jl}，$l<n$；

(2) 若有 $\max\limits_{1\leqslant i\leqslant l} NPV_{ji}=NPV_{K_0}$，则第 K_0 方案可作为最优方案。

需要说明的是，上述选优程序亦可通过引入现值指数(又称净现值率)NPVR 这一参数来进行比较与选优。其中有

$$NPVR = \frac{NPV}{\sum\limits_{t=0}^{N} \dfrac{K_t}{(1+i)^t}} \tag{4.5}$$

由(4.5)式可知现值指数的经济含义为该项目投资方案实现单位投资(现值)所能获得的净现值，若设 $NPVR_K$ 表示 K 方案的现值指数，则引入现值指数来作多种方案比较的决策步骤如下：

(1) 淘汰那些使 $NPV_K<0$ 的方案，设剩下的方案为 NPV_{ji}，$i=1,2,\cdots,l$；

(2) 若有 $\max\limits_{1\leqslant i\leqslant l} NPV_{ji}=NPV_{K_1}=NPV_{K_2}=\cdots=NPV_{K_m}$，利用(4.5)式计算 K_1，K_2，$\cdots$，K_m 方案的现值指数 $NPVR_{K_1}$，$\cdots$，$NPVR_{K_m}$；

(3) 若有 $\max\limits_{1\leqslant j\leqslant m} NPVR_{K_j}=NPVR_h$，，则 h 方案为最优方案。

上述决策步骤的经济含义是明显的，当多种投资方案的净现值相等时，显然应取这些方案中对应的最大现值指数之方案为最优，这是由于现值指数反映了单位投资(现值)的效果，因而单位投资效果大的方案当然应优于单位投资效果小的方案。

2. 净年值法进行多种方案比较

净现值法是在项目寿命期相同的前提下作多方案比较的有效方法，然而当各个投资方案有不同的寿命期时，该方法就无法进行经济效果的比较。这是由于寿命期大的投资方案其收益一般要比寿命期小的投资方案收益多，但这并不等于前者的投资方案会比后者投资方案好。科学的比较方法是采用相对比较法，亦即采用年均效益这一参数来作比较应该比采用总效益这一参数来作比较更合理些。然而考虑到资金的时间价值这一原理，因而这种"年均"的概念可以通过首先将各时间点上的净现金流量贴现在初始点($t=0$)，从而获得了该项目方案的净现值，然后再将此净现值分摊到寿命期内各年的等额年值 A 上，显然这种投资方案对应的等额年值 A 即体现了"年均效益"的经济含义，故人们将这种通过资金等值换算而将项目净现值分摊到寿命期内各年的等额年值称为净年值(简称 NAV)。当我们获得了对于同一软件项目的不同投资方案对应的净年值时，就可以通过净年值的比较来求解

最优投资方案。这就是净年值法的基本思路。

若设 i_c 为基准贴现率，CRF 为资金回收系数，则利用 2.1 节的资金等额转换原理，同一投资方案的净现值 NPV 和净年值 NAV 之间应有下述关系：

$$\begin{cases} A = \mathrm{NAV} = \mathrm{NPV} \cdot \mathrm{CRF} \\ \mathrm{NPV} = \sum_{t=0}^{N} \dfrac{B_t - C_t - K_t}{(1+i_c)^t} + \dfrac{D_N}{(1+i_c)^N} \\ \mathrm{CRF} = \dfrac{i_c(1+i_c)^N}{(1+i_c)^N - 1} \end{cases} \quad (4.6)$$

对于具有不同净年值 A_1，A_2，…，A_m 的对应投资方案(这些方案的寿命期相应为 N_1，N_2，…，N_m)，显然可以通过这些净年值的比较来选择最优方案。

亦即若有 $\max\limits_{1 \leqslant j \leqslant m} A_j = A_k$，$1 \leqslant k \leqslant m$，则以各方案的经济效果来看，第 k 个投资方案应为最优。需要说明的是，由于要对同行业内不同项目进行比较，故贴现率采用行业基准贴现率 i_c。

对于多个投资方案的比较问题，除可采用上述介绍的净现值法与净年值法外，还可通过引入差额投资内部收益率和投资效果等参数来进行比较，有关内容在此从略。

[例 4.5]　　A 公司根据市场调查获知目前网络商务决策支持系统(NBDSS)有较大的市场需求，且如下的功能为用户所欢迎：① 商品信息查询、检索与在线交易；② 消费者购物决策支持；③ 企业商品经营决策支持；④ 商务网络规划决策支持。为此，A 公司组织了一个项目组对 NBDSS 进行了系统分析与概要设计，并提出了为实现上述四类功能的技术经济方案Ⅰ和Ⅱ，这两种方案在系统构成、数据库设计、功能需求、最终用户以及寿命期(根据技术先进程度估计)和投资额的有关信息详见表 4.6。试在基准贴现率 $i_c = 10\%$ 的条件下比较方案Ⅰ和Ⅱ的经济效果。

表 4.6　　两种技术经济方案比较表

属性　　　　　　方案	Ⅰ	Ⅱ
功能	①②③④	①②③④*
系统构成	人机对话与控制系统、数据库系统、模型与方法库系统	人机对话系统、问题处理系统、通用管理系统、数据库系统、模型与方法库系统、知识库系统
数据库设计	关系数据库	采用数据仓库与数据挖掘技术
对系统可靠性、安全性、可扩充性要求	一般	较高
最终用户	电脑终端	固定或移动电脑终端、数字终端(电话)
系统寿命期(开发期)年	5(1)**	10(3)
净现值/万元	60	90

注：* ①②③④即为例中的市场需求功能；

　　** 5(1)表示方案的系统寿命期为 5 年，系统开发期为 1 年，下同。

解 注意到两种不同的技术经济方案由于 Ⅱ 方案所采用的技术及功能、性能方面均较 Ⅰ 方案先进，从而其寿命期与净现值均要比 Ⅰ 方案的大。故在比较这两种不同的技术经济方案的经济效果时，可采用净年值法。

注意到方案 Ⅰ 和 Ⅱ 的寿命期分别为 $N_1 = 5$，$N_2 = 10$，基准贴现率 $i_c = 10\%$。从而由 (4.6) 式可计算得到两种方案对应的资金回收系数有

$$CRF_1 = \frac{0.1 \times (1 + 0.1)^5}{(1 + 0.1)^5 - 1} = 0.2638$$

$$CRF_2 = \frac{0.1 \times (1 + 0.1)^{10}}{(1 + 0.1)^{10} - 1} = 0.1628$$

又由表 4.6 知 $NPV_1 = 60$ 万元，$NPV_2 = 90$ 万元，从而有

$$A_1 = NPV_1 \cdot CRF_1 = 60 \times 0.2638 = 15.828 \text{ 万元}$$

$$A_2 = NPV_2 \cdot CRF_2 = 90 \times 0.1628 = 14.652 \text{ 万元}$$

结论：比较 A_1 与 A_2 可知，从经济效果角度（从年均效益角度）来看，技术经济方案 Ⅰ 优于技术经济方案 Ⅱ。从项目风险角度来看，尽管 Ⅱ 方案技术较为先进，但由于开发周期为三年（见表 4.6），考虑到软件的技术发展十分迅速，因而环境的不确定性因素较多，故作者认为正确的决策应是首先按技术经济方案 Ⅰ 开发网络商务决策支持系统 (1.0)，然后在 1.0 版本的系统设计中留下一些可扩充的接口，以便在 NBDSS(1.0) 推出市场后继续从事 2.0 版本的研究，以使其根据 ·年后的环境与市场环境来扩充方案 Ⅱ 的有关功能。

3. 研究期法进行多方案比较

设有两个寿命期分别为 n_1（年）和 n_2（年）的投资方案 A 和 B，且有 $n_1 < n_2$，采用研究期法来对方案 A 和 B 做比较的基本思想为，以寿命较短的投资方案（即 A 方案）的寿命期 n_1 作为两个方案比较的共同考察期，而让寿命较长的方案（即 B 方案）在共同考察期 (n_1) 保留一定数额的残值，然后在此基础上来进行寿命期相同（均为 n_1）的两投资方案比较与选优。显然，采用净现值法或现值指数法等均可完成上述任务。其中有两个问题需要说明：

(1) 由于 21 世纪的 IT 技术迅猛发展以及当前国际社会、经济、军事局势的不确定性因素十分众多，因而在对两个投资方案作比较时，考察期愈长，不确定性因素愈多，从而造成投资方案中的一些技术经济参数估计愈粗糙，误差可能愈大，这将给方案的比较与选优带来不利的影响。这就是在采用研究期法作投资方案比较时采用寿命期短的方案之寿命作为共同考察期（研究期）的原因。

(2) 在采用上述方法作两投资方案比较与选优时，还涉及寿命期长的投资方案在研究期末的残值确定问题。一般来说，有如下三种处理方式：① 完全承认研究期（公共考察期）外的未使用价值，将方案 B（寿命期长的方案）的未使用价值全部折算到研究期末以作为 B 方案在研究期末的残值；② 完全不承认未使用价值，即 B 方案在研究期后的未使用价值在方案比较时全部忽略不计；③ 客观估计 B 方案在研究期后的未使用价值以作为残值，然后作两投资方案比较与选优。

采用研究期法作方案比较常用于 IT 企业的设备采购决策中，而残值的处理方式常用方式②和方式③。只有当 n_1 与 n_2 较为接近时才可采用方式①。下面我们通过一个案例来说明研究期法的应用原理。

[例 4.6] 某软件企业欲购买通信设备。根据市场调研，现有 A 与 B 两种不同型号的

设备供选择。根据目前的通信技术与技术经济的发展趋势，可估计出 A、B 两设备的使用寿命分别为 4 年和 6 年，投资分别为 50 万元和 40 万元，各年的预期收益见表 4.7。试在基准贴现率 $i=10\%$ 的条件下，对 A、B 两设备的购买方案作出决策。

表 4.7　投资方案表   单位：万元

年末	0	1	2	3	4	5	6
A 设备	−50	30	30	30	30	—	—
B 设备	−40	20	20	20	20	20	20

解　以下分别用②处理方式和③处理方式对两投资方案作比较与选优。

(1) 完全不承认未使用价值，此时两方案的收益贴现值由表 4.7 知有

$$\text{NPV}_A = -50 + \frac{30}{\text{CRF}} = -50 + 30 \cdot \frac{(1+i)^n - 1}{(1+i)^n \cdot i}$$

$$= -50 + 30 \cdot \frac{(1+0.1)^4 - 1}{(1+0.1)^4 \times 0.1} = 45.096 \text{ 万元}$$

$$\text{NPV}_B = -40 + \frac{20}{\text{CRF}} = -40 + 20 \cdot \frac{(1+i)^n - 1}{(1+i)^n \cdot i}$$

$$= -40 + 20 \cdot \frac{(1+0.1)^4 - 1}{(1+0.1)^4 \times 0.1} = 23.397 \text{ 万元}$$

此时选择设备 A 有利。

(2) 若估计研究期末设备的残值为 15 万元，即部分承认未使用价值时，两方案的收益贴现值分别为

$$\text{NPV}_A = -50 + 30 \cdot \frac{(1+0.1)^4 - 1}{(1+0.1)^4 \times 0.1} = 45.096 \text{ 万元}$$

$$\text{NPV}_B = -40 + 20 \cdot \frac{(1+0.1)^4 - 1}{(1+0.1)^4 \times 0.1} + \frac{15}{(1+0.1)^4} = 33.6435 \text{ 万元}$$

此时仍然为选择设备 A 有利。

4. 多方案组合排序法

在 IT 企业(包括软件开发机构)的企业项目规划阶段，往往遇到如下的项目选择决策问题：在一组 n 个独立项目投资方案的比较与选优中，可以选择其中一个或多个项目投资，甚至全部项目投资(只要企业流动资金较为富裕时)，也可能一个项目也不选(所以 n 个项目均不可行)。上述背景下的项目选择决策可采用组合排序法。组合排序法的原理和执行步骤如下：

(1) 列出 n 个独立方案的所有可能组合，形成 2^n 个组合方案，其中包括 0 方案，即投资为 0，收益亦为 0 的方案。每个组合方案包含 k 个独立方案，$0 \leqslant k \leqslant n$。

(2) 对每个组合方案内所包含的各独立方案的现金流量进行叠加，作为组合方案的现金流量，并按组合方案的初始投资额从小到大的顺序进行排序，删除那些初始投资额超出企业资金限额(资金约束)的组合方案，其余组合方案称为待选方案。

(3) 对每一待选方案(组合方案)，按其现金流量计算该组合方案的净现值。

(4) 按照净现值最大或单位投资的净现值最大的准则，对各组合方案作排序。

[**例 4.7**]　某 IT 企业在项目规划阶段，拟对 A、B、C 三个独立方案作组合方案排序，此三个项目投资方案寿命期皆为 10 年，现金流量表如表 4.8 所示，企业的投资金额上限为 120 万元。试在基准贴现率 $i_C = 8\%$ 的水平下选择最优投资组合方案。

表 4.8　独立投资方案参数表

方案	初始投资/万元	年净收益/万元	寿命/年
A	30	6	10
B	50	8.5	10
C	70	12	10

解　由表 4.8 列出的三个独立方案构成的所有可能组合，共 $2^3 = 8$ 个组合方案，详见表 4.9。表中方案组合栏中填 1 代表该方案被选中（进入组合方案），填 0 则表示该独立方案不进入组合方案。在表 4.9 中，组合方案的顺序是按照各组合方案的初始投资自小到大而自上到下排列；初始投资一列及年净收益一列中各组合方案的数据均为进入组合方案的各独立方案数据之和；净现值一列中各数据是根据各组合方案的初始投资（K_0）和年净收益（$B_t - C_t$）以及基准贴现率 $i_C = 8\%$ 所计算的该组合方案现金流的净现值 NPV。

由表 4.9 可知，在企业投资额上限为 120 万元的约束下，组合方案 8 被删除，而组合方案 1，2，…，7 等七个方案可作为比较选优的待选方案，但根据净现值最大的优化准则，方案 6 即组合方案 A∪C 为最优方案。

表 4.9　组合投资方案参数表

序号	方案组合			组合方案	初始投资/万元	年净收益/万元	寿命/年	净现值/万元
	A	B	C					
1	0	0	0	0	0	0	10	0
2	1	0	0	A	30	6	10	10.26
3	0	1	0	B	50	8.5	10	7.04
4	0	0	1	C	70	12.0	10	10.52
5	1	1	0	A∪B	80	14.5	10	17.30
6	1	0	1	A∪C	100	18.0	10	20.78
7	0	1	1	B∪C	120	20.5	10	17.56
8	1	1	1	A∪B∪C	150	26.5	10	27.60

4.1.4　特殊项目的多方案排序

本节介绍一些技术经济参数具有某种特性时的多方案项目排序，它包括短期项目多方案排序和收益估计相同但未能确知情况下的多方案排序方法。

1. 短期项目多方案排序

所谓短期项目，是指寿命为一年或一年之内的项目投资方案，此时人们在作多方案比较时，可以不必再计算各方案现金流的贴现值，而可直接将各方案的投资收益率（单位投资的净收益)作比较即可。

[**例 4.8**]　某 IT 公司为扩大经营范畴,拟通过租赁市场租入某 IT 设备,根据租赁公司的设备租金报价及 IT 公司的运营成本与收入估算,可得租入设备分别为 1、2、3 台时的净收益增加值及运营增加值,详见表 4.10。若每台设备的月租金为 3600 元,试确定该公司的设备租赁具体方案。

表 4.10　租入设备后的经济参数

租入设备数量/台	1	2	3
租入设备后增加的净收益/(元/月)	5960	11 280	16 300
租入设备后增加的运营费/(元/月)	2000	3500	4800

解　设 B_t 为每月租入设备后的收入增加额,C_t 为每月租入设备后的运营费用增加值,K_t 为每月租金,α 为投资收益率,则有

$$\alpha = \frac{B_t - C_t - K_t}{K_t} \tag{4.7}$$

由表 4.10 可知,对于不同的租入设备数,可得各投资方案的投资额 K_t(租金)、运营费用增加值 C_t 和收入增加值 B_t、净收益($B_t - C_t - K_t$),详见表 4.11。设第 j 方案的投资收益率为 α_j(%),则由表 4.11 可得各方案的投资收益率见表 4.12。由表 4.12 可知,若以投资收益率为比较准则,则方案 2(租入一台设备)为最佳方案,但若综合考虑企业的净收益与投资收益率,则易知方案 3(租入二台设备)和方案 4(租入三台设备)均可作为最佳方案,这是由于它们的 α_j 均大于基准投资收益率 4%,故究竟如何,这将根据企业的财务状况、人力状况等而确定。

表 4.11　各方案的经济参数

方案	租入设备数/台	设备租金 K_t /(元/月)	运营费用增加值 C_t /(元/月)	收入增加值 B_t /(元/月)	净收益($B_t - C_t - K_t$) /(元/月)
1	0	0	0	0	0
2	1	3600	2000	5960	360
3	2	7200	3500	11 280	580
4	3	10 800	4800	16 300	700

表 4.12　各方案的投资收益率

方案序号	1	2	3	4
投资收益率	α_1	α_2	α_3	α_4
α_j 数值/%	—	10	8.05	6.48
净收益/(元/月)	0	360	580	700

2. 收益相同但未确知时的多方案排序

为了安定社会秩序,保障人民的交通安全和净化网络环境等原因,各级政府及软件开发机构常需要开发一些服务于社会的网络信息系统(NIS),如城市交通管理控制系统、网络净化系统、公交车辆管理信息系统等,在给定这些系统的目标功能和性能后,不同的软

件开发机构往往会提出不同的开发方案，如何从中选择一个最佳方案往往成为各级政府或
NIS 项目主管面临的项目决策问题之一。由于上述各种 NIS 是服务于社会的软件系统，因
而其经济效益往往难以估计且一般不予考虑而主要考虑其社会效益。但对于多个能满足系
统目标功能和性能的开发方案，我们可以认为它们具有同样的社会效益，此时应如何对这
些开发方案作选择决策呢？以下介绍两种常用的方法：费用现值法和年费用法供读者作决
策求解之用。

（1）费用现值法。所谓费用现值（Present Cost，PC），是指一个软件系统开发方案付诸
实施时各年应付出的费用流的贴现值。这样的贴现值可以通过 2.1 节的现金流的贴现与预
计原理求得。我们在求得各开发方案的费用现值后，再比较各开发方案的费用现值，并从
中选取最小费用现值的方案作为最佳方案，这就是费用现值法的基本原理和思路。

[**例 4.9**]　某服务于社会的网络信息系统（NIS）有两种不同的开发与实施方案，各方
案的开发费用和年运营维护成本及残值见表 4.13。两种开发方案的系统寿命均为 5 年，试
在基准贴现率 $i_C = 8\%$ 水平下，对这两个 NIS 开发方案作选择决策。

表 4.13　软件开发方案经济参数

开发方案	总开发费/万元	年运营维护成本/万元	残值/万元
A	16	5.0	1.5
B	12	6.5	2.0

解　A、B 两方案的现金流量图分别见图 4.4(a)、(b)。设 PC(A) 表示 A 方案的费用
现值，PC(B) 表示 B 方案的费用现值。注意到求各方案 NPV_i 的最大值点相当于求 $PC_i = -NPV_i$ 的最小值点，若一次性投入总开关费为 K_0 且不计系统运营后之收入（$B_t = 0$）和各
年维护费用均等（$C_t = C$），则由（4.6）式可得

$$PC_i = -\left[\sum_{t=0}^{N} \frac{B_t - C_t - K_t}{(1+i)^t} + \frac{D_N}{(1+N)^N}\right] = K_0 + \frac{C}{\mathrm{CRF}} - \frac{D_N}{(1+i)^N}$$

从而有

$$PC(A) = 16 + \frac{5}{\mathrm{CRF}} - \frac{1.5}{(1+i)^n} = 16 + 5 \cdot \frac{(1+i)^n - 1}{(1+i)^n \cdot i} - \frac{1.5}{(1+i)^n}$$

$$= 16 + 5 \times \frac{(1+0.08)^5 - 1}{(1+0.08)^5 \times 0.08} - \frac{1.5}{(1+0.08)^5} = 34.942 \text{ 万元}$$

$$PC(B) = 12 + \frac{6.5}{\mathrm{CRF}} - \frac{2}{(1+i)^n} = 12 + 6.5 \cdot \frac{(1+i)^n - 1}{(1+i)^n \cdot i} - \frac{2}{(1+i)^n}$$

$$= 12 + 6.5 \times \frac{(1+0.08)^5 - 1}{(1+0.08)^5 \times 0.08} - \frac{2}{(1+0.08)^5} = 36.59 \text{ 万元}$$

注意到 PC(A)＜PC(B)，故开发方案 A 为经济的方案。

（2）年费用法。所谓年费用（Annual Cost，AC），是指将开发与维护方案中各年支付的
费用及初期投资换算成等值的年费用或年平均费用。但需注意的是，上述的平均不是费用
的简单算术平均，而是在考虑了资金的时间价值意义下的动态平均，上述年费用显然仍可
用 2.1 节的现金流的贴现与预计原理求得。当我们求得各开发方案的年费用后，从中比较
取其最小年费用对应的方案即可认为是最佳开发方案。

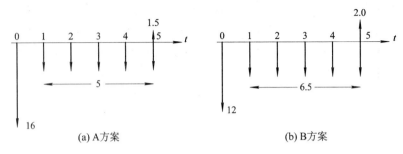

图 4.4　现金流量图

[**例 4.10**]　利用年费用法对例 4.9 中两个软件开发方案作选择决策。

解　设 AC(A) 和 AC(B) 分别表示软件开发方案 A 和 B 的年费用,则利用(2.10)式,容易得到

$$AC_i = CRF \cdot PC_i = CRF\left(K_0 + \frac{C}{CRF} - \frac{D_N}{(1+i)^N}\right) = K_0 \cdot CRF + C - D_N \cdot SFF$$

$$AC(A) = 16 \cdot CRF + 5 - 1.5 \cdot SFF = 16 \cdot \frac{(1+i)^n \cdot i}{(1+i)^n - 1} + 5 - 1.5 \cdot \frac{i}{(1+i)^n - 1}$$

$$= 16 \times \frac{(1+0.08)^5 \times 0.08}{(1+0.08)^5 - 1} + 5 - 1.5 \times \frac{0.08}{(1+0.08)^5 - 1} = 8.752 \text{ 万元}$$

$$AC(B) = 12 \cdot CRF + 6.5 - 2 \cdot SFF = 12 \cdot \frac{(1+i)^n \cdot i}{(1+i)^n - 1} + 6.5 - 2 \cdot \frac{i}{(1+i)^n - 1}$$

$$= 12 \times \frac{(1+0.08)^5 \times 0.08}{(1+0.08)^5 - 1} + 6.5 - 2 \times \frac{0.08}{(1+0.08)^5 - 1} = 9.165 \text{ 万元}$$

注意到有 AC(A)＜AC(B),即 A 开发方案为最经济。

4.2　软件项目的经济与社会效益分析

本节介绍效益的基本概念与分类,软件项目的经济效益估计方法,社会效益分析和软件项目的不确定性与风险分析等有关内容。

4.2.1　效益及其特点与分类

1. 效益的含义

所谓效益(Benefit),是指当该项目实现后对项目主体(国家、部门、地区或企业)的基本目标的实现所产生的贡献或效果。如果该项目实现后能对项目主体的基本目标有所贡献与促进,则称该项目具有(正)效益,贡献与促进作用越大,则认为该项目的效益也越大;相反,若该项目实现后,无助于项目主体的基本目标的实现甚至有阻碍作用,则称该项目具有负效益,或认为该项目无效益。

2. 效益的特点

根据效益的上述概念可知效益具有如下特点:

(1)项目的效益将依赖于项目主体及其追求的基本目标,换句话说,不同的项目主体或不同的基本目标将会对效益的认识有很大的不同。例如作为项目主体的企业,其追求的

基本目标往往是利润最大化，故项目的效益即可认为是企业利润，而作为项目主体的国家，其追求的基本目标可能是社会效益（如城市交通控制系统等），也可能是军事作战（如 C^4I 系统等），也可能是国民经济的协调发展（如宏观经济决策支持系统等）。

（2）项目的效益将依赖基本目标提出的历史时代背景，亦即不同的历史时代的同一项目主体往往有不同的追求目标，从而导致对效益认识的不同，如我国的企业信息系统的追求目标从上世纪80年代初的为生产管理服务到80年代末90年代初的为经营管理服务一直发展到21世纪的为供应链管理（SCM）服务，由于项目主体（企业）对信息系统的基本目标的不断变更，必将导致企业对效益认识的变化。

注意到软件的项目主体所提出的基本目标一般涉及经济（宏观经济、企业经济）、社会科学技术、国防建设与军事作战，因此软件项目的效益也常划分为经济效益、社会效益、军事作战效益和科学技术效益等。另一方面根据项目实现后对项目主体基本目标带来的贡献特征又可将效益划分为直接效益与间接效益。其中，直接效益是指项目实施后对基本目标直接做出的贡献，如企业营销决策支持系统的实施将提高企业的销售收入与利润等。而间接效益则是指由目标项目实施后所引发的其他项目或企业带来的效益，如电力控制系统的构建与运行将促进安全用电，减少了因电力不足而造成的对国民经济发展的制约，从而间接地对国民经济的发展做出了贡献。

3. 效益的分类

软件项目的效益根据其所提供的贡献形式常有如下四类：

（1）成本与支出费用的节省，如ERP的实施将促进企业在采购、库存、生产（开发）、销售等方面的成本降低以及劳动生产率的提高和能耗（水、电、运输等）支出费用的减少。

（2）社会财富的增加。如CIMS的实施将大力提高企业的劳动生产率，从而促进并提高了企业产品生产量，增大了产品（如手机、电脑等）的社会拥有量。

（3）服务水平的提高，如电信管理信息系统，银行联机业务处理系统，旅游、宾馆联机信息系统等，此类软件的基本目标是为社会提供某种服务，虽然这样的服务并不具备实物形态但同样是社会所必需的。

（4）管理水平的提高。这是任何一个软件建设中均需给出的基本目标之一，这种管理水平的提高将促进企业管理组织的扁平化，加大企业对人力资源的激励作用，其影响将是多方面的。

显然，在上述四种贡献形式中，（1）、（2）贡献形式属于直接效益，而（3）、（4）贡献形式属于间接效益。

此外，项目的效益还可依据受益面的不同而分成内部效益与外部效益。所谓内部效益，是指项目主体（通常为项目投资方或投标方）所获得的效益，而外部效益，则是指项目主体以外的其他人或企业所获得的全部效益，例如项目承办方（或投标方）的效益即可视为外部效益，在市场经济的经济博弈中，科学的合作方案是使招标方（投资方）与投标方（承办方）在效益上获得双赢。

最后，与成本计算相仿，依据效益的计算时间还可分为预测效益与实际效益两种。

在软件的技术经济分析中，人们一般比较注重直接经济效益，因为直接经济效益比间接经济效益更加直观可靠，但对于一些基本目标主要为社会效益的软件（如网络净化系统、城市交通控制系统、防洪抗灾应急事务处理系统等），则间接经济效益和社会效益应更为关注。此外，对于一些以军事作战或科学技术为基本目标的软件，则人们更应注重对军事作战效能和科学技术效益的认识与评价研究。

4.2.2 软件项目的经济效益计算

考虑到不同的政府部门(项目主体)承担着不同的管理职能，不同的企业(项目主体)从事着不同产业或生产不同的产品，因此要给出一个统一的效益评价的指标体系和通用的效益计算方法是困难的。目前对软件项目实际效益与预测效益评价常采用系统运行前后对比法和参数估计法两种。以下以某电视机公司为例来介绍该公司实施 ERP(企业资源计划)系统时的实际效益与预测效益计算的有关内容。

根据该电视机公司(项目主体)所从事的行业与产品特点，我们可以给出如图 4.5 所示的 ERP 效益图，由图 4.5 可知 ERP 的项目主体(企业)的基本目标是经济与社会意义，故其效益有经济效益与社会效益，在经济效益中直接经济效益如产品成本降低……资源利用率提高等六项是可以直接进行定量度量的，而间接经济效益中如提高企业决策水平、降低企业经营风险等四项和社会效益中的提高社会信息化水平等四项则是无法进行定量度量而只能定性描述的 ERP 效益。

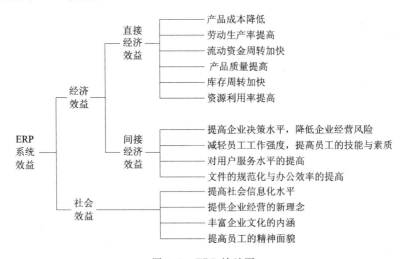

图 4.5 ERP 效益图

以下介绍对 ERP 系统直接经济效益的计算方法。

1. 系统运行的前后对比法

系统运行的前后对比法是通过项目(目标系统)实施之前与项目(目标系统)实施之后的两个不同历史时期有关特征量的变化来确定项目(目标系统)直接经济效益的一种方法，该方法适用于软件项目后评价或项目实际效益的估算。为方便介绍各特征量的算法，表 4.14 给出了在图 4.5 中六项直接经济效益的内涵、对应的度量指标及其相应的变量标识符。(4.8)式给出了直接经济效益总和和各项直接经济效益 $J_1, J_2, \cdots, J_6$ 的计算公式。需要说明的是权系数 W_j 的含义，由于上述六项直接经济效益的取得是由多方面的原因造成的，例如，它可能是制造设备性能的提高，产品生产工艺的改进，人力资源激励政策的有效，企业管理水平的提高和软件项目的投入运行的综合效果，为了从上述综合效果中将由于软件项目运行所导致的效果分离出来，故引入了权系数的概念，其中 W_k 表示直接经济效益

J_k 中由于软件项目运行而产生的百分比。考虑到要准确估计出 W_k 的数值显然是困难的，通常只能由专家要据经验来判定其估计值。

$$\begin{cases} J = W_1 J_1 + W_2 J_2 + W_3 J_3 + W_4 J_4 + W_5 J_5 + W_6 J_6 \\ J_1 = (C_1 - C_2)\theta_2 \cdot T_0 \\ J_2 = (\alpha_2 L_2 - \alpha_1 L_1) \cdot T_0 \\ J_3 = (F_2 - F_1) \cdot i \cdot T_0 \\ J_4 = \theta_2 \cdot T_0 \left(\dfrac{C_1}{T_{m1}} - \dfrac{C_2}{T_{m2}} \right) T_{m2} \\ J_5 = (I_1 - I_2)\theta_2 \cdot T_0 \cdot \beta \\ J_6 = (O_1 - O_2) \cdot T_0 \end{cases} \tag{4.8}$$

表 4.14　直接经济效益度量指标标识符表

效益内涵	度量指标	项目运行前	项目运行后	效益相对变化率	效益	对应权重
总效益	总效益/万元	—	—	—	J	—
产品成本降低	单位成本/(万元/件)	C_1	C_2	U_C	J_1	W_1
劳动生产率提高	工时费用率/(万元/人年)	α_1	α_2	U_α	J_2	W_2
流动资金周转加快	平均流动资金占用额/(万元/年)	F_1	F_2	U_F	J_3	W_3
产品质量提高	平均使用寿命/年	T_{m1}	T_{m2}	U_{T_m}	J_4	W_4
库存周转加快	库存周转天数/(天/件)	I_1	I_2	U_I	J_5	W_5
资源利用率提高	能耗支出/(万元/年)	O_1	O_2	U_O	J_6	W_6
中间变量或参数	企业职工人数/人	L_1	L_2			
	企业产品产量/(件/年)	θ_1	θ_2			
	银行贷款利率/%	i				
	软件项目使用年限/年	T_0				
	单位产品库存费用/(万元/天)	β				

注：$U_C = \dfrac{\Delta C}{C_1}$，$U_\alpha = \dfrac{\Delta \alpha}{\alpha_1}$，$U_F = \dfrac{\Delta F}{F_1}$，$U_I = \dfrac{\Delta I}{I_1}$，$U_O = \dfrac{\Delta O}{O_1}$。

2. 经验参数估计法

经验参数估计法是利用软件在实施前后，其各经济效益的相对变化的经验数值来估计各项直接经济效益的方法。该方法适用于系统规划阶段所作的效益预测。考虑到项目主体（企业）从事产业与产品类别的多样性，故对其产品质量提高的认识有很大差别。因而，无法得到企业实施 ERP 前后的质量效益的相对变化率的统一经验值，故(4.9)式列出的是运用经验参数估计法求解各项直接经济效益的计算公式。

$$\begin{cases} J_1 = C_1 \cdot U_C \cdot \theta_2 \cdot T_0 \\ J_2 = \alpha_1 \cdot (L_1 - L_2) \cdot U_\alpha \cdot T_0 \\ J_3 = F_1 \cdot U_F \cdot i \cdot T_0 \\ J_5 = I_1 \cdot U_I \cdot \theta_2 \cdot T_0 \cdot \beta \\ J_6 = O_1 \cdot U_O \cdot T_0 \end{cases} \tag{4.9}$$

需说明的是，在计算 J_k 时，经验参数 U_k 可参见表 4.15（该表是由美生产与库存控制学会（APICS）于 1995 年对美企业实施 ERP 后所得各项直接经济效益的相对变化率的一个统计），而 θ_2，L_2 两参数尚需作出预测。考虑到我国对 ERP 的实施尚处于前期阶段，目前尚无如表 4.15 的经验参数表，然而为了有利于今后的 ERP 建设，作者建议有关政府部门或行业协会主动承担起此项工作。最后需要说明的是，(4.8)式与(4.9)式是在单一产品和不考虑效益的时间价值下来获得的，对于多产品和考虑效益的时间价值时的计算公式，读者可仿照上述原理自行完成。

表 4.15　经验参数表

参　　数	经验统计价值
U_C	12%
U_a	10%～15%
U_F	15%～20%
U_I	50%
U_O	5%～10%

4.2.3　软件项目的社会效益评价

根据前述分析，软件项目从其系统目标来看大致可分成三类：

(1) 以系统经济性为主要目标的软件项目；

(2) 以系统社会性为主要目标的软件项目；

(3) 以系统的军事作战性为主要目标的软件项目。

对于(1)类软件项目的系统评价应侧重于对该项目投资的经济效果评价，亦即重点研究由于软件项目的构建与运行给投资方或承建方所带来的直接经济效果；对于(2)类软件项目的系统评价则应从国家和社会的利益出发来重点研究由于该软件项目的构建对社会所带来的影响与贡献；对于(3)类软件项目的系统评价则应侧重于该软件项目的运行对提高系统作战效能和提高我军装备现代化水平所作的影响与贡献。以下重点介绍(2)类软件项目的系统评价及其方法。

以社会性为主要目标的软件项目，例如城市交通控制系统、环境保护信息系统、国家灾害应急事务处理系统、网络信息净化系统、社区智能监控系统等，它们对国家或社会所带来的影响或贡献是十分重大的，因此必须作系统的评价工作。然而，软件项目的社会效益评价与经济效益评价相比较，其主要特征有：

(1) 系统评价以定性分析为主。这是由于社会评价进行定量分析较为困难所致。因此在对软件项目作社会评价时要求工作人员具有较为丰富的社会科学知识，对由此涉及的各种社会问题有高度的敏感性。当然，有些软件项目的社会效益亦可采用一定的定量分析方法来计算，详见 4.2.4 节的费用—效益分析。

(2) 社会评价无通用方法。不同的软件项目，项目涉及的不同行业部门，其社会评价涉及的内容有很大的不同，从而所采用的评价方法差异较大，从而增加了系统评价的难度。

(3) 对社会的贡献以间接效益、无形效果和外部效果为主。这是由社会系统的复杂性及其关联性所决定的，其社会效果的波及效应较为明显。

世界银行从 1984 年开始就提出将社会评价作为世界银行开展投资项目可行性研究的重要组成部分。以后，世界各主要银行如亚洲开发银行、泛美开放银行等均分别设立了相关部门来推动这项工作的顺利开展。随着社会经济的迅速发展及市场体制的逐步建立和完善，我国政府已充分认识到社会、经济、环境的协调及可持续发展的重要性，因而对投资项目(包括软件项目)的社会评价与社会可行性分析十分重视,从而构成了软件项目,特别是中、大型软件项目规划与可行性分析的重要内容之一。以下重点介绍软件项目的无形效果和外部效果的有关内容。

1. 项目的无形效果

所谓项目的无形效果,是相对于项目的有形效果(可用货币度量)而言的,它是泛指由于项目的实施而带来的难以用货币来进行度量的那些效果。如生命的安全,城市或社区的治安,环境的保护,国民的精神文明等,是无法用货币来度量的系统属性。因为人们去讨论一条生命值多少钱?国民的精神文明值多少钱?等是既无可能也无必要的事情,但人们可通过类比法或公众调查法等来间接对这些系统属性进行度量。以下通过几个案例来说明这些方法的应用。

(1)类比法。类比法的基本思想是将软件项目运行所带来的某些无形效果通过其他具有同样效果的商品或工程项目来进行类比,并以这些类比商品(或工程项目)的市场价格(或项目投资额)来作为该软件项目无形效果的度量。例如,某环境保护与监控系统的运行能使某地区河流水质得到一定程度的净化,于是可将具有同样的水质净化功能的净水工程的投资额来作为该软件项目的无形效果的度量或类比价值。

(2)公众调查法。公众调查法的基本思想是通过问卷调查、现场访问、召开听证会、网络调查或专家调查倾听一定数量民众的意见,并以多数民众的意见(肯定或否定软件项目的建设)来作为该软件项目的无形效果。

2. 项目的外部效果

项目的外部效果是相对于项目的内部效果而言的,一般说来,项目的内部效果会对投资方(或承制方)本身带来经济效果,因而常可通过项目的收益或支出反映出来,然而那些会对项目投资方(或承制方)以外的其他部门(企业)产生的影响或项目预期以外的效果,人们常称为外部效果或溢出效果。这种项目的外部效果一般无法在项目的收益或支出中反映出来。软件项目实施的外部效果一般来自于如下几个方面:

(1)项目对相邻部门的影响。软件项目的运行除了对企业 A 本身有直接的经济效果外,还可能对该企业的相邻部门如上游企业 B 或下游企业 C 产生正面或负面的影响,这种影响即为项目的外部效果。例如 A 企业为生产原料的化工企业,由于 A 企业投资并构建了 CIMS 项目,当该 CIMS 项目运行后给 A 企业带来了成本降低、质量提高、利润增加等直接经济效益,从而促使 A 企业将化工原料的市场价格降低(以加强其产品的市场竞争力),而上述降价策略又将使采用该原料的服装加工企业(下游企业)乃至服装经营商店和服装消费者均得到受益,由于这一系列的经济效果并非为 A 企业所得到,因而我们将其称为项目的外部效果,或更确切地说是 A 企业以外的社会效果。当然,在对上述事例中 A 企业的外部效果度量时,作者认为无需将这一系列的连锁反应所带来的有关后果全部考虑并通过分析与计算来获得其累计效益,而只需得到一个累计效益的下限即可,而此下限只需通过分析与计算项目给下游企业 C 所带来的经济效果即可。显然,这样的分析与计算是简单而容易办到的。

(2)项目的技术性外部效果。所谓项目的技术性外部效果,是指软件项目的运行给社会带来的技术性扩张效应。这是由于当前的软件项目一般均为规模较大、结构复杂的人机

(软/硬件)系统,因此任何一个软件项目的实施与运行都将对国家信息化与企业信息化水平的提高作出贡献,而与此同时又培养和锻炼了一大批信息技术专业人员和管理人员,并为未来的更大规模的软件项目建设储备了人才。显然,这样的效果是非经济性效果,是对社会与技术进步的贡献,因而可将其划归为项目的技术性外部效果。当然,对于此类技术性的外部效果进行度量是困难的,通常只能进行定性描述。

(3) 项目的环境连锁效应。它是指由于软件项目的运行对企业外部环境(社会环境)所带来的贡献或影响。例如,一般的大型软件项目的构建均需要有相应的基础设施建设,因而可吸收社会上的一部分剩余劳动力,从而减少了失业率,降低了社会不安定隐患。而与此同时,这一部分就业的劳动者又可对社会的消费产生一定的影响,从而对社会上的日用消费品企业(如饮食店,服装店等)带来良性的促进作用……显然,这一系列的环境连锁效应可看做项目的外部效果,此类效果的度量一般也只能采用定性描述。

最后需要说明的是,项目的无形效果和项目的外部效果,这二者并非是绝对分离的,有时候可能会合二为一。例如,由于软件项目的运行,这一效果既可看做项目的外部效果,又可看做项目的无形效果,因此所产生的环境连锁效应在论述项目的社会效益时应注意其同一性。

4.2.4 软件的费用—效益分析

在软件项目的规划与可行性分析中,成本、价格、效益等工程经济参数的分析与估计是众多工程经济活动的重要组成部分,它们对软件项目的规划与计划、分析、设计、管理与控制以及软件企业的运营分析和消费者购买软件决策都起着重要的影响作用,然而仅凭这单一的工程经济特性来做相关决策显然是片面的,因为成本低的商品其质量未必高,价格低廉的商品其性能未必好,效益大的项目其投资也往往多,质量高的商品其定价也往往高,这些现象的存在给人们提出了这样一个问题:人们不应仅凭单一目标(指标)而应从多目标(指标)的角度来综合权衡才能做出科学的决策。本节介绍的费用—效益分析(Expenditure- Benefit Analysis)、成本—效益分析(Cost - Benefit Analysis)以及后面的效益—风险分析(Benefit - Risk Analysis)等均为软件工程经济学中常用的多目标分析方法,它们在软件项目的经济效益、社会效益、军事作战效益等方面的分析与论证中都有着广泛的应用前景。本节介绍费用—效益分析和成本—效益分析的有关内容。

1. 费用—效益分析

大部分软件项目均是以盈利性为目标,因此在对这些项目作可行性分析时,主要考虑其投资的盈利性问题。然而也有一部分软件项目,特别是服务于公用事业如城市道路交通管理、防洪救灾的紧急事务处理等的软件项目,由于这些项目追求的是为社会提供公共物品,满足社会大众的公共需求,以弥补市场机制的不足,有利于实现社会公平,提高人民生活,因此,这些软件项目的社会效益应是项目可行性分析的主要出发点。而费用—效益分析方法就是解决上述问题的重要方法之一,该方法常被西方发达国家用以评价社会公用事业的社会、经济效果,也是发展中国家用于公用事业投资(政府投资)的大型项目可行性分析的主要方法之一。以下介绍其基本原理。

设 B_t 表示公用事业项目(软件项目)第 t 年的净收益,C_t 表示公用事业项目(软件项目)第 t 年的净支出,T 表示项目的寿命,i 为平均贴现率,B 表示公用事业项目的总收益,

C 表示公用事业项目的总支出，则可用相对效果系数 $\eta=B/C$ 来作为公用事业项目可行性的度量指标，并有

$$\eta = \frac{B}{C} = \frac{\sum\limits_{t=0}^{T}\dfrac{B_t}{(1+i)^t}}{\sum\limits_{t=0}^{T}\dfrac{C_t}{(1+i)^t}} \tag{4.10}$$

显然，当 $\eta>1$ 时，表示 $B>C$，此时可认为公用事业项目社会效益大于其费用支出，从而可认为该项目（软件项目）是可接受或可以投资开发的。

[例 4.11]　某城市交通十分拥挤，为此政府拟在该城市的某中心路口投建一城市交通管理控制系统，并成立了相应的项目组。此项目组已作了如下的工作：

(1) 调查与测试了上述中心路口的东西方向（A）和南北方向（B）两通道的车流状况并经过统计分析得知，这两个 A、B 通道的车流到达均服从非齐次泊松流（NHPP）的到达规律，车流平均到达率分别为 μ_A 和 μ_B（单位：辆/小时，数据从略），每一通道的车流由货车、客车、轿车组成，各类车在车流所占比例及 μ_A、μ_B 的数据见表 4.16。

(2) 通过对近四年的统计资料调查得知：近四年来该路口共发生死亡事故两起，平均每起需赔付 10 万元，伤残事故 40 起，平均每起赔付 0.5 万元。

(3) 项目组对该目标系统（城市交通管理控制系统）作了概要设计（有关技术内容从略），预计需投资 $K_0=100$ 万元。系统寿命期为 5 年（主要考虑该地的城市化进程），每年的系统管理与维护费用 $K_r=10$ 万元。

(4) 项目组根据目标系统的功能与性能设计指标，按照表 4.16 所示的路口车流信息进行了计算机仿真，通过仿真获知该目标系统安装运行后，与安装运行前相比，车流减少了十字路口的等待时间，两个通道 A、B 可减少的平均等待时间 ΔW_A、ΔW_B 见表 4.17。此外，由于该目标系统的安装实施及相关人力与组织措施的投入，可杜绝交通事故。有关仿真原理见作者文献[17]、[18]。

表 4.16　车 流 信 息 表

通道	货车	客车	轿车	平均到达率 μ/(辆/小时)
A	20%	60%	20%	5000
B	20%	60%	20%	4000

表 4.17　目标系统信息表

初始投资 K_0/万元	寿命期 T/年	年管理维护费 K_r/万元	减少等待时间/(分/辆)	
			ΔW_A	ΔW_B
100	5	10	1	1.2

若每辆货车、客车、轿车的停车等待损失费分别为 2、4、1 元/小时，且不计系统残值及贴现率因素的影响，试对该城市交通管理控制系统作费用—效益分析。

解　考虑到城市交通管理控制系统属于非盈利性的公用事业项目，故对该系统（软/硬件系统）的可行性分析应以社会效益为主要准则。显然，该系统的社会效益包括减少车辆在路口的等待时间和杜绝交通事故两个方面，故可用系统运行后减少车辆等待时间的总收

益 B_1 和减少交通事故赔付费用 B_2 来作为该目标系统的总费用 B；另一方面，该系统的支出也包括两个部分：初始投资 K_0 和每年的系统管理与维护费用 K_r，从而有该系统的相对效果系数有

$$\eta = \frac{B}{C} = \frac{B_1 + B_2}{K_0 + K_r T} \tag{4.11}$$

（1）注意到 A、B 两通道的车流等待所造成每辆车的平均损失费，有

$$\bar{C} = 2 \times 20\% + 4 \times 60\% + 1 \times 20\% = 3 \, 元 / 小时$$

设 A、B 通道由于安装运行目标系统而减少的车辆等待损失费为 B_{11} 和 B_{12}，5 年有 $24 \times 365 \times 5$ 小时，则有

$$B_{11} = \mu_A \cdot \Delta W_A \cdot \bar{C} \cdot T = 5000 \times \frac{1}{60} \times 3 \times (24 \times 365 \times 5) = 1095 \, 万元$$

$$B_{12} = \mu_B \cdot \Delta W_B \cdot \bar{C} \cdot T = 4000 \times \frac{1.2}{60} \times 3 \times (24 \times 365 \times 5) = 1051.2 \, 万元$$

而使用目标系统后由于能杜绝交通事故而得到的费用节省额为

$$B_2 = \frac{2 \times 10 + 40 \times 0.5}{4} \times 5 = 50 \, 万元$$

$$B = \sum_{j=1}^{2} B_j = 1095 + 1051.2 + 50 = 2196.2 \, 万元$$

（2）该目标系统投入运行后 5 年的总支出为

$$C = K_0 + K_r \cdot T = 100 + 10 \times 5 = 150 \, 万元$$

（3）该系统的相对效果系数为

$$\eta = \frac{B}{C} = \frac{2196.2}{150} = 14.64 \gg 1$$

由于相对效果系数 η 远大于 1，故该城市交通控制系统的社会效益十分明显，应予以支持该公用事业项目构建，以解决该城市的交通管理拥挤现状，保证往返车辆的行驶安全。

2. 成本—效益分析

设 $B(t)$ 表示 $[0, t]$ 年的项目累计效益，$C(t)$ 表示 $[0, t]$ 年的项目累计成本，若对寿命期 T 内的任何 t，恒有 $B(t) > C(t)$，则可认为该项目投资可行。然而，对一般投资项目而言，并不总满足上述特性，它可能在某个时间区间段 $[0, T_1]$ 内有 $B(t) < C(t)$，在另一个时间区间 $(T_1, T]$ 内有 $B(t) \geqslant C(t)$（详见图 4.6），$B(t)$ 曲线与 $C(t)$ 曲线的交

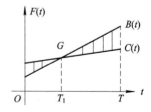

图 4.6　累计效应图

点为 G，则由图 4.6 可知，$t = T_1$ 为该项目的由亏转盈的转折点，因而可将 T_1 作为该项目的投资回收期，并将 T_1 与该项目运行的行业基准投资回收期 n_C 相比较即可解决该项目的经济可行性问题。

若设 $B(t)$ 和 $C(t)$ 均为 t 的线性函数，即有 $B(t) = b_0 + b_1 t$，$C(t) = c_0 + c_1 t$，则由 $B(t) = C(t)$ 可解出 T_1 为

$$T_1 = \frac{b_0 - c_0}{c_1 - b_1} = \frac{c_0 - b_0}{b_1 - c_1} \tag{4.12}$$

成本—效益分析亦可采用如下的增量形式来支持软件项目的决策,并称如下的方法为成本—效益增量法。成本—效益增量法常用于解决用新系统(软件系统)来取代旧系统的项目决策问题。

设 $B_0(t)$、$B_1(t)$ 分别表示在 $[0, t]$ 年原系统与新系统(软件系统)的项目累计效益,$C_0(t)$、$C_1(t)$ 分别表示在 $[0, t]$ 年原系统与新系统(软件系统)的累计项目成本。令

$$\Delta B(t) = B_1(t) - B_0(t), \quad \Delta C(t) = C_1(t) - C_0(t)$$

$$\text{若有 } \Delta B(t) > 0, \Delta C(t) > 0, \text{ 且 } \eta_1 = \frac{\Delta B(t)}{\Delta C(t)} > 1 \tag{4.13}$$

则可认为用新的软件系统来代替旧系统(原有系统)之方案是可行的。

事实上,由于 $\eta_1 > 1$,故有 $B_1(t) - C_1(t) > B_0(t) - C_0(t)$。此说明新系统的净收益大于原系统的净收益,因而用新系统(软件系统)来取代旧系统之方案是可行或可以考虑的。以下通过案例来说明方法的应用过程。

[**例 4.12**]　某企业欲购买一 CAD 软件以提高企业的生产效率,根据软件市场调查,其报价为 $c_0 = 21$ 万元,且根据此 CAD 软件的功能与性能说明,由于取代了原有的手工绘图,每年估计可节省人工费用 $b_1 = 9.6$ 万元,购买后每年的运行与维护费与原工作方式相比,预计将增加 $c_1 = 2.6$ 万元。其中,b_1、c_1 可通过下式计算而得:

$$b_1 = (t_0 - t_1) \cdot C_d \cdot m, \quad c_1 = F_C \cdot \Delta M \tag{4.14}$$

式中,t_0、t_1 分别表示原手工绘图方式和 CAD 绘图方式绘一幅图的平均时间(单位:小时/幅),C_d 表示绘一幅图的平均成本(单位:元/小时),m 为该企业每年的绘图数(单位:幅),F_C 表示工时费用率(单位:元/人月),ΔM 为新系统(软件系统)运行后与原系统相比增加的运行维护时间(单位:人月),这些增加的时间包括新软件系统运行时对员工必要的知识培训、实际操作和维护工作时间等。若不考虑资金的时间价值因素,试利用成本—效益分析法作该 CAD 软件的购买决策。

解　显然在本问题中有 $b_0 = 0$,从而由(4.12)式可得

$$n_d = \frac{c_0 - b_0}{b_1 - c_1} = \frac{21}{9.6 - 2.6} = 3 \text{ 年}$$

上式说明,目前用 21 万元购买 CAD 软件并投入运行,尽管在系统运行和维护方面比原系统每年要多 2.6 万元,但从成本回收的角度来看,三年即可回收成本,因而从经济效益角度来看,企业购买 CAD 软件并投入生产之方案应为可行。而且当 CAD 软件运行后替代了手工劳动,降低了员工的劳动强度,提高了企业的信息化水平,增强了企业的市场竞争力,由于知识培训,提高了企业员工的知识水平,增强了他们对企业信息化的认识,因而具有较好的社会效益(无形效益和内部技术效益)。由此可见,该 CAD 软件购买方案应为可行。

4.3　软件项目的风险分析与控制

风险(Risk)是指人们在从事某项事业时所不希望看到的后果或损失。通常风险具有如下特性:

(1)风险是一种在未来可能发生的事件,是潜在的损失和危害,因而风险的发生有其

不确定性。

（2）风险是相对于人们的预期目标（如收益）而言，并具有对人们所期望后果不利的一面，故有时人们常将风险称为"坏兆头"。

（3）风险是一种客观存在而且它不仅意味着这样的不利后果或坏兆头的存在性，同时还意味着发生这样不利后果和坏兆头的渠道和现实可能性。

（4）风险是相对于某一经济主体而言，不同的经济主体，其产生的风险显然是不同的。

软件项目尤其是大、中型软件项目，由于投资较大，系统建设周期、生存周期较长，系统建设涉及因素众多，从而使一个技术经济方案在通过可行性分析后，却会在建设过程中由于系统的内部或外部环境发生一些人们预先所难以预料的问题和困难而妨碍了系统基本目标的实现，并造成了重大的经济损失或其他严重后果，这就是软件项目投资的风险性。

21世纪，在全球经济极不稳定的市场条件和技术飞速发展的激烈竞争下，软件企业的管理者们在充满了危险的技术经济环境中奋力周旋，稍有不慎便会使自己跌入深渊，从而招致灭顶之灾，因此，人们在重视软件项目的规划、可行性分析、技术设计与开发的同时，了解软件项目风险，熟悉软件风险的分析技术以及寻求风险控制措施已成为软件管理者和每个软件开发人员的必然选择。

事实上自1969年IBM停止发送免费随机软件以来，大批软件企业如雨后春笋般地涌现出来，然而，在将近40年后的今天，软件业中的"长寿公司"却屈指可数，我国20世纪80年代构建的一批管理信息系统（MIS）和决策支持系统（DSS）时止今日又有多少个是成功设计并能有效运行的？历史的经验告诉我们，了解和重视软件项目的风险分析和控制是每一个从事软件工程建设和管理人员的必须具备的理念。本节将介绍软件项目的风险辨识、风险分析、风险管理与控制的有关内容。

4.3.1　软件项目的风险辨识

风险辨识又称风险识别（Risk Identification），是指人们根据风险的属性、特征、规律去认识和确定项目方案可能存在的潜在风险因素及其影响的过程。具体来说，主要解决如下三个问题：

（1）软件项目有哪些风险需要考虑？

（2）引起这些风险的主要因素是什么？

（3）这些风险所造成的后果严重程度如何？

解决上述三个问题的过程实际上是一个寻找风险因素，并对这些因素进行分类的过程，常用的风险辨识的方法有风险树分析法、幕景分析（Sceneries Analysis）法、头脑风暴（Brainstorming）法、Delphi法等。限于篇幅，以下通过案例来介绍风险树分析法的基本思想。

1. 风险树

所谓风险树，其实质是将构成软件项目风险的各类影响因素分门别类地构成一个自上而下的递阶层次结构，在这种递阶层次结构中每一个下层风险因素受其相邻的上层风险因素的支配，或每一个上层风险因素可分解成若干个下层风险因素。由于这种递阶层次结构类似于一棵倒立的树，故又称风险树。以下我们以一个市场投放型软件为案例来建立其相应的风险树，其中以风险分析主体为项目承制方的对应风险树详见图4.7（a）所示。而以风险分析主体为项目投资方的对应风险树详见图4.7（b）所示。

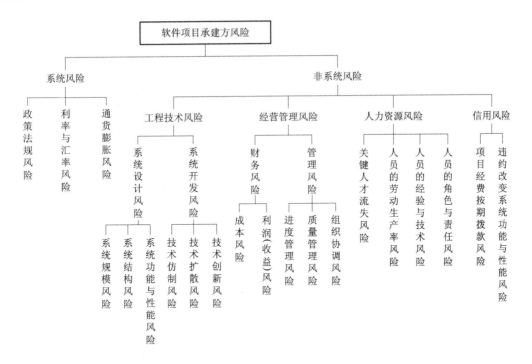

(a) 分析主体为项目承制方

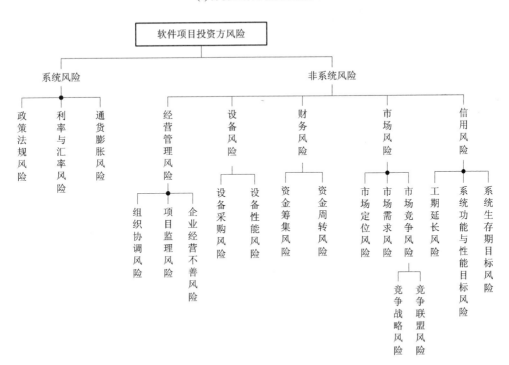

(b) 分析主体为项目投资方

图 4.7　软件项目建设风险树图

需要说明的是，所谓风险树中的系统风险，是指那些由于全局性因素(通常是指国家政治、经济、国防等因素或世界经济、政治等因素)所引起的风险，由于这些因素来自承制方或投资方的企业外部，是企业(或部门)无法控制和回避的，因此称为系统风险。

所谓非系统风险，则是指那些只对项目承制或投资方企业(或部门)及其相关部门产生影响的风险(局部范围内的风险)，且这样的风险的影响因素往往来自于项目承制方或项目投资方内部，因而可以通过它们内部采取的有关措施与对策来降低甚至消除这些风险，因此非系统风险又可认为是有可能控制或回避的风险。

由于系统风险是全局性因素所造成的，因此无论投资方还是承制方的企业(或部门)均将受到其影响，这就是图4.7(a)与图4.7(b)中在系统风险这一块具有相同内容的理由。然而非系统风险是由内部原因造成且只在局部范围内造成影响，这就使得项目承制方所遇到非系统风险因素和项目投资方所遇到非系统的风险因素会有所不同，其中承制方主要遇到的风险是工程技术(系统规模、结构、功能、性能与采用新开发技术与开发工具等)风险和人力资源风险(人才流失、劳动生产率上不去、缺少经验与技术等)，而投资方主要遇到的风险是设备风险(软件的计算机与通信设备的购置常由投资方负责)、财务风险(筹资与资金周转风险)和市场风险(市场容量、占有率等预测不准确、市场竞争程度与竞争对手竞争策略估计不足等)。对于信用风险，由于承制方担心的是项目经费不能按期到位，以及投资方在系统构建过程中过度要求增加功能与提高性能目标。而投资方则担心软件项目未能按期交货，即使交货运行后未能达到合同预定的功能与性能目标要求，以及由于可靠性安全性等原因而使系统的生存期达不到预期目标从而影响了用户的收益等，因此两者的信用风险因素截然不同。

2. 风险辨识的主要任务

风险辨识过程包括如下的三个方面内容。

(1) 成立风险分析小组，确定小组成员的角度和分工，制订风险访谈调查表。风险分析小组的成立，为软件项目的风险管理奠定了组织基础。由于风险辨识主要是通过调查与访谈有关人员(有经验的软件开发与管理人员)，并经过广泛的讨论来完成的，故首先应制订风险访谈调查表，明确调查、访谈的目的、内容与问题、调查规范与统计方法。

(2) 通过调查与访谈，辨识出该软件项目有哪些风险要素并进行风险情景描述，包括风险的具体表现形式，风险发生的环境与条件，风险发生的可能性，影响该风险发生的可能原因等。风险的情景描述应尽量简洁并易于理解，以便为以后的风险分析与交流创造条件。

(3) 将风险调查与访谈的结果进行初步的统计分析，并编写为文档，以便于未来的风险管理业务的展开，中大型软件项目的风险文档还应及时输入风险管理数据库。为此风险分析小组还应预先设计好该风险管理数据库的结构模式。

3. 风险辨识的主要方法

常见的风险辨识方法有表格分析法和风险列举法。其中表格分析法是借助于一些企业常用的风险分析表格如风险分析调查表、资产/损失分析表或如图4.7(a)、(b)所示的风险树等规范表或图来作一般的系统风险和常见的企业财务风险、市场风险等的风险因素识别；而风险列举法则是依据企业的财务报表中的一些指标如流动比率、速动比率、资产负债率、应收帐款周转率以及其他指标如劳动生产率、设备利用率等指标来分析和识别软件项目的风险因素，也可依据软件项目的业务流程图逐项对照项目开发中的需求分析、系统设计、程序设计编码、测试、运行维护等环节中可能存在的风险。目前，美国的卡内基·梅隆大学软件工程研究所(CMU/SEI)已推出了一种专供软件项目风险识别的分类系统，通过该系统的支持，项目组可以发现软件项目中的多数风险。

4.3.2　软件项目的风险分析

软件项目的风险分析(Risk Analysis)主要有如下工作：① 进行软件项目风险评估；② 研究各风险因素的关联及识别主要风险因子；③ 确定风险来源；④ 研究降低风险的成本—效益分析和承担风险的风险—效益分析。

1. 风险评估与主要风险因子识别

软件项目风险评估(Risk Assessment)的目的是从通过风险辨识所识别出的各种风险因子的各种属性的比较，来确定哪些风险因子是主要风险因子，哪些风险因子需要及时采取应对措施以化解风险或降低风险，从而为风险控制奠定基础。上面所说的风险因子的属性包括风险发生的概率(可能性)、风险发生后的后果(影响程度)、该风险因子与其他风险的关联程度、解决该风险的时间紧迫性等，具体步骤如下：

(1) 选择一个能描述某风险因素且可度量的风险因素参数 R_i，给出 R_i 参数的准确内涵。

(2) 研究并给出 R_i(随机变量)的所有可能状态及其概率分布。

(3) 定义在上述各风险状态下使项目承制方或项目投资方所遭受的风险后果与损失的确切内涵，并研究其相应的后果与损失的度量值，从而为后面的风险分析与评价打下基础。

有关对风险参数 R_i 的估计可以采用如下简单而实用的两种方法：

1) 三点估计法

三点估计法的前提是认为参数 R_i 服从 β 分布，从而可以通过后果损失值的三点估计来求解 R_i 的数学期望值与方差。该方法要求首先给出 R_i 的三种状态，即最乐观的状态(或损失最少的状态)N_1、最悲观状态(或损失最大的状态)N_3 和最可能的状态 N_2 及其相应状态下的后果损失估计值 O_{a_i}、O_{b_i} 和 O_{m_i}，从而利用 β 分布的性质可求得各风险因子 R_i 相应的后果损失。数学期望与方差为

$$\begin{cases} E(R_i) = \dfrac{O_{a_i} + 4O_{m_i} + O_{b_i}}{6} \\ \mathrm{var}(R_i) = \dfrac{(O_{b_i} - O_{a_i})^2}{36} \end{cases} \quad i = 1, 2, \cdots, n \quad (4.15)$$

2) 主观概率法

该方法运用人的主观判断给出风险因子 R_i 的所有可能出现的状态，其中风险因子 R_i 的可能状态设为 N_{i1}，N_{i2}，$\cdots$，N_{im_i}，各状态对应的状态概率和后果值分别为 P_{i1}，P_{i2}，$\cdots$，P_{im_i} 和 O_{i1}，O_{i2}，$\cdots$，O_{im_i}。有关内容详见表 4.18。从而容易得到风险因子 R_i 后果损失的期望与方差为

$$\begin{cases} E(R_i) = \sum_{j=1}^{m_i} O_{ij} P_{ij} \\ \mathrm{var}(R_i) = \sum_{j=1}^{m_i} \left[O_{ij} - E(R_i) \right]^2 P_{ij} \end{cases} \qquad i = 1, 2, \cdots, n \qquad (4.16)$$

表 4.18　概率分布表

风险状态 R_i	$N_{i1}, N_{i2}, \cdots, N_{im_i}$
风险状态概率	$P_{i1}, P_{i2}, \cdots, P_{im_i}$
风险后果值	$O_{i1}, O_{i2}, \cdots, O_{im_i}$

[**例 4.13**]　对于图 4.7 所给出的各风险因子作风险估计,对于利率风险,则可用银行利率水平的估计误差 R_i 来作为其风险度量因子,见表 4.19。由于银行利率水平的变动,必将影响贴现率 α 的估计,进而会影响投资方或承建方对成本(或利润)的估计,因此我们将由于利率估计误差而引起投资方(承建方)对成本的估计误差作为后果损失值,则这样的估计值是可以得到的,例如见表 4.19。对于其他风险因子如系统规模、结构等较难度量的风险因子,作者建议采用三点估计法,其中估计误差可采用等级(如三级或五级)划分。

表 4.19　利率风险概率分布表

利率估计误差	-1%	0	1%	2%	5%
状态概率 P_{ij}	$\dfrac{1}{5}$	$\dfrac{1}{5}$	$\dfrac{1}{5}$	$\dfrac{1}{5}$	$\dfrac{1}{5}$
后果损失值 O_{ij}	-3%	0	0.8%	10%	12%

解　由表 4.19 可得利率风险的后果期望损失值为

$$E(R_i) = \frac{1}{5}(-3\% + 0.8\% + 10\% + 12\%) = 3.98\%$$

即若发生利率风险,则其利息将损失 3.98%。

对于一些不易定量的风险因子,其风险发生可能及后果的度量也可采用等级划分的方法来表述该风险因子的影响程度。按照我国相关部门颁发的《投资项目可行性研究指南》,将风险划分为如下四个等级,并运用 Delphi 法来确定每一个给定的风险因子的风险等级:

(1) 一般风险:风险发生的可能性不大,或者即使发生,其造成的损失较小,一般不影响项目的可行性。

(2) 较大风险:风险发生的可能性较大,或者发生后造成的损失较大,但造成的损失程度和后果是项目可以接受(承受)的。

(3) 严重风险:严重风险是如下两种情况之一:① 风险发生的可能性大,风险造成的损失大,使项目由可行变为不可行;② 风险发生的概率很小,但风险一旦发生后造成的后果将损失严重。然而只要采取的防范措施得当,项目仍然可以正常实施。

(4) 灾难性风险:风险发生的可能性很大,且风险一旦发生还可能产生灾难性后果,项目将无法承受。

文献[15]给出了考虑两个风险属性:风险影响程度和时间框架的风险等级划分图,如

图 4.8 所示。其中，横轴将风险影响程度分为低、中、高三个档次，纵轴的时间框架是指何时采取行动才能阻止风险的发生，亦即风险处理的时间紧迫性。因为考虑到随着时间的推移，项目风险将会发生较大的变化。

风险影响

时间框架	低	中等	高
短	5	2	1
中等	7	4	3
长	9	8	6

图 4.8　风险严重程度

图 4.8 中的风险等级表示了某风险因子对软件项目成功实施的影响严重程度，其中，等级的优先序为：1＞2＞3＞……＞9，即等级"1"表示该风险因子对软件项目成功实施的影响最大，等级"9"表示该风险因子对软件项目成功实施的影响最小。以下我们通过一个案例来说明风险评估的基本思想和内容。

　　[**例 4.14**]　某软件公司欲投资并自行开发一证券投资分析软件，经分析该软件的主要风险因子有：市场竞争风险、关键人才流失风险、技术扩散风险、资金周转风险、进度风险、成本风险、质量风险等七个风险因子。试利用模糊综合评判法对这七个风险因子进行比较评价与排序。

　　解　项目组经研究采用：① 风险发生概率(可能性)；② 风险后果；③ 风险处理的时间紧迫性；④ 该风险因子对其它风险的关联性等四个属性来作为风险因子综合评价的评价指标，并确定其权重分别为 0.3、0.3、0.2、0.2。同时采用我国传统的等级划分规范，即采用灾难性、严重、较大、一般等四个风险后果严重等级。有关此软件系统的风险目标—属性—因子图详见图 4.9。图中的风险因子①、②、③、④、⑤、⑥、⑦分别表示市场竞争风险、关键人才流失风险、技术扩散风险、资金周转风险、进度风险、成本风险、质量风险等七个风险因子。

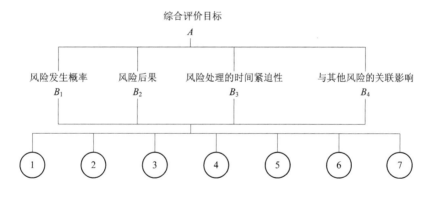

图 4.9　风险的目标—属性—因子图

　　课题组将如表 4.20 所示的调查表发给 n 个调查对象，他们一般均为该软件的技术开发、经济分析和组织管理方面的专家和有经验的人员，要求他们对调查中的每一个风险因子的四种不同属性填写等级，其中填写等级 Ⅰ、Ⅱ、Ⅲ、Ⅳ 的说明见表 4.21。课题组将 n 个调查对象所填写的调查表收回后经数据处理可得表 4.22。由此表即可计算每一个风险因子 A_p 对每个风险等级 j 的综合隶属度 $S_j(p)$，$p=1,2,3,4,5,6,7$；$j=1,2,3,4$，由此即可计算出风险因子 A_p 的综合得分 $\mu(p) = \sum_{j=1}^{4} F_j S_j(p)$，$p=1,2,\cdots,7$。最后课题组比较七个风险因子的综合得分 $\mu(p_1)$、$\mu(p_2)$、$\mu(p_3)$、$\mu(p_4)$、$\mu(p_5)$、$\mu(p_6)$、$\mu(p_7)$，即可得出风险排序 $A_{(1)}＞A_{(2)}＞\cdots＞A_{(7)}$，表 4.22 给出了关键人才流失风险的数据处理表，表

中的等级分 $F_1=100$，$F_2=85$，$F_3=70$，$F_4=55$，计算利用了下述等式：

$$S_j(p) = \sum_{i=1}^{4} W_i r_{ij}(p), \qquad \mu(p) = \sum_{j=1}^{4} F_j S_j(p) \qquad p = 1, 2, \cdots, 6$$

该软件经比较有

$$A_1 > A_6 > A_2 > A_3 > A_5 > A_4 > A_7$$

表 4.20 软件风险调查表

被调查人姓名：		从事软件(开发、管理、分析)工作					
被评软件：证券投资分析系统		调查填写说明：(从略)					

风险等级＼风险因子＼风险属性	1. 市场竞争风险	2. 关键人才流动风险	3. 技术扩散风险	4. 资金周转风险	5. 进度风险	6. 成本风险	7. 质量风险
(1) 风险发生概率	I	III	…	…	…	…	…
(2) 风险后果	I	I	…	…	…	…	…
(3) 风险处理紧迫性	II	I	…	…	…	…	…
(4) 与其他风险关联性	I	II	…	…	…	…	…

表 4.21 填写等级说明

属性＼等级	I	II	III	IV
(1) 风险发生概率	很大	大	一般	很小
(2) 风险后果	灾难性	严重	较大	一般
(3) 风险处理紧迫性	很紧迫	紧迫	一般	不紧迫
(4) 与其他风险关联性	很大	大	一般	很小

表 4.22 关键人才流失风险统计与评价

风险属性＼风险等级	I(100)	II(85)	III(70)	IV(55)	综合得分
(1) 风险发生概率(0.3)	0.67	0.22	0.11	0	
(2) 风险后果(0.3)	0.22	0.56	0.11	0.11	$\mu(p) = \sum_{j=1}^{4} F_j S_j(p)$
(3) 风险处理紧迫性(0.2)	0.33	0.45	0.11	0.11	
(4) 与其他风险关联性(0.2)	0.56	0.11	0.33	0	
综合隶属度 $S_j(p)$	0.445	0.346	0.154	0.055	87.715

利用上述方法显然可以获得各风险因子的关联程度及主要风险因子，从而可考虑对这些主要风险因子采取应对措施。

2. 风险来源分析

确定风险来源的工作可通过因果分析法(又称鱼骨法)来完成。分析人员首先将所识别出的主要风险因子 A_p 绘制在图的右方中端，然后由 A_p 自右向左画出一条长箭头(鱼骨架)，然后沿鱼骨架分别生成导致风险因子 A_p 的第一层原因(大骨)，此大骨同样用一根长箭头指向鱼骨架来描述，接着再对 A_p 的第一层原因中的每一个(大骨)再生成第二层原因(同样用长箭头表述)，以此类推，直到分析出影响风险因子 A_p 的所有原因为止。图 4.10 给出了该软件系统的市场竞争风险的风险原因之因果分析图(鱼骨图)，图中只列出了该软件市场竞争风险 A_1 发生的第一层五个原因：软件发行时间竞争、软件价格竞争、软件服务竞争、软件功能/性能竞争和软件的销售渠道风险，同时也列出了每个第一层原因的部分第二层原因，读者可进一步给出其他的进一步风险原因。

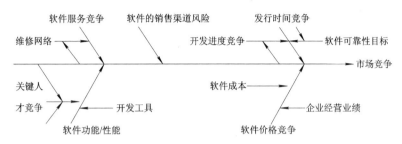

图 4.10　风险因子鱼骨图

　　除了上述介绍的因果分析法外，软件风险分析与评估的方法还有场景分析法、风险价值法、压力测试法、降低风险的成本—效益分析法和承担风险的成本—效益分析法等等，限于篇幅，以下简述后两种分析方法。考虑到软件管理者在经风险分析后，一般可采用降低风险或承担风险等决策行为，故对于承担风险的决策无论是投资方或承建方，如果他愿意承担风险，那么就可能得到较高的效益，然而这种承担风险的程度与对应所获得效益究竟有什么样的关联关系？这就是风险—效益分析研究的主要内容。同样，决策者为降低风险，通常需要采用某些措施与对策，而由此就必须付出一些成本代价。然而，对于这样的成本付出(或代价)又能够带来多少效益？这就是为降低风险而做的成本—效益分析的基本内容。有关承担风险的成本—效益分析法和降低风险的成本—效益分析法的基本原理与本章 4.2.4 节的软件费用—效益分析法类同。限于篇幅，有关内容在此从略。

4.3.3　软件项目的风险控制

　　所谓风险控制(Risk Control)，是指通过对软件系统的组织、计划与调节来降低或避免风险以使软件项目的开发与运行能沿着目标轨道前进的一种过程。软件项目的风险控制包括确定风险应对策略、制定风险应对行动计划、建立风险监控体系、实施风险跟踪与实时评价等内容。

1. 确定风险应对策略

　　按照风险本身的特性、风险发生概率的大小、产生后果以及化解风险的成本与效益，软件项目管理者可采用风险回避或降低、风险转移、风险分散和风险承担四种风险应对策略(Risk resolution strategy)中的一种或多种组合方案。

　　1) 风险回避策略

　　软件项目中有的风险，特别是系统风险中的利率与汇率风险、通货膨胀风险等往往很难回避，因为这是由国家宏观经济甚至是世界经济的状况所决定的，是软件项目的管理者所无法左右的。然而，对一些非系统风险，只要找准风险来源并采取确当的应对手段，就可以从根本上来避免此风险的发生，或降低风险发生的概率。当然，风险与收益往往是相互依存的,在避免了风险损失的同时往往有可能会使企业失去获得收益的机会,而且一种风险的避免常常意味着其他风险的出现。

2) 风险转移策略

软件企业可以通过外包的方式将软件项目的全部或部分质量风险转移给外包服务提供商,软件项目也可将高成本风险转移到享受高工资的小组中去。这样的风险策略称为风险转移策略。

3) 风险分散策略

风险分散策略又称风险多样化策略,其基本思想是"东方不亮西方亮",亦即软件项目不要过于依赖一种开发方式或个人,而应立足于多种开发方法与多人,软件企业也不应过分依赖于一个软件项目,而在人力与经费允许的情况下同时开展多个软件项目的研究与开发,这样的多样化策略就可避免全军覆没,从而达到风险分散的效果。

4) 风险承担策略

考虑到风险回避的同时往往意味着对项目效益的放弃,因此在某些情况下,管理者宁愿冒着承受风险来获取较大的项目收益,这就是风险承担策略。一般来说,经过风险—效益分析,若降低或回避风险所支付的成本远小于软件项目的效益,则管理者采用风险承担策略是适合的。

作为一个软件项目的风险应对策略方案,不仅应有风险的应对策略方针,还应有为实施此策略方针相应的应对行动。表 4.23 列出了为解决市场竞争风险、关键人才流失风险、技术扩散风险、资金周转风险、工期进度风险、成本风险以及软件项目的质量风险等风险因子的风险应对行动方案的具体内容。

表 4.23　风险应对手段

序号	风险因子	风险应对行动(对策)
1	市场竞争风险	根据市场需求的调查与分析,制定相应的软件销售的价格策略、渠道策略和服务策略
		研究合理的软件发行时间,以达到市场占有和销售收入的协调均衡;找准恰当的软件市场发行区域,以避免或减少市场竞争
		加快形成自身的核心竞争力(如技术特色、品牌效应、成本优势等),以提高企业的市场竞争能力
		物色和选择合作伙伴,建立各种形式的合作伙伴关系,增强企业竞争优势
2	关键人才流失风险	加强企业文化建设,营造尊重知识、尊重人才的文化环境,以提高员工对企业的归属感
		定期开展员工培训,加强对员工职业道德和诚信观念教育,注意考察员工对企业的满意度
		制定相应的人才激励与约束机制,以降低员工特别是关键人才的流失率。对于掌握企业机密的关键人才应签订"竞业避止"协议,规定这些人员离开企业后的一定时间内不得去与原有企业有竞争关系的企业内任职;加强对不诚信员工的惩罚力度,以使员工通晓利害关系,安心做好本职工作
		进行有效的知识管理,尽量将员工中的一些隐性知识显性化,让更多的员工能分享资源,避免在关键人才离职时将核心资源带走
		在制订项目计划的人力分配时,对于关键的功能模块,尽量安排后备人员,以避免因关键人才的离去而影响项目的进程

序号	风险因子	风险应对行动(对策)
3	技术扩散风险	制定必要的规章制度,加强对员工的安全教育,以增强员工的技术防范意识和安全意识 对企业的重要技术应区分等级,明确企业与合作伙伴不能分享的技术和可以分享技术的具体内容。在企业间的技术合作过程中,严密注意双方的技术交流情况,以防止核心技术的外流 尽量选择信誉好的对象作为合作或联盟伙伴,在签署的合作协议中应明确规定双方技术合作的具体内容、合作方式
4	资金周转风险	正确处理资金的积累与分配关系,既要保护投资者的当前合法权益,又要关注企业的长远发展 加强对企业现金流量的核算和对应收账款的管理,建立企业财务预警体系。明确应收账款回收责任,并做好客户的信用评估和应用账款的帐务分析 扩大融资渠道,多渠道筹集资金,以应对资金周转不灵的风险
5	进度风险	制订科学的进度计划,加强对项目开发进度的跟踪和控制 正确处理项目先进性与可行性的关系,尽量采用成熟的开发方法与开发工具,以满足项目工期的要求 加强对项目团队的管理,保证项目团队的工作效率
6	成本风险	建立适合于企业自身的科学的成本预测模型,完善相应的信息库,以实现成本的科学预测;加强对成本估算人员素质和成本估算方法的选择与评价 完善对项目经理和各级技术与管理人员的承包责任制度,加强对软件项目开发过程中成本消耗的实时监控 严格执行项目成本的后评价,分析研究各种项目成本消耗的实时效果,寻找问题,总结提高 正确理解客户的项目需求,建立项目需求更改的协商机制,以避免需求膨胀构成的成本危机
7	质量风险	加强与客户沟通,鼓励客户尽早介入项目规划与设计工作并自始至终与开发机构协调工作,尽量减少需求变更时引起的水波效应 提高开发过程的规范性。如制订各种计划(时间进度计划、成本计划、质量计划、风险计划、沟通计划、培训计划),规范文档制度,明确各级技术、管理人员的职责范围;采用统一建模语言(UML)等标准与规范,加强建模标准化,降低模块间的耦合度 加强对开发过程中的软件测试(单元测试、代码走查、集成测试、系统测试、可靠性测试),以提高软件的质量与可靠性,同时也应正确处理质量与成本的协调关系 建立科学的质量保证体系,认真进行软件开发过程中的质量跟踪

2. 风险应对行动计划

　　风险小组经过系统分析与讨论形成如表 4.24 所示的风险应对行动计划(Risk Action Plan)。由于篇幅所限,表 4.24 只列出了上述软件项目有关进度风险、设备性能风险和关键人才流失风险的任务、风险因子、风险应对策略、风险应对行动、执行时间、负责人、所需资源和完成效果等有关具体内容。

表 4.24　风险行动计划

序号	任务	风险因子	风险应对策略	风险应对行动	执行时间	负责人	所需资源	完成效果
1	××功能模块开发	时间进度风险	风险承担策略	组成专门小组,先行研究该模块的技术设计与开发问题 针对此关键工序,加大按时交货奖励	概要设计阶段	A	5人月	提前2个月
2	系统测试	设备性能风险	风险转移策略	将此任务外包给具有该测试设备的其他单位	集成测试与系统测试阶段	B	40人月的外包成本	顺利完成系统性能测试
3	×功能模块的需求分析与设计	关键人才流失风险	风险分散策略	加强对该人才的挽留工作 确定后备人员,以便接替工作,不致耽误该模块的分析与设计工作	需求分析阶段	C	1名高级程序设计师	该关键人才未流失
…	…	…	…	…	…	…	…	…

3. 风险控制

软件项目风险控制是一个建立风险监控体系,实施风险应对行动及其效果跟踪与评估、研究纠偏措施等内容的一个操作过程。其目的是为了保证该软件项目能按照预先设定的风险应对行动计划所设置的进程前进。有关软件项目的风险控制过程的基本流程见图 4.11。

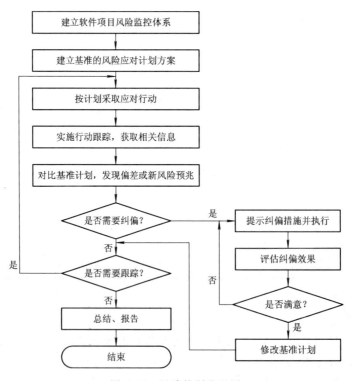

图 4.11　风险控制流程图

　　建立软件项目的风险监控体系是风险控制的第一步，这是由于软件项目的风险控制任务仅靠风险小组的几个人是不可能完成的，它必须得到项目组的全体成员的业务工作与信息支持。软件项目监控体系通常包括风险控制的方针、程序、责任制度、报告制度、预警制度、沟通程序等内容。进一步的有关内容限于篇幅在此从略。

　　软件项目的风险跟踪实际上是在项目开发的全过程对风险应对行动计划中的每一项行动或新发现的风险预兆进行及时、系统、准确的信息采集、记录和报告的活动过程。为保证项目风险跟踪的效率和准确性，建立一个相应的项目风险跟踪平台是适宜的。

　　软件项目的风险跟踪是一个数据（信息）采集的过程。为此，首先要确定风险跟踪的对象，它通常包括风险产生根源的内部因素和外部因素。由于外部因素如法律法规、市场价格、外汇牌价、通货膨胀率等是项目组无法控制的因素，内部因素如需求变更、范围偏差、进度风险、成本风险等，可根据实际问题具体确定。

　　风险跟踪应及时记录如下信息：① 跟踪对象、跟踪时间和频率；② 软件项目实际任务完成情况（如完成进度、成本消耗、完成质量等）；③ 软件项目风险应对行动计划的实际任务完成的成本消耗、其它资源消耗、风险消除或风险降低等的效果评价；④ 风险应对行动计划外的新的风险预兆、现象及其应对行动方案；⑤ 纠偏方案及其效果评价。

　　风险控制的主要困难是关于什么情况下的偏差是管理者能接受的，什么情况下的偏差是不能接受的。常用的方法是建立偏差范围的四个区域：红灯区（该风险已经发生）、橙色区（该风险根据先兆即将发生）、蓝色区（状态基本正常，但有风险先兆）、绿色区（状态正常，目前无风险），并建立偏差状态评价模型，根据该风险因子在跟踪的每一时段内偏差的评价值来决定该风险因子属于上述四个区域中的哪一个，进而确定该跟踪时段的风险因子状态，进而决定是否采取纠偏措施。偏差状态评价模型（又称风险预警模型）建立的方法很多，有多元判别分析、多元逻辑回归（Logistic）、主成分分析、因子分析、神经网络等方法。

　　风险跟踪与评价也可采用直观的图解方法来完成，如表示进度的横道图（甘特图）、累计费用曲线图、资源载荷图等来对一些常见的时间进度风险、成本风险和资源（如设备）风险等进行跟踪与控制。限于篇幅，上述有关内容从略。

习　题　四

　　1. 某 IT 企业欲新增一台多功能复印机，目前的市场价格为 9000 元，预计此复印机购入使用后可使企业销售收入每年增加 5130 元，同时需每年支出材料费、设备维修费 3000元。设此复印机寿命保守估计为 5 年，5 年后可折价 2000 元转让。若取基准贴现率 $i=$ 10%，试用净现值法分析此设备购置方案是否可行。

　　2. 某企业欲开发管理信息系统项目，现经可行性分析得知，该项目的每年投资及其他费用支出 K_t+C_t 和每年因使用该 MIS 而提高劳动生产率的折合成的收益 B_t 如表 4.25 所示。若不计残差，试计算在基准贴现率 $i=10\%$ 水平下的项目净现值，并判断该项目在经济上是否可行。

表 4.25　项目现金流量　　　　　　　　　　　　　单位：万元

t/年	0	1	2	3	4	5	6
B_t			40	60	60	60	60
$K_t + C_t$	50	80					

3. 某信息系统的市场价格为 8 万元，购买后将使企业产品质量提高，成本降低，经分析该系统每年平均能给企业带来净收益 1.26 万元，预计该信息系统可使用 8 年报废。试在不考虑残值情况下，计算该信息系统的内部收益率，并据此判断购买该信息系统是否可行。

4. 某设备购价为 40 000 元，每年的运行收入为 15 000 元，年运行费用为 3500 元，运行 4 年后设备可按 5000 元转让，若基准贴现率 $i=12\%$，试问该设备投资是否值得。

5. 某紧急事务处理系统有三个设计方案，均能满足系统的基本功能与性能目标要求，但各方案的投资及年运营费用不同，可详见表 4.26。试运用费用现值法与费用年值法在基准贴现率 $i=15\%$ 水平下比较这三种方案的优劣。（注：费用现值是指各年费用支出之现值总和，作为社会效益为主要目标的 NIS，一般要求费用现值与费用年值愈小的方案愈好。）

表 4.26　方 案 费 用 表　　　　　　　　　　单位：万元

方案	初期投资 K_0	1～5 年运营费用 C_t	6～10 年运营费用 C_t
A_1	70	13	13
A_2	100	10	10
A_3	100	5	8

6. 某软件项目，经估算有现金流量表如表 4.25 所示，若基准贴现率 $i=10\%$，行业投资回收期 $T_p=5$ 年。试计算该软件项目的投资回收期，并判断该软件项目在经济上是否可行。

7. 某公司欲投资 30 万元购建一客户关系管理（CRM）系统，经分析与计算得知该 CRM 系统可给该公司带来年净收益约 6 万元。若取 $i=10\%$，试求该 CRM 系统的投资回收期。

8. 某软件企业欲从事信息产品的生产与销售，经过市场调查，现已选定 A、B、C 三种备选产品方案，各方案经论证其初始投资额 K_0，每年净收益 B_i-C_t，使用寿命 n 详见表 4.27。若不考虑残值，试在基准贴现率 $i=10\%$ 水平下讨论这三种产品方案的可行性，并从中选出最优方案（设此三种产品方案技术可行性均已通过）。

表 4.27　K_0、B_i-C_t、n 表　　　　　　　　　　单元：万元

方案	K_0	B_i-C_t	n/年
A	200	60	10
B	240	50	10
C	47	35	10

9. 某软件企业欲购买某传感器测试设备，根据市场调研，现有 A 与 B 两种型号设备可供选择，根据目前传感器的技术创新与技术经济的发展趋势，可估计出 A 与 B 两种设备

的使用寿命分别为 5 年和 8 年，目前售价分别为 80 万元和 60 万元。若购买此设备并投入运营后，各年的预期收益详见表 4.28，试在基准贴现率 $i=12\%$ 条件下对 A、B 两设备的购买方案作出决策。

表 4.28　设备投资收益表　　　　　　　　单位：万元

t/年	0	1	2	3	4	5	6	7	8
A	−80	35	35	35	35	35	35	35	35
B	−60	20	20	20	20	20	—	—	—

10. 某汽车制造企业欲投资建设 ERP 系统，为此需对其作经济效果评价。已知该企业目前的整车单位成本 $C_1=2$ 万元/辆，货币劳动生产率 $\alpha_1=2$ 万元/年，平均流动资金占用额 $F_1=500$ 万/年，库存周转天数 $I_1=30$ 天/辆，能耗支出 $O_1=5$ 万元/年。若该企业运行 ERP 系统后各效益指标的相对变化率 U_C、U_α、U_F、U_I、U_0 分别取表 4.15 之下限，ERP 系统寿命 $T_0=5$ 年，运行后的企业整车产量 $Q_2=1000$ 辆/年，职工人数 $L_2=3000$ 人，整车库存费用 $\beta=0.01$ 万元/天，试在银行贷款利率 $i=8\%$，各效益指标权系数 $W_1=W_2=0.2$，$W_3=W_6=0.15$，$W_5=0.3$，$W_4=0$ 的情况下估计 ERP 系统的经济效果。

11. 某商业银行拟建立一个银行业务处理系统（信息系统），以提高银行机构与员工的工作效率。根据该信息系统的工程经济分析，预计需投资 180 万元，系统投入运行后，可提高员工的劳动生产率 $\Delta F_d=40\%$，但同时需支付每年的系统维护费与培训费 $C_1=20$ 万元/年。若该银行有员工 500 人，每个员工的货币劳动生产率 $F_c=6$ 万元/人年，试利用成本—效益分析法对此信息系统作投资决策。

12. 试述软件项目效益的内涵与特点，举例说明软件项目的直接经济效益与间接经济效益以及软件项目的无形效果与外部效果。

13. 软件项目的风险分析包括哪些内容？常见的软件项目风险因素及其应对手段有哪些？如何进行软件项目的风险控制？

第5章　软件生产过程经济分析

软件生产是软件企业生存和发展的保证，也是企业获取利润的基础。所谓软件生产过程，是指从软件规划与需求分析开始，经概要设计、详细设计与编码、系统集成与测试，直到软件交付这一全过程。随着当代科学技术的迅猛发展，各类企业尤其是高新技术企业，其生产过程日趋规模化、复杂化和高度自动化，企业管理日趋现代化，这些深刻的变化都意味着对软件需求的极大提高。因此在当前软件人才供不应求的现状下，研究软件生产过程的规模效应及其投入要素与产出关联的变动规律以及软件劳动生产率的提高问题就显得十分重要。本章介绍软件生产函数、软件生产率与生产过程的生产动力学方程，并在此基础上进一步研究软件的不同规模对软件生产的影响。

5.1　软件生产函数与软件生产率

生产函数与劳动生产率是任何一个企业产品在生产过程中作系统分析、设计与评价的两个重要对象，软件作为一个特殊的产品也不例外。然而，基于软件与硬件相比较有许多特点(见第 1 章所述)，软件的生产函数与软件劳动生产率在具有一般的共性特征外，也有其各自的特点。

5.1.1　软件生产函数及其特性

生产函数是宏观经济学(Macro Economics)和微观经济学(Micro Economics)理论中的一个重要概念，它是研究系统规模变化对产出的影响和最优化经济效果的基础。不少西方学者在此领域内进行了深入的研究，如 1972 年诺贝尔经济奖获得者英国经济学家希克斯(J. M. Hicks)以及美国经济学家阿罗(K. J. Arrow)，1987 年诺贝尔经济奖获得者、美国经济学家索洛(R. M. Solow)以及美国数学家柯布(C. W. Cobb)和经济学家道格拉斯(P. H. Douglas)等。他们的杰出贡献在于对人类生产过程的规律性进行了总结和数量描述，并据此作了进一步的规律性的探索。

所谓生产函数(Production Function)，是指反映生产过程中投入要素与其可能生产的最大产量之间依存关系的数学表达式。早期的生产函数有如下数学形式：

$$Y = F(K, L, N, O, t)$$

式中，Y 为产出量，如宏观经济系统中的 GDP、工业总产值，微观经济系统中的企业产品的产量、产值、销售收入等；K、L、N、O 分别表示生产过程投入的资本、劳动、土地和组织管理要素投入量；t 表示时间或工期等。鉴于土地投入量的变化很小，而且在非农业部门中，一般已将土地的价值计入资本之中，而组织管理又难以定量，因此为了简化分析，以

后研究的生产函数常记为

$$Y = F(K, L, t) \tag{5.1}$$

1. C-D 生产函数

西方学者在采用计量经济学的有关统计法的研究中提出了多种形式的生产函数，如线性生产函数、前沿生产函数、C-D 生产函数等，它们分别从不同的侧面反映了西方国家生产过程中的工程经济行为。以下介绍由柯布(C. W. Cobb)和道格拉斯(P. D. Douglas)合作提出的 C-D 生产函数，其数学表达式为如下形式：

$$Y = AL^{\alpha}K^{\beta} \tag{5.2}$$

其中，Y 为产出量；L 为劳动投入量；K 为资本投入量；A 为除劳动与资本两要素外其他对产出 Y 的总影响，注意到(5.2)式两边分别对 K 和 L 求偏导数有

$$\frac{\partial Y}{\partial K} = \beta A L^{\alpha} K^{\beta-1} = \beta \frac{Y}{K}, \quad \frac{\partial Y}{\partial L} = \alpha A L^{\alpha-1} K^{\beta} = \alpha \frac{Y}{L}$$

或有

$$\beta = \frac{\partial Y}{\partial K} \cdot \frac{K}{Y} \approx \frac{\frac{\Delta Y}{Y}}{\frac{\Delta K}{K}}, \quad \alpha = \frac{\partial Y}{\partial L} \cdot \frac{L}{Y} \approx \frac{\frac{\Delta Y}{Y}}{\frac{\Delta L}{L}} \tag{5.3}$$

式中，α 称为劳动力对产出的弹性系数；β 称为资本(资金)对产出的弹性系数。由(5.3)式可知，α 表述了劳动力增加百分之一会使产出变动的百分比；β 表示了资本增加百分之一会使产出变动的百分比，它们分别反映了在其他条件不变的条件下产出对劳动力变化或资本变化的反应程度。生产函数一般都满足如下特性：

(1) 资本与劳动力的边际产出均为正值，即有 $\frac{\partial Y}{\partial L} > 0$，$\frac{\partial Y}{\partial K} > 0$，其经济含义为劳动力(或资本)投入量不变的情况下，资本(或劳动力)投入量的增加，将导致产出量的增加。

(2) 边际产量递减，即有 $\frac{\partial^2 Y}{\partial L^2} < 0$，$\frac{\partial^2 Y}{\partial K^2} < 0$，其经济含义为当其他生产要素固定不变时，随着某一要素投入量的增加，边际产量将逐渐减少。

(3) 生产函数具有非负性，即总产出为正值，且总产量是生产要素组合的结果，单一生产要素的投入不能获得产出。用数学语言来描述，即有

$$Y = F(K, L, t) > 0, \quad F(K, 0, t) = F(0, L, t) = 0$$

2. 规模经济

规模经济(Economics of Scale)或规模报酬是微观经济学中研究的一个重要问题，它表示当生产规模变化时，对产出的影响程度。规模报酬一般有三种情况：当全部投入要素按某种配合方式以相同比例增加时，如果产出的增长比例大于投入要素配合方式增加的比例，则称企业(或厂商)享有递增规模报酬(或规模经济)；如果产出的增长比例小于投入要素配合方式增加的比例，则称为递减规模报酬(或非规模经济 Diseconomies of Scale)；如果产出的增长比例等于投入要素配合方式增加的比例，则称为固定规模报酬。上述经济概念的数学描述如下。

对于任何 $\lambda > 1$，以生产函数 $Y = F(Y, L, t)$ 描述的生产活动有下述三种情况：

(1) 若 $F(\lambda K, \lambda L, t) > \lambda F(K, L, t)$，则称该生产活动呈规模报酬递增或规模经济；

（2）若 $F(\lambda K，\lambda L，t)<\lambda F(K，L，t)$，则称该生产活动呈规模报酬递减或非规模经济；

（3）若 $F(\lambda K，\lambda L，t)=\lambda F(K，L，t)$，则称该生产活动呈规模报酬固定。

注意到将（5.2）式代入生产函数 $Y=F(K，L，t)$ 有

$$F(\lambda K，\lambda L，t) = A(\lambda L)^{\alpha}(\lambda K)^{\beta} = \lambda^{\alpha+\beta}AL^{\alpha}K^{\beta} = \lambda^{\alpha+\beta}Y \tag{5.4}$$

因此对 C-D 生产函数容易验证有如下结论：

（1）若 $\alpha+\beta>1$，则该生产活动呈规模报酬递增（规模经济）；

（2）若 $\alpha+\beta<1$，则该生产活动呈规模报酬递减（非规模经济）；

（3）若 $\alpha+\beta=1$，则该生产活动呈规模报酬固定。

3. 弹性系数的求解

形如（5.2）式所示的 C-D 生产函数是一种较为普遍的生产过程中生产行为之规律性描述，但对于一些不同的企业（部门、地区）而言，由于其外部环境与内部条件的不同，则这些企业（部门、地区）的产出对资本与劳动投入的反应程度应该不同。从数学描述来看，不同企业的 C-D 生产函数应有不同的 α 与 β。因此对于一个特定的企业（或行业部门），求解其对应的弹性系数 α 与 β 就成为必要。

注意到（5.2）式中实际上 Y、K、L、A 均为时间 t 的函数，不妨设为 y_t，k_t，l_t，$a(t)$，则有

$$y_t = a(t) \cdot l_t^{\alpha} \cdot k_t^{\beta}$$

对上式两端分别求对数有

$$\ln y_t = \ln a(t) + \alpha \ln l_t + \beta \ln k_t$$

令 $Y_t=\ln y_t$，$A(t)=\ln a(t)$，$L(t)=\ln l_t$，$K(t)=\ln k_t$，则有

$$Y_t = A(t) + \alpha \cdot L(t) + \beta \cdot K(t) \tag{5.5}$$

显然，对于一个特定的企业（或产业部门），若其历史时间序列 $\{y_t，t=1，2，\cdots，n\}$，$\{l_t，t=1，2，\cdots，n\}$，$\{k_t，t=1，2，\cdots，n\}$ 已知，则由（5.5）式知可通过二元线性回归的方法求解 $A(t)$、α、β 的估计值，从而解决了两个弹性系数 α 与 β 的求解问题。有关的多元线性回归方法可详见作者文献[16]。

4. 软件生产函数

运用多元线性回归方法，美国的软件工程专家普特纳姆（L. H. Putnam）根据所掌握的英、美软件项目的时间序列推导出具有如下形式的软件生产函数：

$$S = E \cdot K^{\frac{1}{3}} \cdot t_d^{\frac{4}{3}} \tag{5.6}$$

式中，S 表示软件生产规模或软件生产的源代码程序量（单位为非注释性语句数量 NCSS）；K 为软件项目在生存期内投入的总工作量（单位为人年，Person-Year，PY）；t_d 为软件项目投入人力的峰值时间（通常为交付期或工期，单位为年）；E 称为环境因子，它表示除 K 与 t_d 外，软件项目的其他投入要素对产出总量 S 的影响程度。

由（5.6）式容易验证其满足前述一般生产函数的三个特性中的大部分，即在软件生产过程中，软件工作量或交付工期的边际生产量（交付的源代码程序量）均为正，或有

$$\frac{\partial S}{\partial K}>0，\qquad \frac{\partial S}{\partial t_d}>0$$

同时满足 $\dfrac{\partial^2 S}{\partial K^2}<0$，但却有 $\dfrac{\partial^2 S}{\partial t_d^2}>0\left(\right.$即不满足 $\dfrac{\partial^2 S}{\partial t_d^2}<0$ 之特性$\left.\right)$，此外还满足 $F(K,0,t)=F(0,t_d,t)=0$ 之特性。

注意到由(5.6)式可知，软件生产函数中的两个弹性系数有 $\alpha=\dfrac{1}{3}$，$\beta=\dfrac{4}{3}$，并有 $\alpha+\beta=\dfrac{5}{3}>1$，从而可知软件生产活动具有规模报酬递增或规模经济效应。

5.1.2　软件生产率及其影响因素

劳动生产率是任何一个企业在产品生产过程中对生产人员的效率度量指标或整个产品生产效率的度量指标。也是对每个生产人员绩效考核的基础和管理人员跟踪与控制生产进度的主要依据。软件劳动生产率或简称软件生产率(Software Productivity)，被定义为每个人月(Person-Months，PM)所交付的源代码程序量(单位：NCSS/PM)。软件生产率的提高对减少成本、增大利润、缩短工期具有重大的作用。因此研究软件生产率的影响因素，寻找提高软件生产率的途径显然具有重要的实用价值。

大量的工作实践与实验研究证实：影响整个产品的软件生产率提高的因素主要有两类：第一类因素是组织与管理因素，如用人不当、缺乏沟通、管理不善、未发挥团队人员的积极性、缺乏必要的业务规范和科学合理的激励与约束机制等；第二类是技术因素，如产品需求的复杂性和高可靠性、服务器与工作站的存取速度与运算速度、主存储器的约束、虚拟机的易变性、团队人员的能力与经验不足、需求的易变性以及恶劣的工作环境(如闷热、吵闹、过分拥挤的工作间)等都会影响软件生产率的提高。为了消除和降低上述因素的影响必然还涉及到成本增加的代价，因此如何权衡成本增加和提高软件生产率，需要进行更为细微与深入的研究。限于篇幅，本书以下给出提高软件生产率的常用的几个措施：

(1) 提高团队工作的业务规范与编程规范；

(2) 采用较为先进的软件工具(如程序库、程序生成器、模型生成器等)；

(3) 部分功能采用商业软件包(如算法软件包、数据库管理系统等)；

(4) 改编现有的已熟悉软件的部分功能；

(5) 采用软件构件技术、多版本技术和软件复用技术；

(6) 建立科学、合理的激励和约束机制；

(7) 对人员的选择采用如下五原则：顶级天才原则、任务匹配原则、职业发展原则、团队平衡原则和逐步淘汰原则。

需要说明的是，顶级天才原则的基本涵义是与其使用更多数量的一般才能人员还不如使用少量的具有更高能力的人员，因为后者对整个软件项目可以贡献更高的软件生产率而成本又不至于会有太大的提高；所谓任务匹配原则的基本内涵为量才而用，根据每个团队成员的能力与素质，分配其合适的任务；所谓职业发展原则的基本内涵为设立多种工作岗位，为工作表现优秀的团队成员职业发展提供了空间；所谓团队平衡原则的基本内涵为团队成员的选择必须要能相互信任、互相合作、彼此取长补短、协调一致地为共同的团队目标努力；逐步淘汰原则的基本内涵是将那些工作不称职(包括能力较差、完不成任务指标或影响团队和谐气氛等)的人员逐步淘汰出团队。

5.2　软件生产过程经济分析

软件系统本质上是一个人—机(软/硬件)系统,从系统的构成与应用来看,硬件是基础,软件是核心(心脏)。因此在重视硬件(计算机、通信设备、传感器等)生产的同时,开展对软件生产过程(开发过程)的技术经济分析是十分必要而有意义的工作。本节主要介绍在不同的软件类型下软件的主要工程经济参数,如生产规模、工作量、投入费用、劳动生产率、环境因子、成本等的相互数量关系,从而为软件的生产过程设计打下基础。同时上述内容的讨论也构成了软件工程经济学的核心内容之一。

5.2.1　软件生产系统动力学方程

软件作为一个特殊产品或系统,其生产过程是由一系列相互关联、相互制约的工程经济要素综合作用的结果。因此,采用系统工程的理论和方法来研究软件的生产过程是十分有益的。根据系统工程的理论,要探索一个目标系统的内在要素关联及其动态发展规律,建立该目标系统对应的系统动力学方程(System Dynamical Equation,SDE),并以此系统动力学方程为基础来展开研究是一种有效的思路与方法。以下介绍英国软件工程专家诺顿(P. V. Noder)所提供的诺顿—瑞利模型(Noder - Rayleigh Model)及系统动力学方程的求解。N-R 模型的有关变量及其经济内涵如表 5.1 所示。其模型假设如下:

表 5.1　N - R 模型变量表

变量符号	变量内涵	单位
$C(t)$	软件工程在 $[0,t)$ 内投入的累计人力工作量(人力费用)	人年
$m(t)$	$C(t)$ 的变化率或软件工程在 t 时刻投入的人力密度	人
K	软件工程项目在生存期内投入的总工作量	人年
$p(t)$	软件开发效率函数或学习函数	—
t_d	软件工程项目投入人力的峰值时刻(通常为交货期或工期)	年
D	软件工程项目开发难度系数	人/年
D_0	软件工程项目人力增长率	人/年^2
S	软件生产规模或生产的源代码程序量	NCSS
F_c	软件工程项目生产费用率	万元/人年
F_d	软件工程项目开发劳动生产率	NCSS/人年
E	软件工程环境因子	—

(1) 开发项目中需要投入的总工作量 K 为有限;

(2) $C(t)$ 在项目开始时为零,即 $C(0)=0$,然后单调增长到 K;

(3) 任何时刻开发项目组投入的人力数 $m(t)$ 与尚待解决的问题(或尚需投入)的累计人力工作量成正比;

(4) 在项目生存周期中,项目开发人员由于不断的学习,因而其开发效率可用关于时

间 t 的学习函数 $p(t)$ 来描述，其开发人力量 $m(t)$ 与 $p(t)$ 成正比，在多数情况下，可设学习函数有 $p(t)=2bt$，$b>0$，$p(t)$ 是时间 t 的线性增函数。

由上述假设容易建立关于累计人力工作量 $C(t)$ 的如下一阶变系数微分方程及其初值条件：

$$\begin{cases} \dfrac{\mathrm{d}C(t)}{\mathrm{d}t} = p(t)[K - C(t)] \\ p(t) = 2bt \qquad b>0 \\ C(0) = 0 \end{cases} \tag{5.7}$$

容易求得上述常微分方程的解为

$$\begin{cases} C(t) = K[1 - \mathrm{e}^{-bt^2}] \\ m(t) = \dfrac{\mathrm{d}C(t)}{\mathrm{d}t} = 2Kbt\,\mathrm{e}^{-bt^2} \qquad b>0 \end{cases} \tag{5.8}$$

注意到 (5.8) 式的累计人力工作量 $C(t)$ 的变化率函数 $m(t)$ 具有概率论中瑞利 (Rayleign) 分布函数的形式，故 $m(t)$ 称为诺顿—瑞利 (N-R) 曲线，(5.7) 式又称为人力投入的系统动力学方程。

通过 $\dfrac{\mathrm{d}m(t)}{\mathrm{d}t}=0$，容易求得 N-R 曲线在 $t_o=1/\sqrt{2b}$ 时取得最大点，并有最大值

$$m(t_o) = 2Kb\,\frac{1}{\sqrt{2b}}\mathrm{e}^{-b\frac{1}{2b}} = K\,\sqrt{2b}\mathrm{e}^{-\frac{1}{2}} \tag{5.9}$$

显然，$m(t_o)$ 即为软件生存周期中的开发人员的峰值。此外还有 $m(0)=0$，$\lim\limits_{t\to\infty}m(t)=0$。

由此可知，对不同的 b 值 $(b>0)$ 和 K 值，N-R 曲线均为具有单峰值且自左向右由单调增到单调降的曲线。图 5.1 画出了当 $K=10$ 时不同 b 值的 N-R 曲线。

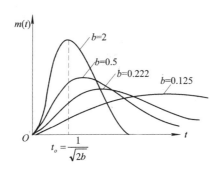

图 5.1　$K=10$ 时不同 b 值的 N-R 曲线

在 20 世纪 70 年代，美军陆军中央设计处对所积累的 200 多个软件开发项目的数据进行了统计分析工作，其中普特纳姆 (Putnam. L. H) 发现，上述 $m(t)$ 在 $(0, \infty)$ 中的最大点 t_o 非常接近交货时间 t_d，这一结论的经济含义是十分明显的，因为在临近交货期时需要大量的人力资源来编制说明书，进行软件调试与质量检验，并对设计、编码等工作做再修改。

注意到此时有 $t_o=\dfrac{1}{\sqrt{2b}}=t_d$ 或为 $b=\dfrac{1}{2t_d^2}$，将其代入 (5.8) 式和 (5.9) 式，有

$$C(t) = K[1 - \mathrm{e}^{-\frac{t^2}{2t_d^2}}], \; m(t) = \frac{K}{t_d^2}t\,\mathrm{e}^{-\frac{t^2}{2t_d^2}} \qquad t \geqslant 0 \tag{5.10}$$

$$C(t_d) = K(1 - e^{-\frac{1}{2}}) = 0.39K, \quad m_o \xrightarrow{\text{def}} m(t_o) = m(t_d) = \frac{K}{t_d}e^{-\frac{1}{2}} \quad (5.11)$$

(5.11)式的 $C(t_d)$ 说明一个开发好的软件系统在初步运行性能良好并交付给用户时只花费了生存期内投入总人力费用的 39%，剩下的 61% 的人力费用将用于该软件系统在运行维护阶段的质量检验，可靠性增长，维护与修改等工作，而这一结论与国外软件工程的大量实践结果基本符合。

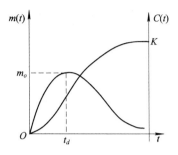

图 5.2 画出了 $C(t)$，$m(t)$ 随时间 t 的变化曲线，由图可知 $m(t)$ 曲线由零递增到 m_o，然后再递降到零，而 $C(t)$ 从总体上看是关于 t 单调增函数，但是 $C(t)$ 在

图 5.2 $C(t)$ 及 $m(t)$ 随 t 变化

$(0, t_d)$ 区间内上升较快，而在 t_d 以后其增长速度放慢，最后缓慢上升到 K。因此一般来说，$C(t)$ 曲线呈"S"形。

5.2.2　软件项目难度系数与人力增长率

软件工程专家普特纳姆(Putnam. L. H)通过对英、美大量软件工程项目资料的研究，得到了一些经验规律性的结论。首先，他发现软件工程的开发难度与生存期内投入的总工作量 K 成正比，与交付期 t_d^2 成反比。于是他建议引入一个能用来定量描述项目开发难度的参数 D，并称 D 为软件工程开发难度系数，且有

$$D \xrightarrow{\text{def}} \frac{K}{t_d^2} = \frac{dm(0)}{dt} \quad (5.12)$$

其次，普特纳姆还发现比值 D/t_d 在解释软件的开发行为与项目属性方面有重要作用，对于具有同一项目开发特性的软件工程，尽管随着项目规模的增大，K 和 t_d 均将增大。然而，比值 $D/t_d = K/t_d^3$ 则基本上稳定在某一个常数周围，而不同项目开发属性的软件工程这样的稳定常数则会不同。于是普特纳姆据此建议引入一个被称为人力增长率的工程经济参数 D_0 来描述上述规律性，并给出了不同项目开发属性的稳定常数的具体数值如下：

$$D_0 \xrightarrow{\text{def}} \frac{D}{t_d} = \frac{K}{t_d^3}$$

$$D_0 = \begin{cases} 8, & \text{软件是一个与其他系统有多个接口和交互功能的全新软件} \\ 15, & \text{软件是一个新的独立系统} \\ 27, & \text{软件是从其他已开发的软件基础上建立的系统} \end{cases} \quad (5.13)$$

D_0 之所以称为人力增长率，是普特纳姆在研究 D 关于 t_d 的变化率时得到如下关系：

$$\frac{\dfrac{dD}{dt_d}}{-2} = \frac{-\dfrac{2K}{t_d^3}}{-2} = \frac{K}{t_d^3} = D_0$$

上式的 D_0 反映了难度(人力投入)的变化率(增长率)的概念。显然，当一个待开发软件的开发属性确定后，借助于(5.13)式中 D_0 的经验数据来确定 K 与 t_d 的数量关系，并进而可由给定的工期 t_d 来计算未知的 K，即有 $K = D_0 \cdot t_d^3$，这对于软件工程的设计是十分有用的。当然，若已知 K 与 t_d，则亦可由(5.13)式来求解 D_0，并观察是否与(5.13)式所给出的数值相近。

[**例 5.1**]　某软件项目，其初始人力密度增长率为 4 人/月，预计 1 年 7 个月后交付用户，生产费用率 F_c 为 6 万元/人年，试确定项目生存期内投入的总工作量（人力费用），峰值人数和生存期投入总费用，项目开发难度系数和人力增长率，以及开发阶段投入的累计人力工作量和费用。

解　注意到交付期有

$$t_d = 1 \text{ 年 } 7 \text{ 个月 } = 1\frac{7}{12} \text{ 年 } = 1.583 \text{ 年}$$

初始人力密度增长率由(5.12)式知，有

$$D = \frac{\mathrm{d}m(0)}{\mathrm{d}t} = 4 \text{ 人 / 月 } = 48 \text{ 人 / 年}$$

从而可得

$$K = Dt_d^2 = 48 \text{ 人 / 年 } \cdot (1.583 \text{ 年})^2 = 48 \text{ 人 / 年 } \times 2.5 \text{ 年}^2 = 120 \text{ 人年}$$

将 K 与 t_d 数值代入(5.11)和(5.13)式，有

$$m_o = m(t_d) = \frac{120}{1.583\sqrt{e}} = 46 \text{ 人}, \quad D_0 = \frac{D}{t_d} = \frac{48}{1.583} = 30 \text{ 人 / 年}^2$$

生存期投入的总费用（平均）为

$$U_c = F_c \cdot K = 6 \text{ 万元 / 人年 } \cdot 120 \text{ 人年 } = 720 \text{ 万元}$$

此外，由(5.11)式还可得到开发阶段投入的累计人力工作量和费用 U_d 为

$$C(t_d) = C(1.583) = 0.39K = 0.39 \cdot 120 \text{ 年 } = 46.8 \text{ 人年}$$

$$U_d = F_c \cdot C(t_d) = 6 \text{ 万元 / 人年 } \cdot 46.8 \text{ 人年 } = 280.8 \text{ 万元}$$

5.2.3　软件的劳动生产率、生产函数及其关联

由表 5.1 得知 S 为软件工程的规模或提交的源代码程序量（单位：NCSS，表示非注释语句的数量），而 $C(t_d)$ 则表示在软件开发阶段所投入的累计工作量（单位：人年），因而 $S/C(t_d)$ 表示在软件开发阶段中单位时间所提供的源代码程序量（单位：NCSS/人年），具有劳动生产率的概念，故人们以符号 F_d 来表述，并称 F_d 为软件项目的开发劳动生产率（简称劳动生产率）。普特纳姆通过对大量美国陆军软件工程项目的开发信息的研究发现了又一个经验规律（统计规律），即有

$$F_d = \frac{S}{C(t_d)} = E_o \cdot D^{-\frac{2}{3}} \tag{5.14}$$

(5.14)式的工程经济意义是明显的，它表示软件工程项目难度越大，劳动生产率越低下，而其中比例系数 E_o 则反映了软件项目开发环境的技术状态。显然，在同样的软件工程项目难度下，不同的开发环境技术状态（如开发方法，开发工具，项目管理状况）亦将直接影响软件项目的劳动生产率。我们以(5.11)和(5.12)式代入(5.14)式，则有

$$S = C(t_d) \cdot E_o \cdot D^{-\frac{2}{3}} = 0.39K \cdot E_o \cdot D^{-\frac{2}{3}} = 0.39K \cdot E_o \cdot \left(\frac{K}{t_d^2}\right)^{-\frac{2}{3}}$$

$$= 0.39E_o \cdot K^{\frac{1}{3}} \cdot t_d^{\frac{4}{3}} = E \cdot K^{\frac{1}{3}} \cdot t_d^{\frac{4}{3}} \tag{5.15}$$

其中 $E = 0.39E_o$。

(5.15)式的工程经济意义亦是明显的，它反映了一个软件工程项目投入要素（投入工

作量 K 和交付期 t_d 与产出要素(项目提交的生产量或源代码程序量)S 的数量关系,与前 5.1 节一般工程经济学中生产函数的概念相一致。故人们将(5.15)式称为软件工程项目的生产函数,并将其中的系数 E 称为该项目的环境因子。有关环境因子的测定方法将在本节后面涉及。

以下利用软件项目生产函数做弹性分析,来讨论有关时间(工期 t_d)、人力费用总量 K 与难度系数 D 的相对变化率的关联和均衡问题。

由(5.15)式显然可得 $K^{\frac{1}{3}} \cdot t_d^{\frac{4}{3}} = S/E$,两边取自然对数,有

$$F(K, t_d) \overset{\text{def}}{=\!=\!=} \frac{1}{3} \ln K + \frac{4}{3} \ln t_d = \ln \frac{S}{E}$$

当在一个特定的机构中开发一个程序量为 S 的软件产品时,$\ln \dfrac{S}{E}$ 应为常量,故有

$$dF(K, t_d) = \frac{\partial F}{\partial K} dK + \frac{\partial F}{\partial t_d} dt_d = \frac{dK}{3K} + \frac{4dt_d}{3t_d} = 0$$

$$\frac{dK}{K} = -4 \frac{dt_d}{t_d} \quad \text{或} \quad \frac{\Delta K}{K} = -4 \frac{\Delta t_d}{t_d} \tag{5.16}$$

(5.16)式表明,若开发时间压缩 10% 或 $\dfrac{\Delta t_d}{t_d} = -10\%$,由于 $\dfrac{\Delta K}{K} = -4 \dfrac{\Delta t_d}{t_d} = 40\%$,说明软件相应地应增长人力费用的 40%。

同样,注意到有 $D = K/t_d^2$ 两边取自然对数,则有 $\widetilde{F} = \ln D = \ln K - 2 \ln t_d$,又对左式两边取微分,则有

$$d\widetilde{F} = \frac{dD}{D} = \frac{dK}{K} - \frac{2dt_d}{t_d} \quad \text{或} \quad \frac{\Delta D}{D} = \frac{\Delta K}{K} - 2 \frac{\Delta t_d}{t_d} \tag{5.17}$$

若时间压缩 10%,或 $\dfrac{\Delta t_d}{t_d} = -10\%$,由前面计算已知有 $\Delta K/K = 40\%$,将此代入(5.17)式,则有

$$\frac{\Delta D}{D} = \frac{\Delta K}{K} - 2 \frac{\Delta t_d}{t_d} = 40\% + 2 \times 10\% = 0.60 = 60\%$$

由此可见,尽管对软件项目管理来说,压缩时间是可以做到的,但同时它是以增加项目的难度和人力费用为代价的,因此时间压缩不能太过分,否则将会导致项目难度及人力费用的极大增加并进而增加项目管理的风险。因此在对 K、t_d、D 三个变量的一般均衡问题的分析中,可建立如下优化模型,并求解最优技术经济方案。

$$\begin{cases} \min t_d(K, D) \\ K_1 \leqslant K \leqslant K_2 \\ D_1 \leqslant D \leqslant D_2 \end{cases} \quad \begin{cases} \min D(K, t_d) \\ K_1 \leqslant K \leqslant K_2 \\ t_1 \leqslant t_d \leqslant t_2 \end{cases} \quad \begin{cases} \min K(t_d, D) \\ t_1 \leqslant t_d \leqslant t_2 \\ D_1 \leqslant D \leqslant D_2 \end{cases}$$

其中,K_1、K_2、D_1、D_2、t_1、t_2 分别为软件开发单位根据其现有人力资源总量、技术水平及开发环境条件等来给定的确定值。根据英美使用这些模型的经验,他们认为时间压缩比例一般不能超过原计算值的 25%,即有 $\left| \dfrac{\Delta t_d}{t_d} \right| \leqslant 25\%$。

5.2.4　软件项目开发子周期与生存周期经济要素的关联分析

软件项目各经济要素(人力资源费用、工期、工程难度、生产函数)及其数量关系均是

在整个软件项目生存期(又称项目总周期)内获得的。显然,它应该适用于软件项目生存期的各阶段(子周期)如软件设计编码开发阶段、调试与验证阶段、修正维护阶段等。然而实践证明,为了更有效地进行工程项目管理与控制,人们尚需要进一步研究上述生存周期之各阶段,特别是设计编码开发阶段内各经济要素的关联及其与整个生命周期内各经济要素的关联关系。因为这一阶段是编程和分析专业人员和管理人员直接进行软件生产的部分。若我们将软件的设计编码开发阶段称为软件项目的开发子周期,而将软件项目的生存周期称为项目总周期,则以下介绍这二者的工程经济参数之间的关联分析。

若设 K_d 表示软件开发阶段人力费用总量,$C_d(t)$ 表示软件开发阶段 $[0, t]$ 时间段累计人力费,$m_d(t)$ 表示软件开发阶段 t 时刻人力费用,t_{od} 表示开发子周期内人力投入的峰值时刻,则与前项目总周期的分析同理,应有

$$\begin{cases} C_d(t) = K_d(1 - e^{-\tilde{b}t^2}) & t \geqslant 0 \\ m_d(t) = 2K_d\tilde{b}t e^{-\tilde{b}t^2} & t \geqslant 0 \end{cases} \tag{5.18}$$

并有 $\tilde{b} = \dfrac{1}{2t_{od}^2}$,若仍设 t_d 表示软件交付期,则一个实用的假设是:直到 $t = t_d$ 时,项目将投入开发阶段人力投入总量 K_d 的 95%(其余 5% 将用于现场安装与有效性测试),此即为

$$\frac{C_d(t_d)}{K_d} = 1 - e^{-\tilde{b}t_d^2} = 0.95 \quad \text{或} \quad e^{-\tilde{b}t_d^2} = 0.05$$

对上式两边取自然对数,可得 $\tilde{b}t_d^2 = -\ln 0.05 \approx 3$ 或 $\tilde{b} = 3/t_d^2$,从而有

$$\tilde{b} = \frac{1}{2t_{od}^2} = \frac{3}{t_d^2} \quad \text{或} \quad \sqrt{6}t_{od} = t_d \tag{5.19}$$

图 5.3 画出了由(5.10)式与(5.18)式确定的 $m(t)$ 与 $m_d(t)$ 时间曲线。

由图可知,软件项目总周期的 $m(t)$ 与开发子周期的 $m_d(t)$ 在 $t = 0$ 时刻有相同的斜率,或有 $\dfrac{dm(0)}{dt} = \dfrac{K}{t_d^2} = \dfrac{dm_d(0)}{dt} = \dfrac{K_d}{t_{od}^2}$,以(5.19)式代入上式,可得

$$K = K_d\frac{t_d^2}{t_{od}^2} = 6K_d \tag{5.20}$$

再利用(5.18)~(5.20)式有

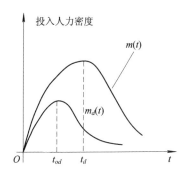

图 5.3　$m(t)$ 与 $m_d(t)$ 时间曲线

$$\begin{cases} m_d(t) = \dfrac{K_d}{t_{od}^2}t e^{-\frac{t^2}{2t_{od}^2}} = \dfrac{K}{t_d^2}t e^{-\frac{3t^2}{t_d^2}} \\ C_d(t) = K_d(1 - e^{-\frac{t^2}{2t_{od}^2}}) = \dfrac{K}{6}(1 - e^{-\frac{3t^2}{t_d^2}}) \\ \dfrac{K_d}{t_{od}^2} = \dfrac{K/6}{t_d^2/6} = \dfrac{K}{t_d^2} = D \end{cases}$$

$$(5.21)$$

上式说明 D 既可以作为整个项目生存周期的难度系数,也可作为开发子周期的难度系数。但对于 D_0 情况则并非如此,这是由于由(5.13)式有

$$D_0 = \frac{K}{t_d^3} = \frac{6K_d}{6\sqrt{6} \cdot t_{od}^3} = \frac{K_d}{\sqrt{6} \cdot t_{od}^3} = \frac{\widetilde{D}_0}{\sqrt{6}}$$

其中，$\widetilde{D}_0 = \dfrac{K_d}{t_{od}^3}$，为开发子周期的人力增长率。利用(5.21)式容易得到开发子周期峰值人数 m_{od} 及 $C_d(t_{od})$ 为

$$\begin{cases} m_{od} = m_d(t_{od}) = \dfrac{K_d}{t_{od}} e^{-\frac{1}{2}} = \dfrac{K/6}{\sqrt{e}\,t_d/\sqrt{6}} = \dfrac{K}{t_d\ \sqrt{6e}} = \dfrac{m_o}{\sqrt{6}} \\[4mm] C_d(t_{od}) = K_d\left(1 - \dfrac{1}{\sqrt{e}}\right),\ C_d(t_d) = K_d(1 - e^{-3}) \end{cases} \tag{5.22}$$

由此可得

$$\frac{C_d(t_{od})}{K_d} = 1 - \frac{1}{\sqrt{e}} = 39.3\%,\ \frac{C_d(t_d)}{K_d} = 1 - e^{-3} \approx 95.1\%$$

(5.22)式可以作为一个标尺来控制软件设计编码开发阶段的开发进度。若在某个时间上项目已经消耗了其全部人力费用的39%，而此时计划中的任务也已经得到及时正确的完成且无需增派某些人员时，该项目经理即可确认此项目运行轨迹是正确的，而项目结束时的总人力费用可能就是预计的 K_d 人年，且不会拖延交货时间。而当交货时刻 $t = t_d$，且已消耗95%的总开发人力费用时，则尚有5%的 K_d 还可用于现场安装与有效性测试，从而保证项目开发工作的顺利完成。

[例5.2]　某软件开发项目待开发的程序量 S 已经测算为9000NCSS，其开发将在环境因子确定为1200的环境中进行，并注意到该软件项目是一个独立的数据处理类型程序，其人力增长率选定为 $D_0 = 15$。试求：

(1) 开发子周期 t_d 与开发峰值人数出现时刻 t_{od}；

(2) 开发子周期投入人力费用 K_d，总投放人力费用 K 与项目难度系数 D；

(3) 峰值人数 m_{od}，$C_d(t_{od})$ 与 $C_d(t_d)$；

(4) 该软件项目的生产率 F_d。

解　(1) 利用(5.15)式所示的软件项目生产函数，可得

$$\left(\frac{S}{E}\right)^3 = Kt_d^4 = D_0 t_d^7$$

由此可得

$$t_d = \left[\frac{1}{D_0}\left(\frac{S}{E}\right)^3\right]^{1/7} = \left[\frac{1}{15}\left(\frac{9000}{1200}\right)^3\right]^{1/7} = 1.61\ 年,\quad t_{od} = \frac{t_d}{\sqrt{6}} = 0.66\ 年$$

(2) 由上述生产函数可得

$$K = \frac{\left(\frac{S}{E}\right)^3}{t_d^4} = \frac{\left(\frac{9000}{1200}\right)^3}{1.61^4} = 62.7885\ 人年$$

$$K_d = \frac{K}{6} = 10.465\ 人年,\ D = \frac{K}{t_d^2} = 24.22\ 人/年$$

(3) 由(5.22)式有

$$m_{od} = \frac{K}{t_d\ \sqrt{6e}} = \frac{62.7885}{1.61 \times \sqrt{6e}} = 9.66\ 人$$

$$C_d(t_{od}) = K_d(1 - e^{-\frac{1}{2}}) = 10.465 \times 0.393 = 4.11 \text{ 人年}$$

$$C_d(t_d) = K_d(1 - e^{-\frac{t_d^2}{2t_{od}^2}}) = K_d(1 - e^{-3}) = 10.465 \times 0.951 = 9.95 \text{ 人年}$$

（4）由(5.14)式有

$$F_d = \frac{S}{C(t_d)} = \frac{S}{0.39K} = \frac{9000}{0.39 \times 62.7885} = 367.53 \text{ NCSS/ 人年}$$

5.2.5　环境因子的测定

由于环境因子 E 是由软件工程项目的开发环境、技术状态(如开发方法、开发工具和设备项目管理状况等)所决定的，而这些因素往往取决于软件工程的开发机构，由于不同的开发机构往往有其不同的开发风格与习惯，从而有其不同的通常使用的开发方法、开发工具与设备和管理风格，因此因子 E 是一个与具有共性的特征量 D_0 完全不同的反映个性的工程经济参数，它无法像人力增长率 D_0 那样可以给出一些有广泛性的数值，而应由各开发机构根据反映本部门的项目开发特色的经验数据来确定。例如，某开发机构欲开发一目标软件 A，欲确定其环境因子 E_A，此时可采用类比法来求解 E，亦即该开发机构可从其所拥有的历史资料信息库中选择一个与目标软件 A 有相似功能，采用相似开发方法与设备的软件 B(已运行)，根据该软件 B 在开发期内所投入的累计人力费用 $C_d(t_d)$，交付期 t_d 和所提交的源代码程序量 S，通过下式来计算 E：

$$\begin{cases} E = \dfrac{S}{K^{\frac{1}{3}} t_d^{\frac{4}{3}}} \\ K = 6K_d = 6\dfrac{C_d(t_d)}{0.95} = 6.3 \cdot C_d(t_d) \end{cases}$$

如果开发机构所拥有的历史资料信息库中与目标软件 A 有相似功能，采用相似开发方法与设备的软件有多个，例如有 $B_1, B_2, \cdots, B_l$ 等软件 l 个，此时可调用这 l 个软件的数据序列$\{(C_{d_j}(t_{d_j}), t_{d_j}, S_j), j=1, 2, \cdots, l\}$并采用最小二乘法来计算 E。其中，$C_{d_j}(t_{d_j})$ 表示第 j 个软件项目在开发子周期$[0, t_{d_j})$时间段累计投入的人力费用(单位：人年)；t_{d_j} 表示第 j 个软件项目在开发子周期内人力投入的峰值时刻(单位：年)；S_j 表示第 j 个软件项目在开发子周期内所交付的源代码程序量(单位：NCSS)。注意到有

$$C_d(t_d) = K_d \cdot 0.95 = \frac{K}{6} \cdot 0.95 = \frac{K}{6.3}$$

$$H \overset{\text{def}}{=\!=} \frac{S}{C_d(t_d)} = \frac{EK^{\frac{1}{3}} t_d^{\frac{4}{3}}}{K/6.3} = \frac{6.3 \cdot E \cdot t_d^{\frac{4}{3}}}{K^{\frac{2}{3}}} = \frac{6.3 \cdot E}{\left(\frac{K}{t_d^2}\right)^{\frac{2}{3}}} = \frac{6.3 \cdot E}{D^{\frac{2}{3}}} \tag{5.23}$$

对(5.23)式两边取常用对数有

$$\lg H = \lg(6.3 \cdot E) - \frac{2}{3}\lg D \tag{5.24}$$

注意到 l 个软件 $B_1, B_2, \cdots, B_l$ 有不同的难度系数 D_j，不同的源代码程序量 S_j 和累计投入的人力费用 $C_{d_j}(t_{d_j})$，$j=1, 2, \cdots, l$，但却有相同的环境因子(此中设该开发机构人员变动不大，故开发人员的开发风格与习惯、开发方法、开发工具和管理常保持前后的一致性)。因而令

$$y_j = \lg H_j, \quad A = \lg(6.3 \cdot E), \quad x_j = \lg D_j$$

则由(5.24)式可得

$$y_j = A - \frac{2}{3}x_j \qquad j = 1, 2, \cdots, l$$

则由最小二乘法拟合有

$$L \overset{\text{def}}{=\!=} \frac{1}{l} \sum_{j=1}^{l} \left(y_j - A + \frac{2}{3}x_j \right)^2$$

达最小。

注意到有

$$\frac{\partial L}{\partial A} \overset{\text{def}}{=\!=} \frac{-2}{l} \sum_{j=1}^{l} \left(y_j - A + \frac{2}{3}x_j \right) = 0$$

故有

$$\hat{A} = \frac{1}{l} \sum_{j=1}^{l} \left(y_j + \frac{2}{3}x_j \right) \quad \text{或} \quad \lg(6.3 \cdot \hat{E}) = \frac{1}{l} \sum_{j=1}^{l} \left(y_j + \frac{2}{3}x_j \right)$$

由此可得

$$\hat{E} = \frac{1}{6.3} 10^G, \quad G = \frac{1}{l} \sum_{j=1}^{l} \left(\lg H_j + \frac{2}{3} \lg D_j \right) \tag{5.25}$$

5.3　不同规模软件的生产过程经济分析

人们在对不同规模的软件工程经济分析时发现这样一个事实：随着规模的不同，软件工程项目的人力资源组织及其管理有较大的区别，对于一些小型软件工程项目，由于功能需求简单，项目难度低，因而少数几个软件工程师即可完成其规划、分析、设计、编码、测试等全部任务而无需其他的支持人员。然而在大、中型软件工程项目建设中，情况就会有所不同。由于这些软件工程往往是具有不同的应用背景（如交通工程、水电工程、宇航工程、军事作战工程等）的嵌入式软件，因而在软件规划，分析与设计中不仅需要大量的应用工程专业知识和系统硬件（计算机网络与通信设备）的理论方法与操作经验知识，而且由于投入了大量人力资源而使工程的计划与组织的协调显得十分重要。因此为了使这样的大、中型软件工程能快速、高效且高质量地完成建设，开发机构将投入的人力资源分成项目开发任务组和项目支持任务组是必要的，其中项目开发任务组负责软件工程开发所必须完成的基本任务如规划、分析、设计、编码及其审查与测试等，而项目支持任务组则完成如下的支持任务：

（1）应用学科领域知识的支持。

（2）计算机网络与通信设备的使用与维护支持。

（3）工程计划网络（PERT）的设计、跟踪与控制。

（4）文本提供、质量保证与配置管理。

（5）资源控制、任务跟踪协调与进程监控。

显然，上述的项目支持任务组的工作是十分重要的，而且软件项目的规模越大，所需要的支持任务量也越大。下面介绍有关上述内容的定量分析内容。

5.3.1　不同规模软件的人力投入属性及其比较

为研究涉及项目开发任务组及项目支持任务组的有关工程经济分析,我们首先给出了有关工程经济参数的变量表 5.2。若设 Δ_1 表示开发阶段时间区间(子周期),p 表示开发与支持,d 表示开发,S 表示支持,则显然有

$$\frac{\mathrm{d}C_i(t)}{\mathrm{d}t} = m_i(t), \quad C_i(t) = \int_0^t m_i(s)\,\mathrm{d}s \qquad i \in I = \{p, d, s\}$$

$$m_p(t) = m_d(t) + m_s(t) \qquad t \in \Delta_1$$

$$C_p(t) = C_d(t) + C_s(t) \qquad t \in \Delta_1$$

表 5.2　有关变量经济内涵表

变量	经　济　内　涵	单位
$m(t)$	在项目生存周期内 t 时刻的人力投入量	人
$m_p(t)$	在项目开发阶段 t 时刻的人力投入总量,它包括开发人力投入量与支持人力投入量两部分	人
$m_d(t)$	在项目开发阶段 t 时刻的开发人力投入量	人
$m_s(t)$	在项目开发阶段 t 时刻的支持人力投入量	人
$C(t)$	在项目生存周期内 $[0, t)$ 区间内累计投入人力总量	人年
$C_p(t)$	在项目开发阶段 $[0, t)$ 时间段内累计投入开发人力与支持人力总量	人年
$C_d(t)$	在项目开发阶段 $[0, t)$ 时间段内累计开发人力投入总量	人年
$C_s(t)$	在项目开发阶段 $[0, t)$ 时间段内累计支持人力投入总量	人年
K	在项目生存周期内为完成所有任务投入的总工作量(人力量)	人年
K_p	在项目开发阶段内为完成所有(包括开发任务与支持任务)任务投入的人员总量(人力量)	人年
K_d	在项目开发阶段内为完成开发任务投入的开发人员总量(人力量)	人年
K_s	在项目开发阶段内为完成支持任务投入的支持人员总量(人力量)	人年
t_d	在项目生存周期内投入人力峰值的时刻或项目交付时间或工期	年(或月)
t_{op}	在项目开发阶段内投入人力峰值的时刻	年(或月)
t_{od}	在项目开发阶段内开发人力峰值的时刻	年(或月)
t_{os}	在项目开发阶段内支持人力峰值的时刻	年(或月)

国外很多软件工程学者在经过对以往已完成的软件工程项目的各工程经济变量数据进行研究后得到了一些有益的结论,这些结论列于表 5.3。由表得知任何一个软件项目开发子周期内的开发人力投入量 $m_d(t)$,项目任务人力投入总量 $m_p(t)$ 及总周期(生存周期)内的人力投入量 $m(t)$ 三者的分离与重合程度与软件规模(程序量)S 有很大的关联。我们将软件规模(非注释性源代码程序量)$S \leqslant 18$ kNCSS 的软件称为小型软件,将 $S \in (18\ \text{kNCSS},\ 70\ \text{kNCSS})$ 的软件称为中型软件,而将 $S \geqslant 70$ kNCSS 的软件称为大型软件。则由表 5.3 得知在小型软件中有 $m_d(t) = m_p(t)$,这是由于投入人力少,因此即使有一些支持任务,通常

也由开发人员兼顾；而在大型软件中，由于所投入的支持任务人力量远远大于开发任务人力量，从而使 $m_p(t)$ 与 $m(t)$ 非常接近或基本重合；至于中型软件则呈现出 $m_d(t)$、$m_p(t)$、$m(t)$ 三者分离的现象，而且随着 S 的增大，$m_p(t)$ 与 $m_d(t)$ 分离度越大，而 $m_p(t)$ 与 $m(t)$ 重合度越大。上述这种人力投入的规律性可详见图 5.4(a)、(b)、(c)、(d)。其中图 5.4(a) 为小型软件项目，图 (b) 与 (c) 为中型软件项目，图 (d) 为大型软件项目。下面我们分别对大、中、小型软件工程分别作有关的工程经济分析。

表 5.3   规 模 属 性 表

程度量 S	$S \leqslant 18\text{kNCSS}$	$S \in (18\text{kNCSS}, 70\text{kNCSS})$	$S \geqslant 70\text{kNCSS}$
$m_d(t)$ 与 $m_p(t)$ 的关系	$m_d(t)$ 与 $m_p(t)$ 重合	$m_d(t)$ 与 $m_p(t)$ 分离，S 愈大，两者的分离度愈大	$m_d(t)$ 与 $m_p(t)$ 分离
$m(t)$ 与 $m_p(t)$ 的关系	$m(t)$ 与 $m_p(t)$ 分离	$m(t)$ 与 $m_p(t)$ 分离，S 愈大，两者的重合度愈大	$m(t)$ 与 $m_p(t)$ 基本重合

注：1kNCSS＝1000NCSS。

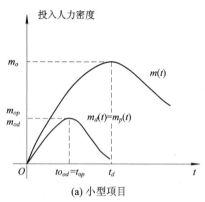

(a) 小型项目

S=10kNCSS, t_d=1.25年
t_{od}=0.5年

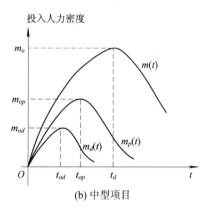

(b) 中型项目

S=25kNCSS, t_d=1.85年
t_{op}=1.0年, t_{od}=0.76年

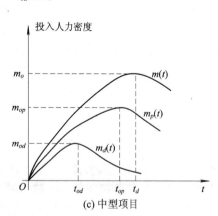

(c) 中型项目

S=55kNCSS, t_d=2.6年
t_{op}=2.4年, t_{od}=1.1年

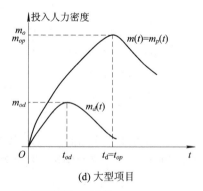

(d) 大型项目

S=90kNCSS, t_d=3.2年
t_{op}=3.2年, t_{od}=1.3年

图 5.4   不同规模软件开发属性图

5.3.2　不同规模软件的生产过程经济分析

以下介绍小型、中型、大型软件生产过程的工程经济分析。

1. 小型软件工程经济分析

由表 5.3 得知：在小型软件工程项目中有 $m_d(t) = m_p(t)$，从而也有 $C_d(t) = C_p(t)$，$K_d = K_p$，$m_{od} = m_{op}$，$t_{od} = t_{op}$，而且有关 $m_d(t)$ 和 $m_p(t)$ 的相关工程经济参数 $C_d(t)$、$C(t)$、K_d、K、m_{od}、m_0、t_{od}、t_d、D、D_0、$C_d(t_{od})$、$C_d(t_d)$ 之间的数量关系 (5.10)~(5.15) 式和 (5.18)~(5.22) 式对于小型软件工程项目仍然适用，于是人们也可利用上述各工程经济参数间的数量关系式来进行小型软件工程的工程经济分析与设计。

2. 大型软件工程经济分析

由表 5.3 得知：在大型软件工程项目中有 $m(t) = m_p(t)$，从而也有 $C(t) = C_p(t)$，$K = K_p$，$m_0 = m_{op}$，$t_d = t_{0p}$，而且各工程经济参数间的数量关系 (5.10)~(5.15) 式和 (5.18)~(5.22) 式对于大型软件工程项目仍然适用，于是人们也可利用上述各工程经济参数间的数量关系式来进行大型软件工程的工程经济分析与设计。

3. 中型软件工程经济分析

由表 5.3 得知：在中型软件工程项目中，由于 $m_d(t)$、$m_p(t)$、$m(t)$ 三者分离，虽然有 (5.10)~(5.15) 式和 (5.18)~(5.22) 式对中型软件工程仍然适用，但 $m_p(t)$ 仍需求解，$m_p(t)$、$C_p(t)$、K_p、t_{op}、m_{op} 彼此之间的关联及其与其他工程经济参数之间的关联仍待研究。为此，以下首先讨论 $m_p(t)$ 的求解。考虑到 $m_p(t)$ 仍可用诺顿/瑞利函数来描述，即与前同理推导有

$$m_p(t) = 2K_p c t e^{-ct^2} \qquad t \geqslant 0 \tag{5.26}$$

注意到项目峰值人数在 t_{op} 时刻出现，故在 (5.26) 式中两边对 t 求导数并令其为零，即可解得 $c = \dfrac{1}{2t_{op}^2}$，再将其代入 (5.26) 式有

$$m_p(t) = \frac{K_p}{t_{op}^2} t e^{-\frac{t^2}{2t_{op}^2}}, \quad C_p(t) = \int_0^t m_p(s)\,\mathrm{d}s = K_p(1 - e^{-\frac{t^2}{2t_{op}^2}}) \qquad t \geqslant 0 \tag{5.27}$$

为进一步研究开发投入人力，支持投入人力和项目总人力投入间的彼此关联关系，可设

$$K_p = \frac{K}{a^2} \qquad a > 0 \tag{5.28}$$

对于 $m(t)$ 与 $m_p(t)$ 在一般情况下仍应有

$$\frac{\mathrm{d}m(0)}{\mathrm{d}t} = \frac{\mathrm{d}m_p(0)}{\mathrm{d}t} \quad \text{或有} \quad D = \frac{K}{t_d^2} = \frac{K_p}{t_{op}^2} \tag{5.29}$$

将 (5.28) 式代入 (5.29) 式和 (5.27) 式，可得

$$t_{op} = \frac{t_d}{a}, \quad m_p(t_{op}) = m_{op} = \frac{K_p}{t_{op}} e^{-\frac{1}{2}} \tag{5.30}$$

利用 (5.28)、(5.11) 式及上述两式容易得到

$$m_{op} = \frac{K_p}{t_{op}} e^{-\frac{1}{2}} = \frac{K/a^2}{t_d/a} e^{-\frac{1}{2}} = \frac{K}{a \cdot t_d} e^{-\frac{1}{2}} = \frac{m_0}{a} \tag{5.31}$$

再利用(5.31)、(5.22)和(5.11)式，有

$$\frac{m_{op}}{m_{od}} = \frac{m_o/a}{K/(t_d\sqrt{6e})} = \frac{\sqrt{6}}{a} \tag{5.32}$$

将(5.30)式代入(5.27)式，有

$$C_p(t_d) = \int_0^{t_d} m_p(s)\,\mathrm{d}s = K_p\left[1 - e^{-\frac{t_d^2}{2t_{op}^2}}\right] = K_p(1 - e^{-\frac{a^2}{2}})$$

$$Y(a) \xlongequal{\text{def}} \frac{C_p(t_d)}{K} = \frac{C_p(t_d)}{a^2 K_p} = \frac{1}{a^2}(1 - e^{-\frac{a^2}{2}}) \tag{5.33}$$

注意到一个中型软件项目在项目子周期内各经济量间的相关关系(5.28)～(5.33)式均与参数 a 有关，我们称 a 为规模参数。以下来讨论参量 a 的确定。

5.3.3　规模参数 a 的确定

普特纳姆在对以往的信息系统数据资料的研究中发现，软件项目的程序量 S 与参量 a 值有极强的负相关关系，并根据普特纳姆数据库中的数据计算得到 S 与 a 的样本相关系数达-0.998。上述经验结论说明可以建立 S 与 a 的经验公式。为此，我们首先将普特纳姆数据中的一组样本序列$\{(S_l,a_l),l=1,2,\cdots,n\}$在 SOa 平面上标点并连接成曲线，此中 S_l 为第 l 个软件项目的程序量，a_l 为由该项目的 t_d 与 t_{op} 相除所得到的比值。我们发现此关联曲线具有分段负指数曲线形状特征(详见图5.5)，为此可采用函数 $a(S)=a_0+be^{-c}$ 来作曲线拟合。运用典型的非线性回归拟合(或其他非线性曲线拟合方法)容易求得 $a_0=1$，$b=6.23$，$c=0.079$，从而获得了拟合曲线

$$a(S) = 1 + 6.23e^{-0.079S} \tag{5.34}$$

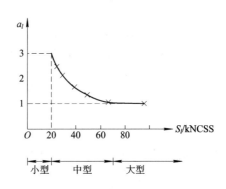

图5.5　a-S 曲线图

普特纳姆还对此拟合曲线的有效性问题做了研究，并列出了表5.4所示的对比，表中 S_n 列及 a_n 列(第二列与第三列)分别为不同软件规模的程序量及运用该软件项目实际数据 t_d 与 t_{op} 相除算得的真实 a_n 值，而该表之第四列显示出了当 $S=S_t$ 时代入拟合算法(5.34)式所算得的对应拟合值 $\hat{a}_n=a(S_n)$，容易计算该拟合的均方误差有

$$\varepsilon = \frac{1}{7}\sqrt{\sum_{n=1}^7 (a_n - a(S_n))^2} < 1.2\%$$

表 5.4　拟 合 误 差 表

n	S_n	a_n	$a(S_n)$
1	5～15	2.44	2.51
2	20	—	2.29
3	25	1.85	1.87
4	30	1.61	1.59
5	40	1.30	1.27
6	50	1.15	1.12
7	70	1.04	1.02
8	100	1.00	1.002

注意到在表 5.4 中，除 $S_8 = 100$ kNCSS > 70 kNCSS 为大型软件项目外，其他均为中型规模软件，因此，人们可根据(5.34)式由中型软件规模 S 来确定其对应的规模参数 a。

对于小型软件，由于有 $t_{od} = t_{op}$，则利用(5.30)式和(5.19)式的结果可得 $a = t_d/t_{op} = t_d/t_{od} = \sqrt{6}$。对于大型软件，由于有 $t_{op} = t_d$，因而有 $a = t_d/t_{op} = 1$。

综合上述三种不同规模的结果，可得规模参数 a 的基本算法如下：

$$a(s) = \begin{cases} \sqrt{6} & S \leqslant 18 \text{ kNCSS} \\ 1 + 6.23 e^{-0.079s} & 18 \text{ kNCSS} < S < 70 \text{ kNCSS} \\ 1 & S \geqslant 70 \text{ kNCSS} \end{cases} \tag{5.35}$$

［例 5.3］　欲开发一程序量 $S = 45\,000$ NCSS 的中型嵌入式软件项目，根据该软件的开发属性知人力增长率可取推荐值 $D_0 = 8$，环境因子经考察定为 $E = 2400$，试计算：

(1) 该软件项目工期 t_d，生存周期内人力总费用 K，难度系数 D；

(2) 项目开发子周期内峰值人数 m_{od} 及其出现时间 t_{od}；

(3) 项目开发子周期内人力总费用 K_P、峰值人数 m_{oP} 及其出现时刻 t_{oP}，t_d 时刻的投入累计人力费用 $C_P(t_d)$。

解　注意到 $S = 45\,000$ NCSS，故为中型软件项目，因此对项目完成的研究应深入到开发子周期、项目子周期及总周期(生存周期)及其关联中去。

(1) 由(5.15)式与(5.13)式可得项目生存周期内各参量有

$$\left(\frac{S}{E}\right)^3 = K t_d^4 = \frac{K}{t_d^3} \cdot t_d^7 = D_0 t_d^7$$

$$t_d = \sqrt[7]{\frac{\left(\frac{S}{E}\right)^3}{D_0}} = \sqrt[7]{\frac{\left(\frac{45\,000}{2400}\right)^3}{8}} = \sqrt[7]{\frac{(18.75)^3}{8}} = 2.6 \text{ 年}$$

故有　　$K = D_0 t_d^3 = 8 \times (2.6)^3 = 141$ 人年，　$D = \frac{K}{t_d^2} = \frac{141}{2.6^2} = 21$ 人／年

(2) 在开发子周期内有

$$t_{od} = \frac{t_d}{\sqrt{6}} = \frac{2.6}{\sqrt{6}} = 1.1 \text{ 年}$$

$$m_{od} = \frac{K}{t_d \sqrt{6e}} = \frac{141}{10.5} \approx 13 \text{ 人}$$

（3）在项目子周期内，由（5.35）式可得

$$a(45) = 1 + 6.23 \exp\{-0.079 \times 45 \text{ k}\} = 1.18$$

从而由（5.28）～（5.33）式可得

$$K_P = \frac{K}{a^2} = 101 \text{ 人年}, \quad t_{op} = \frac{t_d}{a} = 2.2 \text{ 年}$$

$$m_{op} = \frac{K_P}{t_{oP} \sqrt{e}} = \frac{m_o}{a} = \frac{K}{at_d} e^{-\frac{1}{2}} = 28 \text{ 人}$$

$$C_P(t_d) = K_P(1 - e^{-\frac{a^2}{2}}) = 50.8 \text{ 人年}$$

注意到在 $t = t_d$ 时已消耗了开发人力费用 K_d 的 95%，从而还剩 K_S 用于管理支持、质量检验，现场测试等，利用（5.33）式有

$$K_s = C_P(t_d) - K_d \cdot 95\% = K_P(1 - e^{-\frac{a^2}{2}}) - K_d \cdot 0.95$$
$$= 101 \cdot (1 - e^{-\frac{(1.18)^2}{2}}) - 22.2 = 28.6 \text{ 人年}$$

5.4　软件项目理论生存周期长度及其关联分析

对于大型软件项目，人们除关心开发子周期与项目任务子周期内的工程经济分析外，更应当关心在软件交付用户使用后的经济活动及其经济分析。为此，我们设该软件项目的理论生存周期长度为 t_f，亦即当 $t \geqslant t_f$ 时该软件将"报废"，但在实际使用时软件的报废将视多种情况而定，而并非为 t_f，以下来寻求 t_f 与 t_d、K 等主要经济量的关系。注意到 K 为 $[0, t_f]$ 期间投入的累计人力资源总量，而 $C(t_f)$ 为 $[0, t_f)$ 内投入的累计人力资源总量，故可认为有 $C(t_f) = K - 1$。

此外，通过大量观察得知在大型软件项目中，项目任务子周期与总周期（生存周期）基本接近，亦即有 $C(t) \approx C_P(t)$，从而有

$$K - 1 = C(t_f) \approx C_P(t_f) \tag{5.36}$$

由（5.36）式与（5.10）式还有

$$C(t_f) \approx C_P(t_f) = K_P(1 - e^{-\frac{t_f^2}{2t_{op}^2}}) = K(1 - e^{-\frac{t_f^2}{2t_d^2}}) \tag{5.37}$$

综合（5.36）式与（5.37）式有

$$K - 1 = K - Ke^{-\frac{t_f^2}{2t_d^2}} \quad \text{或者} \quad K = \exp\left(\frac{t_f^2}{2t_d^2}\right)$$

两边取对数及移项得

$$t_f = t_d \sqrt{2 \ln K} \tag{5.38}$$

（5.38）式给出了该软件项目生命周期的"报废"时刻 t_f 与交付工期 t_d、投入人力费用总量 K 之间的数量关系。据此关系可进一步研究在时间区间 (t_d, t_f) 间的经济活动及其经济分析。

　　[例 5.4]　某欧洲国家的国际长途电话中心已经开发一通信控制软件，该软件用高级

语言编写，程序量 $S=245$ kNCSS，开发工作投入的人力总费用 $K_d=196$ 人年，自开发到交付的时间间隔 $t_d=3.66$ 年，为研究该软件交付用户后的有关经济活动。

（1）试求该软件项目的 K_P、$C(t_d)$、t_{oP}、t_f、D_0、D；

（2）试求该软件项目的 E、t_{od}、m_{od}、m_{oP}；

（3）对上述各经济变量作经济分析。

解　（1）注意到 $S=245$ kNCSS 为大型软件，此时有 $a(245)=1$，于是由(5.20)、(5.11)、(5.38)式得到

$$K_P = K = 6K_d = 6 \times 196 = 1176 \text{ 人年}$$

$$C(t_d) = C_P(t_d) = 0.39K = 0.39 \times 1176 = 459 \text{ 年}$$

$$t_{oP} = t_d = 3.66 \text{ 人年}$$

$$t_f = t_d \sqrt{2 \ln K} = 3.66 \times \sqrt{2 \ln 1176} = 13.8 \text{ 年}$$

$$D = \frac{K}{t_d^2} = \frac{1176}{(3.66)^2} = 88 \text{ 人 / 年}$$

$$D_0 = \frac{K}{t_d^3} = \frac{1176}{(3.66)^3} = 24 \text{ 人 / 年}^2$$

（2）利用(5.15)、(5.19)、(5.22)、(5.32)式得

$$E = \frac{S}{(Kt_d^4)^{\frac{1}{3}}} = \frac{245}{1176^{\frac{1}{3}} \times (3.66)^{\frac{4}{3}}} = 4115$$

$$t_{od} = \frac{t_d}{\sqrt{6}} = 1.5 \text{ 年}$$

$$m_{od} = \frac{K_d}{t_{od} \sqrt{e}} = 79 \text{ 人}$$

$$\frac{m_{oP}}{m_{od}} = \frac{\sqrt{6}}{a} = \sqrt{6} \quad \text{或} \quad m_{oP} = \sqrt{6} m_{od} = 193 \text{ 人}$$

（3）由 $t_f - t_d = 13.8 - 3.66 = 10.14$ 年可知，该软件交付使用后理论上尚需运行 10 多年，因而必须投入相当一批人力费用来作软件维护、有效性测试、可靠性增长试验等其他任务，而这部分投入的总人力费用可计算有

$$K - C(t_d) = 1176 - 459 = 717 \text{ 人年}$$

为保证上述任务完成所需要的技术环境因子，由上计算为 $E=4115$，这是一个较高的环境因子值，因此必须创造条件来满足此环境要求。

在整个生存周期 $[0, t_f)$ 中开发人员高峰、项目任务人力高峰分别出现在 $t_{od}=1.5$ 年，$t_{oP}=3.66$ 年，并显然有 $0 < t_{od} < t_{oP} = t_d < t_f$。而相应的峰值人数依次为 $m_{od}=79$ 人，$m_o = m_{oP} = 193$ 人，由此可知：对大型软件项目人力费用的峰值不在开发阶段 $[0, t_{od})$，而在交付软件时刻 $t = t_d = t_{oP}$。

由该软件项目难度系数 $D=88$ 人/年 $=1.83$ 人/周，说明该软件开发组人数初期基本上是按照平均每周 1.83 人的速率在增加，这样的高速率正好解释了前面计算出的人力增长率为 24 人/年^2 这一事实。而事实上由于该软件项目是一个大型项目，组建这样一个大型项目任务组也确实需要这样的速度，因为这样的大项目组除开发人力外，还需要资源控制、计划支持、任务定义、任务跟踪和进程控制等人力投入。

习　题　五

1. 什么是生产函数？它反映了经济学中的什么问题？什么是规模报酬递增、规模报酬递减、规模固定？如何进行判定？

2. 如何确定软件的生产函数？软件生产函数反映了软件生产过程中的何种工程经济特性？

3. 什么是软件生产率？影响软件生产率的主要影响因素有哪些？为提高软件生产率，常用的应对措施有哪些？

4. 普特纳姆(Putnam)所建立的数量关系式(5.10)~(5.15)式反映了软件生产过程中的哪些工程经济参数间的关联？能解决软件分析与设计中的哪些问题？

5. 对于一个给定工期 t_d、生存期投入总费用 K 的软件项目，若用户要求工期提前 5%，试问此时相应的生存期投入总费用 K、项目难度系数 D 和开发阶段峰值人数 m_{ad} 将会有什么样的变化。

6. 某软件工程是一个与其他系统有多个接口和交互功能的全新软件，系统规模 $S=7500$ NCSS，根据该软件开发机构过去项目开发的经验，环境因子 E 可取 1500。试利用 Putnam 等建立的生产过程分析理论，求解该软件的开发工期 t_d、生存期投入总费用 K、开发阶段的峰值人数 m_{ad}。

7. 某嵌入型软件，其程序测算值 $S=18\,000$ NCSS，根据该软件开发机构过去项目开发的经验，环境因子 E 可取 1200，完成该项目的人力增长率取 $D_0=27$。试利用 Putnam 等建立的生产过程分析理论，求解该软件的开发工期 t_d、生存期投入总费用 K、生存期峰值人数 m_o 和项目难度 D。

8. 由 Putnam 所建立的生产函数推导软件规模(源代码程序量) S、人力增长率 D_0、工期 t_d 与环境因子 E 的数量关系式，并计算当 $S=4500$ NCSS，$t_d=2$ 年，$D_0=7.5$ 人/年^2 时对应的环境因子 E、软件开发难度 D、项目周期内累计投入的人数资源量 K、人力投入的最大值 m_o。

9. 某实时处理软件属小型软件，其开发环境因子估算为 $E=2200$，经参照同类软件的统计资料，该软件的人力增长率定为 $D_0=8$ 人/年^2，软件程序量测算值 $S=5500$ NCSS。

(1) 利用 Putnam 模型计算该软件开发时间 t_d、项目总周期人力总费用 K、开发子周期人力费用 K_d、项目难度系数 D、开发阶段峰值人力数 $m_{ad}=m_d(t_{ad})$。

(2) 用户对(1)中计算之开发时间 t_d 不满意，希望在保持原有 S、E 条件下，在此 t_d 基础上压缩工期两个月，试问相应的 D_0 及 K 将会有何种变化。

10. 某编译程序属中型软件，开发工作始于 1988 年 3 月，1991 年 9 月交付使用，截止 1991 年 9 月共耗费人力费用 $C_d(t_d)=14.8$ 人年，开发程序工作量 $S=47000$ NCSS。

(1) 利用 Putnam 模型计算规模参数 a、项目总周期人力总费用 K、开发子周期的人力总费用 K_P、开发环境因子 E、项目难度系数 D 和人力增长率 D_0 以及开发峰值时间 t_{ad} 和人数 $m_{ad}=m_d(t_{ad})$、项目峰值时间 t_{oP} 和人数 $m_{oP}=m_P(t_{oP})$。

(2) 根据(1)中计算的 D_0 值，你认为在保持原有的人力费用投入水平下，此软件能否在更短的时间内开发出来？理由何在？

11. 某大型商业系统软件有规模 $S=150\ 000$ NCSS，交付期(工期)$t_d=3.2$ 年，截止交付期时为止已累计投入人力资源数 $C(t_d)=400$ 人年，软件单位平均成本 $K_c=6$ 万元/人年。试求该软件：

(1) 环境因子 E、理论生存周期长度 t_f、总成本 U；

(2) 开发周期内最大峰值人数 m_{od}、项目生存周期内最大峰值人数 m_o。

12. 软件开发机构如何来确定自身的软件环境因子 E？我国软件行业欲建立类似于 (5.35) 式的规模参数 $a(s)$ 的具体函数表达式，以适应我国国情，你认为需采取哪些措施？应采集哪些数据序列？解决上述问题的步骤有哪些？

第6章　软件项目的进度计划制订与团队组织

软件项目的进度计划制订和开发团队组织是软件项目开发中的重要工程经济活动,它们对软件项目的科学规划、优化设计与高效开发起着关键的作用。本章介绍软件项目进度计划制订涉及的工作任务分解、计划网络图及其绘制规则,进度计划的分析、求解、风险分析与跟踪,依据进度计划作开发团队的组织与建设等有关内容。

6.1　基本概念与工作流程

软件项目的开发,作为一个产品的"生产"或"制造",人们(尤其是项目经理与企业管理人员)主要关心的产品目标是质量、成本、进度和团队,这四个目标构成了一个如图6.1所示的产品生成要素四边形,在此四边形中的四个生产要素是相互影响、相互制约的,任何一个生产要素的变动都将对其他三个生产要素产生重要的影响。国内、外大量的软件工程实践告诉我们,由于缺乏一个科学的项目进度计划或高效、协调的开发团队,将直接导致软件成本的无限膨胀和质量目标的无法完成。

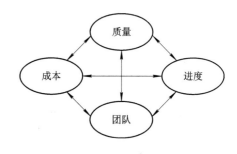

图6.1　生产要素四边形

所谓软件项目的进度计划,是指为执行软件项目的各项活动(任务)和里程碑所制订的工作计划日程表,它是项目组工作进度安排的出发点、管理人员跟踪和监控项目进展状态是否异常的判断标准和跟踪变更(进度、人力、设备)对项目影响的依据。软件项目的进度计划安排一般有如下两种状况:一种是项目交付日期已规定(如招标方和投资方的要求),然后来安排进度计划。另一种是软件企业或项目组根据自身已有的资源(人力或资金等)来计划交付日期(工期)和安排进度计划。软件项目的进度计划制订的基础是项目工作(任务)分解与计划网络图。以下作简要介绍。

6.1.1　项目工作(任务)分解结构

软件项目的规划、分析、设计、开发与测试等任务的实施通常是由一系列的项目活动(Project Activity)或项目任务构成,为了更好地完成软件项目的计划与控制,将这一系列项目活动组成一定的层次结构是十分有用的。这种由一系列软件项目活动所组成的层次结构称为工作(任务)分解结构(Work Breakdown Structure,WBS)。利用WBS,项目经理或企业管理人员可以将整个软件项目任务进行分解,并落实到各项目团队与个人,并以此为基础来制订软件项目的时间进度计划。

　　需要说明的是，WBS 是一种分层的树形结构，树中的每一结点是对软件项目的一项活动的表述，而该结点下的分支则是对该活动的更细致的描述，上述树形结构的最底层结点一般是可交付的工作包（Work Package），即可交付的软件模块，或其他计划、测试、文档等任务集合。这些工作包一般应由唯一的一个团队小组或个人负责完成。上述工作分解的活动（任务）数量与层次划分应视具体情况而定，分解不能太粗，但也要避免过细，根据管理跨度的理论，通常要求 WBS 不超过七层，而每一层底层的工作量为每周 40 小时。在第 1 章中，表 1.10 给出了软件生存周期中按照需求分析、概要设计、详细设计与编码、集成与测试四个阶段划分，且每个阶段又分解为八项活动的软件开发 WBS 任务表。对于任何一个特定的软件项目还可在表 1.10 的基础上作进一步的分解，例如图 6.2 给出了 ERP 项目按阶段分解的 WBS 图，而图 6.3 则给出了 ERP 项目按目标或功能属性分解的 WBS 图。

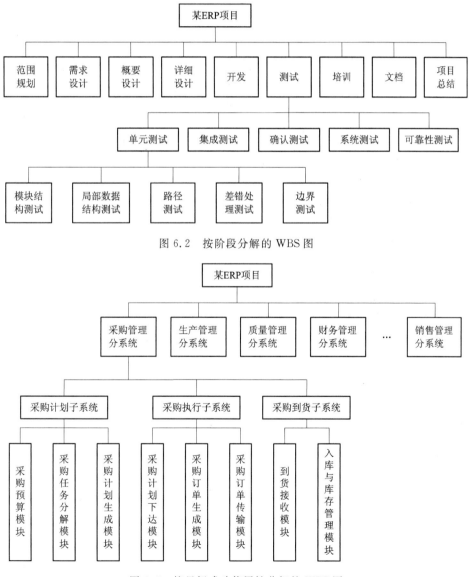

图 6.2　按阶段分解的 WBS 图

图 6.3　按目标或功能属性分解的 WBS 图

6.1.2 活动的逻辑顺序与计划网络图

1. 活动的逻辑顺序

WBS 给出了每个特定软件项目的活动(任务)及其层次结构,这种活动之间的层次结构反映了不同活动之间的地位或重要性的不同以及相互依赖与制约(支配)关系。然而,要使一个软件项目按时(工期)保质(目标)地顺利完成开发任务,仅有上述这种依赖与制约关系是不够的,它还需要各项活动实施过程中的逻辑顺序先后关系。一般来说,任何两项活动 A 与 B 存在着如下四种逻辑顺序关系:紧前关系,紧后关系,先行关系,后行关系。

若活动 B 的开始必须在活动 A 结束以后才能执行,则称 B 是 A 的后行活动,A 是 B 的先行活动;若活动 A 结束后紧接着可以允许实施 B 活动,则称 A 是 B 的紧前活动,B 是 A 的紧后活动。在图 6.4 中以箭线(有向弧)表述活动,以结点表述事项(活动的开始或结束事项),则图 6.4(a)表述了活动 A 与 B 的先行后行逻辑顺序关系,而图 6.4(b)表述了活动 A 与 B 的紧前与紧后逻辑顺序关系。需要说明的是,这种逻辑顺序关系通常是由如下四种原因所造成的:① 两活动间的执行逻辑顺序是由客观规律和内部物质条件的限制所造成,是人们无法违背的事实。如需求分析活动必须在系统设计活动前完成,而测试活动又必须在设计与编码活动完成后方能开始。上述这种逻辑顺序关系称为刚性逻辑关系。② 两活动间的逻辑顺序之先后带有一定的机动性,可由人的主观意志来决定。如设备管理活动与人力资源管理活动二者由于彼此的关联较少,因而在软件开发过程中哪一个活动先执行,哪一个后执行可由企业管理人员或项目经理来决定。上述这种逻辑顺序关系可称为软逻辑关系。③ 某些活动能否可以执行依赖于外部环境或条件,如环境测试或传感器测试将依赖于外部提供的环境设备或传感器测试设备等,这样的逻辑顺序关系又称为外部依赖关系。④ 里程碑(Milestone)。软件项目分阶段完成与进行考评的活动或活动完成时刻称为里程碑。显然,里程碑的内容决定了某些活动应是其先行活动与紧前活动,而另一些活动又应是其后行活动或紧后活动。

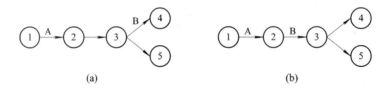

图 6.4 活动间的逻辑顺序关系

2. 计划网络图及其绘制规则与特性

为了系统、全面、直观、形象地反映软件项目所有活动的逻辑顺序关系,人们引进了计划进度网络图(Network Diagramming)或统筹图这一工具。计划进度网络图(简称计划网络图)是由一系列结点和有向边(有向弧)组成的反映软件项目各活动(任务)执行内在逻辑关系的赋权有向图。此中的"内在逻辑关系"即为前述的刚性逻辑顺序关系、软逻辑顺序关系、外部依赖关系和里程碑关系,它是由软件项目本身的外部环境或内部条件等因素的限制所决定。常用的计划网络图(统筹图)有结点法网络图(单代号网络图)、箭线法网络图(双代号网络图)和条件箭线图法等。本书主要介绍箭线法网络图的有关内容。

　　箭线法计划网络图是由一系列结点和箭线(有向弧)所构成的赋权有向图。此中箭线表述项目活动(任务),在统筹图中它又称为作业、工序等,每一箭线的始端和终端均有两个结点,分别表示该活动的开始事项和终止事项(如图 6.4(a)或(b)所示)。以下简述箭线法计划网络图的绘制规则。

　　(1) 每一活动用一箭线及其前后两个结点连结来描述,箭线的上方表明活动代号(可用英文字母表述),箭线的下方标明该活动的完成所耗费的时间长度(单位:周、月或年),两端的结点圆圈内注明结点编号。

　　(2) 一对结点间只能有一条箭线,也不允许出现回路(如图 6.5(a)所示),这是由于回路的存在意味着该活动要按正反顺序执行两次,这在计划上是无意义的。

　　(3) 一对结点间若出现两项以上的并行活动(如图 6.5(b)所示)时,可人为地将其中之一活动一分为二或引入虚工序。此中,虚工序用虚线构成的箭线表述,如图 6.5(b)中由于结点 1 和结点 2 间出现了并行活动 a 与 b,为符合规则(2),人为地将活动 a 分成两个子活动 a_1 和 a_2,(如图 6.5(c)所示),也可引入虚活动 c(如图 6.5(d)所示),以满足规则 2 的要求。

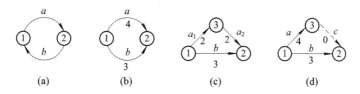

图 6.5　活动规则示意图

　　(4) 在软件开发过程中,若出现必要的反复过程,应将活动的过程拉长或采用等效活动处理(如图 6.6 所示)。

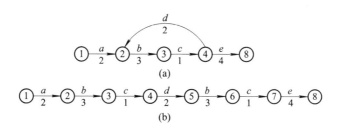

图 6.6　活动出现反复过程

　　(5) 为加快工程进度,有时可引入交叉活动,如在图 6.7(a)中,b 是 a 的紧后活动,但为了加快工程进度,可将活动 a 分成三段 a_1、a_2、a_3 进行,这些子活动间出现了如图 6.7(b)所示的交叉过程,然而由于引进了虚工序 c,从而既满足了 b 是 a 的紧后活动的要求,又满足了规则(3)的要求。

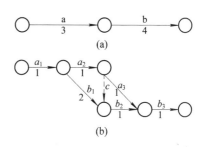

图 6.7　交叉活动过程

　　计划网络图具有如下特性:

　　(1) 有向性和不可逆转性。这是由于计划网络图是一种有向无回路的赋权网络图,其每一条箭线表述一次活动，活动的完成是需要耗费时间的，而时间又是不可逆的，这就是计划网络图的有向性和不可逆转性。

（2）连通性（连续性）。由于任何一次活动（或活动集合）总是从最初的事项（某一活动的开始事项）开始，依次经历过若干个活动及其事项，直到到达某一活动的终止事项为止，并标志着此项活动（或活动集合）的完成。这就是计划网络图的连通性（连续性）的内涵。显然，由于图的连通性的要求，因此计划网络图中不允许中断的活动或无关联的箭线和结点。

（3）封闭性。一个计划网络图只允许有一个起始结点和一个终止结点，这就是计划网络图封闭性的含义。当计划网络出现多个起始结点或多个终止结点时，应引入虚活动（活动时间长度为0），以保证该计划网络的封闭性。例如，图6.8(a)为非封闭的具有两个终止结点的计划网络，而经引入虚工序或合并输出结点（终止结点）时所得到的图6.8(b)和(c)所示的计划网络图则满足了封闭性的要求。

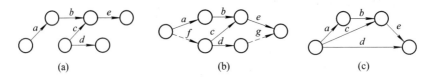

图 6.8　封闭性示意图

3. 活动明细表与活动时长估计

表6.1所示的内容称为某软件项目的活动明细表，又称作业（任务、工序）明细表。该活动明细表一般有五列，分别表述了该软件项目所分解的各活动要素的编号、活动代号、活动内容、紧前（或紧后）活动、活动执行延续时间（简称活动时长）。表6.1各列记录了某软件项目各活动要素执行的逻辑顺序关系及各活动完成需耗费的时间（活动时长）。

表 6.1　活 动 明 细 表

编号	活动代号	活动内容	活动时长/（单位：月）	紧前活动
1	a	需求分析	60	——
2	b	文档	45	a
3	c	测试概要	10	a
4	d	概要设计	20	a
5	e	系统管理	40	a
6	f	测试准备	18	c
7	g	详细设计与编码 I	30	d
8	h	详细设计与编码 II	15	d、e
9	i	配置管理与质量保证	25	g
10	j	系统集成与测试	35	b、i、f、h

一般来说，当一个中、大规模的软件项目要直接给出其对应的计划网络图往往是较为

困难的，通常的做法是先给出其活动明细表(活动明细表中每项活动的紧前活动可用人工来做出判断)，然后再将活动明细表转换成计划网络图。这种转换工作可以由人工来完成，亦有专门的软件工具来自动或半自动地完成上述转换工作。

软件项目经工作任务分解后，各项目活动的延续时间或活动时长可通过如下两种方式之一来完成：

(1) 经验法(专家法)。它适用于不少软件项目的公共模块。开发人员曾多次实践过，不确定因素较少。如数据库模块、报表生成等办公自动化模块等，其模块时长估计可采用若干专家(或有经验人员)的经验，估计并取算术平均的方法来解决。即若设 T_e 表示某活动 e 的活动时长估值(单位：周、月或年)，t_j 表示第 j 个专家(或有经验人员)对活动 e 的时长估计值，则有

$$T_e = \frac{1}{n}\sum_{i=1}^{n} t_i \tag{6.1}$$

(2) 三点估计法。它适用于一些开发人员对其功能与性能或环境属性了解不多，或不确定因素较多的模块，此时可将活动 e 时长 T_e 视作服从 β 分布的随机变量，并用如下公式计算：

$$E(T_e) = \frac{a + 4M + b}{6}, \quad \mathrm{var}(T_e) = \frac{(b-a)^2}{6} \tag{6.2}$$

其中，a 表示对活动 e 时长 T_e 的最乐观完成时间(顺利情况下活动 e 的完成时间)估计；b 表示对活动 e 时长 T_e 的最悲观完成时间(最不顺利情况下活动 e 的完成时间)估计；M 表示对活动 e 时长 T_e 的最可能时间(正常情况下活动 e 的完成时间)估计，并有 $0 \leqslant a \leqslant M \leqslant b$。

4. 计划网络图生成流程

计划网络图可通过如图 6.9 所示的流程来完成。

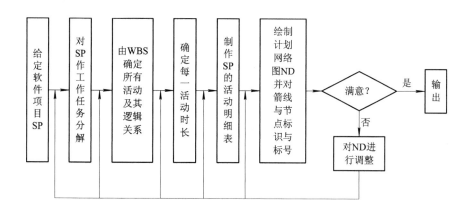

图 6.9　计划网络图求解流程

6.1.3　进度计划与团队组织的工作流程

在了解了项目工作(任务)分解结构和计划网络图的基本概念后，以下介绍软件项目为制订时间进度计划以及完成项目开发团队的组织与建设的基本流程，如图 6.10 所示。

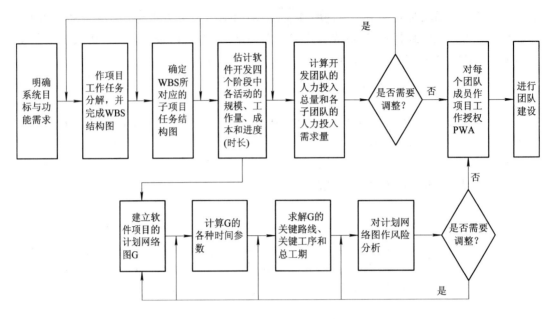

图 6.10　进度计划与团队组织工作流程

由图 6.10 可知，在明确了软件项目的系统目标与功能、性能需求后，项目计划人员可以首先作工作任务分解，并完成对应于特定软件项目的 WBS，并在此 WBS 的基础上完成此 WBS 对应的子项目任务结构图，从而获得该软件项目开发过程中的"最小单元"——活动及其具体内涵和进行活动规模、工作量、成本、进度的估计；然后可作两个分支的工作，第一个分支的工作是计划网络图及其关键路线、关键工序、总工期的求解与系统风险分析，另一个分支的主要任务是根据特定软件项目的任务结构图中的各项活动的具体要求，计算进入软件项目开发团队及各种子团队的人员数量与工种；最后在两个分支工作完成后，对开发团队及其成员进行项目工作授权和进一步考虑软件项目团队的建设问题。本章 6.2 节将详细介绍图 6.10 中各单元的有关内容。

6.2　进度计划的分析与求解

求得软件项目的时间计划网络图只是求解软件项目进度计划的第一步，作为项目管理人员，为了更好地对该软件项目的开发进程进行管理与控制，还需要解决如下五个问题：

（1）确定每个活动的开始时间和结束（完成）时间，且这样的活动开始时间与结束（完成）时间不应是硬性规定的，应允许其有一定的机动余地。

（2）在开发方已有的资源投入下求解该软件项目的交付日期（工期），或给定工期（投资方要求）条件下来安排各活动的开始时间和结束时间。

（3）为了完成工期 T_d 目标，在整个软件项目开发过程中哪些活动是关键的？此中所谓关键活动，是指由于这些活动完成的耽误或更改，将直接影响项目工期目标的完成。

（4）由于开发过程中各相关活动是延续进行的，因此前一活动的耽误必将影响紧后活动的完成，从而构成了一条关键线路。显然关键线路及其中的每一关键活动是项目管理人员管理与控制的重点。

（5）对于给定的工期目标 T_d，在已有项目各活动时长的条件下能否顺利完成的风险分析。

6.2.1 进度计划中关键线路的分析与求解

以下介绍计划网络图中的时间参数及其关联，关键活动与关键线路求解的基本理论以及软件项目关键线路求解的应用案例。所采用的方法称为计划评审技术（Program Evaluation and Review Technique，PERT）与关键线路法（Critical Path Method，CPM）。

1. 时间参数及其关联

由图 6.4 可知，计划网络图的任一箭线表述活动，而箭线的左右各有一个结点分别表示此活动的开始事项和结束事项（如图 6.11 所示），故此活动又可用 (i, j) 来表示，其中 i 为箭线（活动）的起始事项（结点 i），j 为箭线（活动）的终止或结束事项（结点 j）。以下引进活动 (i, j) 的 8 个时间参数，它们的标示符与对应的物理含义如下：

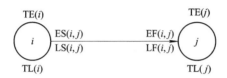

图 6.11 时间参数关联图

$ES(i, j)$ 表示活动 (i, j) 的最早开始时间（Earliest Start，ES）；

$EF(i, j)$ 表示活动 (i, j) 的最早完成时间（Earliest Finish，EF）；

$LS(i, j)$ 表示活动 (i, j) 的最晚开始时间（Lastest Start，LS）；

$LF(i, j)$ 表示活动 (i, j) 的最晚完成时间（Lastest Finish，LF）；

$TE(i)$ 表示结点 i 的最早开始时间；

$TL(i)$ 表示结点 i 的最晚完成时间；

$R(i, j)$ 表示活动 (i, j) 的时差（反映活动 (i, j) 的机动时间）；

$R(i)$ 表示结点 i 的时差（反映结点的机动时间）。

若活动 (i, j) 的实际开始时刻为 t_S，实际完成时刻为 t_F，活动 (i, j) 时长为 $t(i, j)$，则显然有

$$ES(i, j) \leqslant t_S \leqslant LS(i, j), \ t_S + t(i, j) = t_F, \ EF(i, j) \leqslant t_F \leqslant LF(i, j)$$

由上述各时间参数的物理内涵，容易证明它们有如下数量关系：

$$\begin{cases} (1) \ TE(i) = ES(i, j) \\ (2) \ TL(i) = \min_j\{TL(j) - t(i, j)\} = \min_j LS(i, j) \\ (3) \ TE(j) = \max_i\{TE(i) + t(i, j)\} = \max_i EF(i, j) \\ (4) \ TL(j) = LF(i, j) \\ (5) \ EF(i, j) = ES(i, j) + t(i, j) = TE(i) + t(i, j) \\ (6) \ LF(i, j) = LS(i, j) + t(i, j) = TL(j) \end{cases} \tag{6.3}$$

$$\begin{cases} (7) \ R(i, j) = LS(i, j) - ES(i, j) = LF(i, j) - EF(i, j) \\ (8) \ R(i) = TL(i) - TE(i) \end{cases} \tag{6.4}$$

需要说明的是：所谓一个结点 i 的最早开始时间 $\mathrm{TE}(i)$，是指它所代表的开始事项最早可在什么时刻进行，或者说以 i 为起始结点的后续活动 (i, j) 最早可在什么时刻开始；所谓一个结点 i 的最晚完成时间 $\mathrm{TL}(i)$，是指无论该结点 i 有多少项与其关联的先行活动，都必须在该时刻 i 之前完工，否则的话，必然影响结点 i 有关联的后行活动的按期开工。

对于一个起始结点为 1，终止结点为 n 的计划网络图，为计算方便起见，可定义 $\mathrm{TE}(1)=0$，$\mathrm{TL}(n)=T_d$ 或 T_d 待求。

2. 关键线路、关键活动及其特性

在一个给定的计划网络图 G 中，由于只允许有一个起点和一个终止结点，故在 G 中从起始结点开始经过一系列活动直到终止结点为止的一个结点、边（箭线）序列称为 G 的一条通路或路线 P。P 中所经由的各活动时长之和称为该通路的路长。在 G 的所有通路中，路长最大时对应的通路即称为关键路线或关键通路（Critical Path）。在关键路线上所途经的活动称为关键活动（Critical Activity）。

由上述关键路线的定义易知，在计划网络图中，关键路线是影响能否达到工期目标的关键部分，是项目管理与控制的重点对象。在较为简单的计划网络图中，人们可以通过所有通路的穷举并作路长比较来求解关键路线和关键活动，然而在一个复杂的计划网络图中，采用穷举法显然是不可行的，这就需要通过活动时差或结点时差的方法来求解关键活动或关键通路。利用活动时差和结点时差的 (6.4) 式定义，容易证得如下几个性质：

（1）设 G 为计划网络图，通路 CP 为 G 的关键路线的充分必要条件为：对 G 上 CP 的任何活动 (i, j) 有 $R(i, j)=0$ 或有

$$\sum_{(i, j) \in CP} R(i, j) = 0 \tag{6.5}$$

（2）设 G 为计划网络图，通路 CP 为 G 的关键路线，则对 G 上 CP 的任何结点 i 有 $R(i)=0$ 或有

$$\sum_{i \in CP} R(i) = 0 \tag{6.6}$$

（3）若 G 为有限计划网络图，则 G 至少有一条关键路线，至多有有限条关键路线。

（4）计划网络图中所有关键活动时长的总和即为该计划网络图 G 的总工期 T_d，或有

$$T_d = \sum_{(i, j) \in CP} t(i, j) \tag{6.7}$$

事实上，各活动的时差或单时差、自由时差（Free Float）反映了该活动实施时的机动时间。时差为零，说明该活动不可能提前完成，因而该活动必为影响 G 工期完成的关键环节；若时差不为零，说明该活动有提前完成的机动余地，也说明了该活动并非是影响 G 工期完成的关键环节。由于在关键路线 CP 上的各活动时差为 0，这就导致这些活动的起始事项与终止事项无机动余地，从而有 CP 上各结点的时差亦为 0。由此可知，结点时差为零时对应通路是关键路线的必要条件（注意：但并非充分条件，因为非关键路线上的结点亦可能出现时差为零的状况）。此外，由定义知：关键路线 CP 是 G 中所有通路中路长最大的一条，故只要关键路线上的各关键活动实施完毕，则其他非关键活动必然应在关键活动结束前实施完成，这就是性质（4）或 (6.7) 式的由来。

3. 关键路线求解

由上述各时间参数的定义及关键路线、关键活动的特性可知，只须在给定的计划网络

图 G 中首先计算 G 中各活动、结点的时间参数 $ES(i,j)$、$EF(i,j)$、$LS(i,j)$、$LF(i,j)$、$TE(j)$、$TL(i)$，然后在此基础上计算各活动的时差 $R(i,j)$，最后通过性质(1)或(6.5)式即可寻找出关键路线和关键工序。当然，为了使上述求解过程更为准确起见，在所寻找出来的关键路线上可再计算其各结点的时差，并以此来验证上述求解的正确性。

图 6.12 给出了一种被称为"标号算法"的关键路线求解算法，该算法包括三部分：第 I 部分为正向(自左向右)求解计划网络图的结点与活动的最早时间参数，其算法见(6.8)式，第 II 部分为逆向(自右向左)求解计划网络图的结点与活动的最晚时间参数，其算法见(6.9)式，第 III 部分为计算活动与结点的时差，算法见(6.10)式，并由性质(1)及(6.5)式来

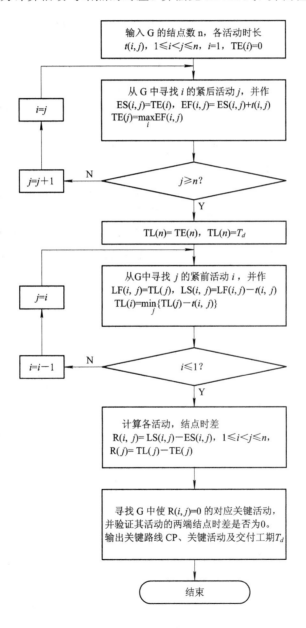

图 6.12　标号算法流程图

寻找关键路线和关键结点。(6.8)、(6.9)和(6.10)式实际上是(6.3)式算法的分解，读者不难从中验证。

$$\begin{cases} \mathrm{TE}(1) = 0 \\ \mathrm{ES}(i, j) = \mathrm{TE}(i) \\ \mathrm{EF}(i, j) = \mathrm{ES}(i, j) + t(i, j) \\ \mathrm{TE}(j) = \max_i \mathrm{EF}(i, j) \end{cases} \tag{6.8}$$

$$\begin{cases} \mathrm{TE}(n) = \mathrm{TL}(n) = T_d \\ \mathrm{LF}(i, j) = \mathrm{TL}(j) \\ \mathrm{LS}(i, j) = \mathrm{LF}(i, j) - t(i, j) \\ \mathrm{TL}(i) = \min_j \mathrm{LS}(i, j) \end{cases} \tag{6.9}$$

$$\begin{cases} R(i, j) = \mathrm{LS}(i, j) - \mathrm{ES}(i, j) \\ R(i) = \mathrm{TL}(i) - \mathrm{TE}(i) \end{cases} \tag{6.10}$$

[例 6.1] 已知某软件项目经工作任务分解后，得到活动明细表如表 6.1 所示。

(1) 绘出表 6.1 对应的计划网络图 G；

(2) 求解计划网络图 G 的关键路线 CP 和关键活动，并给出在给定活动明细表 6.1 状况下的软件项目交付工期 T_d。

解 (1) 由该软件项目的明细表中所给出的各活动逻辑关系，容易绘制出该软件项目的计划网络图 G 如图 6.13 所示。此时为作以后的关键路线求解准备，可在 G 中每一箭线（活动）上方注明该活动的代号，在箭线的下方注明该活动所耗费的时长。显然，活动时长可以在活动明细表 6.1 中得到。亦即在对该软件项目作工作任务分解后，运用前述的经验法或三点估计法得到。

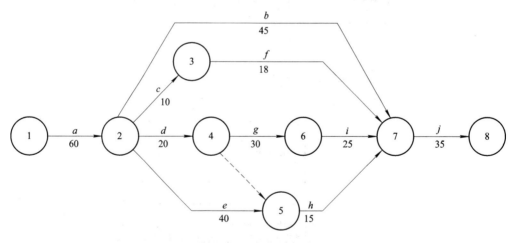

图 6.13 计算网络图

(2) 利用图 6.12 所示的算法流程，可以求得计划网络图 G 的关键路线、关键工序和交付工期。图 6.14 给出了求解过程中正向计算所得到的 G 中各活动、结点的最早时间参数，图 6.15 给出了求解过程中逆向计算所得的 G 中各活动、结点的最晚时间参数。需要说明的是，在正向计算过程中，每得到一个活动的最早开始时间 $\mathrm{ES}(i, j)$ 和最早完成时间 $\mathrm{EF}(i, j)$，就用形如 $[\mathrm{ES}(i, j), \mathrm{EF}(i, j)]$ 的形式标注在箭线上方，同样结点的最早开始时间 TE(i)亦写在结点的上方；类似地，在逆向计算过程中，每得到一个活动的最晚开始时间 LS(i, j)和最晚完成时间 LF(i, j)，就用形如[LS(i, j)、LF(i, j)]的形式标注在箭线（活动）的下方，而得到的结点最晚完成时间 TL(j)亦写在结点的下方。

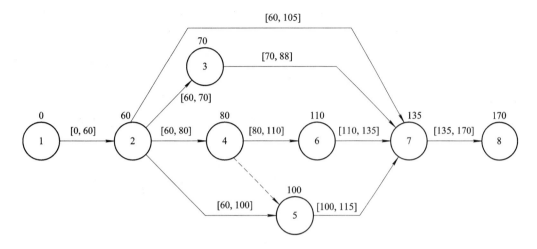

图 6.14　正向计算过程

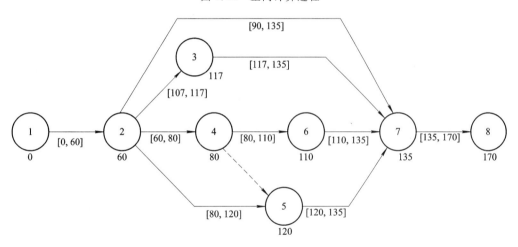

图 6.15　逆向计算过程

例如根据算法(6.8)式可求得如下最早时间参数：

$$TE(1) = 0, ES(1, 2) = 0, EF(1, 2) = 60$$

$$TE(2) = \max_i EF(i, 2) = EF(1, 2) = 60$$

$$ES(2, 3) = TE(2) = 60, EF(2, 3) = ES(2, 3) + t(2, 3) = 60 + 10 = 70$$

$$\cdots$$

$$TE(7) = \max_i EF(i, 7) = \max\{EF(2, 7), EF(3, 7), EF(6, 7), EF(5, 7)\}$$
$$= \max\{105, 88, 135, 115\} = 135$$

同样，根据算法(6.9)式可求得如下最晚时间参数：

$$TL(8) = TE(8) = 170, LF(7, 8) = TL(8) = 170$$

$$LS(7, 8) = LF(7, 8) - t(7, 8) = 170 - 35 = 135$$

$$TL(7) = \min_{j} LS(7, j) = LS(7, 8) = 135$$

$$LF(2, 7) = TL(7) = 135, \quad LS(2, 7) = LF(2, 7) - t(2, 7) = 135 - 45 = 90$$

...

$$TL(2) = \min_{j} LS(2, j) = \min\{LS(2, 7), LS(2, 3), LS(2, 4), LS(2, 5)\}$$

$$= \min\{90, 107, 60, 80\} = 60$$

表 6.2 给出了计划网络图 G 根据流程图 6.12 求得的各活动的时间参数。表 6.3 给出了求得的各结点时间参数，由(6.10)式容易求得各活动时差和各结点时差分别列在表 6.2 的第六列和表 6.3 的第四列。观察表 6.2 各活动时差，可以得到计划网络图 G 的关键路线为 $a \rightarrow d \rightarrow g \rightarrow i \rightarrow j$，关键活动为 $\{a, d, g, i, j\}$，上述各活动为关键活动的事实还可通过观察表 6.3 中各对应结点时差为 0 而得到证实。

表 6.2 活动时间参数表

活动	ES	LS	EF	LF	$R(i, j)$	关键活动
a	0	0	60	60	0	√
b	60	90	105	135	30	×
c	60	107	70	117	47	×
d	60	60	80	80	0	√
e	60	80	100	120	20	×
f	70	117	88	135	47	×
g	80	80	110	110	0	√
h	100	120	115	135	20	×
i	110	110	135	135	0	√
j	135	135	170	170	0	√

注："√"表示是；"×"表示否。

表 6.3 结点时间参数表

结点 i	$TE(i)$	$TL(i)$	$R(i)$	关键活动端点
1	0	0	0	√
2	60	60	0	√
3	70	117	47	×
4	80	80	0	√
5	100	120	20	×
6	110	110	0	√
7	135	135	0	√
8	170	170	0	√

注："√"表示是；"×"表示否。

需要说明的是，上述时间参数的求解过程对于小规模的软件项目完全可用手工在计划网络图上进行作业(故上述标号算法又可称为图上作业法)。其计算过程分为三个阶段，第一阶段为正向计算，亦即依据结点的自左向右顺序逐个进行结点时间参数计算→活动时间参数计算→结点时间参数计算，当一个结点的紧后活动有多个时，其活动时间参数可按照自上而下的顺序逐个进行活动时间参数进行，每得到一个时间参数，可标注在箭线与结点上方(如图 6.14 所示)。当最后一个结点最早开始时间得到后即进行第二阶段的逆向计算过程，逆向计算其计算过程与第一阶段相仿，只是对结点的计算是依自右向左的方向进行，而所得到的时间参数应标注在箭线的下方和结点的下方；对于第三阶段关键活动的判断只须观察 G 中每一箭线(活动)的上方时间参数和下方时间参数即可，当箭线的上方时间参数与下方时间参数完全相同时，显然此时该箭线所对应的活动时差必为 0，从而该活动为关键活动；反之，当上、下方时间参数不同时，该箭线对应的活动就不是关键活动，至于结点时差是否为 0 的判断亦只须观察结点上、下方时间参数是否相同即可，上、下方时间参数相同，说明该结点时差为 0。

6.2.2　进度计划的风险分析与网络优化

对于一个给定的软件项目，当依据前述的工作原理，绘制了计划网络图和完成了各活动的时间参数求解和关键活动、关键路线求解后，即可得到该软件项目的时间进度计划方案如表 6.4 所示。需要指出的是，时间进度计划方案只是一个初步的方案，该方案在项目开发的过程中能否按照预定的轨迹前进并达到工期目标还是未知的，因为它还将受到各种未来的不确定因素的影响。这些不确定性因素有系统调查时对用户目标、功能与性能要求的错误理解或不充分的理解，系统开发时对某些功能模块的困难程度认识不足，开发人员的变动与开发效率的不确定性，用户对系统目标、功能与性能、工期的变更要求，即将购置的开发工具、测试设备性能的不确定性，以及开发人员对各项目任务工时估计的不确定性等。而这些不确定性因素随着软件规模的增大将越来越多，因此对于一个给定的中、大型软件项目，研究开发机构按工期完工的可能性以及给定软件项目执行进度计划的难度等问题是必要的。

表 6.4　项目进度计划方案

序号	活动 i	功能、性能、要求	ES(i)	EF(i)	LS(i)	LF(i)	负责人
1	a	...	...	...	...	...	张三
2	b	...	...	...	...	...	李四
3	c	...	...	...	...	...	...
...	...						
n	k	...	...	...	...	...	...

1. 大、中型软件项目总工期的概率特性

对于一个给定的大、中型软件项目，由以上分析可知，影响开发过程能否按预期进度计划实施的影响因素十分众多，且工作任务分解下的底层活动数量 n 也很大，我们可粗略地认为这些影响因素虽然数量众多，但彼此相互独立且对总工期的影响均匀地微小。于是，由概率论的中心极限定理可知，总工期 T_d 服从正态分布，并有数学期望和方差如下：

$$E(T_d) = \sum_{(i,\,j) \in CP} E(t(i,\,j)) = \sum_{(i,\,j) \in CP} \frac{a_{ij} + 4m_{ij} + b_{ij}}{6} = \mu_{CP} \left.\rule{0pt}{20pt}\right\}$$

$$\text{var}(T_d) = \sum_{(i,\,j) \in CP} \text{var}(t(i,\,j)) = \sum_{(i,\,j) \in CP} \left(\frac{b_{ij} - a_{ij}}{6} \right)^2 = \sigma^2_{CP} \quad (6.11)$$

从而有 $T_d \sim N(\mu_{CP},\ \sigma^2_{CP})$。其中，$CP$ 为给定的一个大、中型软件项目计划网络图 G 的关键路线，a_{ij}、m_{ij}、b_{ij} 分别为 G 的活动 $(i,\,j)$ 时长的最乐观完成时间、最可能完成时间、最悲观完成时间。利用上述结论，可以推断给定一个工期目标 T_0，该软件项目的计划网络完工的概率为

$$P_r(T_d \leqslant T_0) = P_r\left(\frac{T_d - \mu_{CP}}{\sigma_{CP}} \leqslant \frac{T_0 - \mu_{CP}}{\sigma_{CP}} \right) = P_r\left(\eta \leqslant \frac{T_0 - \mu_{CP}}{\sigma_{CP}} \right) = \Phi\left(\frac{T_0 - \mu_{CP}}{\sigma_{CP}} \right)$$

$$(6.12)$$

其中由于 $\eta = \dfrac{T_d - \mu_{CP}}{\sigma_{CP}}$ 服从标准正态分布，故 $\Phi(\cdot)$ 即为标准正态分布表中的拉普拉斯函数 (Laplace)。(6.12) 式的现实意义在于：对于一个大、中型软件项目，在求得了该项目计划网络图中关键路线 CP 及其关键活动时长的最乐观完成时间、最可能完成时间和最悲观完成时间的估计值，则对于任何一个给定的工期目标要求（例如用户或投资方提出的要求）T_0，可以计算按 T_0 要求完工的可能性，并且开发机构还可以据此来决定是否同意用户要求。

[例 6.2]　某软件项目经工作任务分解后，给出了活动明细表如表 6.5 所示。

(1) 绘制对应计划网络图 G，求解 G 的关键路线 CP 和期望总工期 μ_{CP}。

(2) 给定总工期目标 26 月，计算能按此总工期目标完工的概率。

(3) 若要求该计划网络 G 完工的可能性达到 95%，则应确定此软件项目的总工期 T_d 为多少月。

表 6.5　某软件项目活动明细表　　　　　　　　　　　　单位：月

活动代号	a_{ij}	m_{ij}	b_{ij}	μ_{ij}	σ^2_{ij}	紧后活动	关键活动
a	3	4	5	4	1/9	$b,\ c,\ e$	√
b	2	3	4	3	1/9	d	√
c	1	2	3	2	—	f	×
d	2	4	6	4	4/9	g	√
e	3	7	11	7	—	i	×
f	3	4	5	4	—	h	×
g	6	7	14	8	16/9	i	√
h	2	3	4	3	—	i	×
i	6	7	14	8	16/9	—	√

注："√"表示是；"×"表示否。

解　(1) 由活动明细表容易绘制对应的计划网络图 G 如图 6.16 所示。根据表 6.5 中各活动时长的期望值 μ_{ij}，$(i, j) \in G$，容易求解 G 的关键路线 $CP = (1, 2, 3, 5, 7, 8)$，此向量中的各分量代表 CP 所历经的结点标号。由此容易求得 G 的期望总工期与方差有

$$\mu_{CP} = \sum_{(i, j) \in CP} E(t(i, j)) = 4 + 3 + 4 + 8 + 8 = 27 \text{ 月}$$

$$\sigma_{CP}^2 = \sum_{(i, j) \in CP} \sigma_{ij}^2 = \frac{1}{9} + \frac{1}{9} + \frac{4}{9} + \frac{16}{9} + \frac{16}{9} = \frac{38}{9} \text{ 月}^2$$

(6.13)

因此

$$\sigma_{CP} = 2.055 \text{ 月}$$

(2) 对于给定的总工期目标 $T_0 = 26$，其按此工期目标完工的概率有

$$P_r(T_d \leqslant T_0) = P_r(T_d \leqslant 26) = \Phi\left(\frac{T_0 - \mu_{CP}}{\sigma_{CP}}\right) = \Phi\left(\frac{26 - 27}{2.055}\right) = 0.314 = 31.4\%$$

(3) 欲使 $P_r(T_d \leqslant T_0) = 0.95$，或即有 $\Phi\left(\frac{T_0 - 27}{2.055}\right) = 0.95$。查 $N(0, 1)$ 表知有

$$\frac{T_0 - 27}{2.055} = 1.64$$

从而有

$$T_0 = 27 + 1.64 \times 2.055 = 30.37 \text{ 月} = 2.53 \text{ 年}$$

亦即为使该计划网络 G 能按期完工的概率达到 95%，则应确定 G 的总工期为 30.37 月或 2.53 年。

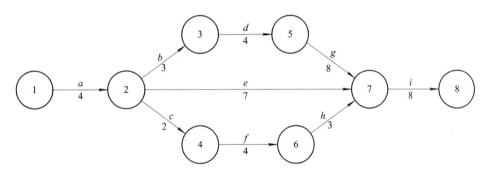

图 6.16　例 6.2 计划网络图

由软件项目总工期的概率特性(6.12)式，还可推出下述两个性质：

(1) 设计划网络 G 的工期为 T_d，$E(T_d) = \mu_{CP}$，则对任意 $x \geqslant 0$，有

$$F(x) = P_r(T_d \leqslant x) \begin{cases} > 0.5 & x > \mu_{CP} \\ = 0.5 & x = \mu_{CP} \\ < 0.5 & x < \mu_{CP} \end{cases}$$

(6.14)

事实上，由分布函数 $F(x)$ 的单调不减性和 $F(\mu_{CP}) = \Phi\left(\dfrac{\mu_{CP} - \mu_{CP}}{\sigma_{CP}}\right) = \Phi(0) = 0.5$，容易得到(6.14)式之结论。

(2) 若计划网络 G 有两条关键路线 CP_1 和 CP_2，执行 CP_1 和 CP_2 时的工期分为 T_1 和 T_2，并有

$$E(T_1) = \mu_{CP1} = E(T_2) = \mu_{CP2}, \quad \text{var}(T_1) = \sigma_{CP1}^2 > \sigma_{CP2}^2 = \text{var}(T_2) \quad (6.15)$$

则对任何工期目标 $T_0 \geqslant 0$，有

$$P_r(T_1 \leqslant T_0) \leqslant P_r(T_2 \leqslant T_0) \quad (6.16)$$

事实上，由题设知有 $\mu_{CP1} = \mu_{CP2}$，$\sigma_{CP1}^2 > \sigma_{CP2}^2$，从而有 $\dfrac{T_0 - \mu_{CP1}}{\sigma_{CP1}} < \dfrac{T_0 - \mu_{CP2}}{\sigma_{CP2}}$。再注意到 Laplace 函数 $\Phi(x)$ 的单调不减性，容易证得(6.16)式结论。

上述两个性质的现实意义在于：性质(1)给了我们一个拒绝工期目标的基本准则，若给定工期目标小于 μ_{CP}，则开发机构应予拒绝；反之，则可以考虑有无条件接纳此目标要求。性质(2)告诉我们，若计划网络 G 有两条关键路线时，管理人员只须跟踪方差大的那条关键路线上的活动执行状况，因为只要方差较大的那条关键路线上的关键活动能顺利执行完成时，其保证软件项目能按期完工的可能性就大。此外，性质(2)对于 G 有 m 条($m \geqslant 2$)关键路线的情况下仍然成立，读者可自行给出结论。

2. 关键路线与计划难度系数

设有一个计划网络 G，其关键路线为 CP，CP 路长的期望和方差分为 μ_{CP} 和 σ_{CP}^2。对于一个给定的工期目标 T_0，可以定义一个计划难度系数 δ_0 来度量 G 执行给定工期目标 T_0 的难易程度，即

$$\delta_0 = 2 \cdot \frac{T_0 - \mu_{CP}}{\sigma_{CP}} \quad (6.17)$$

对于上述定义的计划难度系数 δ_0，容易得到如下性质：

$$P_r(T \leqslant T_0) = \Phi\left(\frac{T_0 - \mu_{CP}}{\sigma_{CP}}\right) = \Phi\left(\frac{\delta_0}{2}\right) \begin{cases} = 0 & \delta_0 \in (-\infty, -6) = \Delta_1 \\ \in (0, 0.308) & \delta_0 \in (-6, -1) = \Delta_2 \\ \in (0.308, 0.692) & \delta_0 \in (-1, 1) = \Delta_3 \\ \in (0.692, 1) & \delta_0 \in (1, 6) = \Delta_4 \\ = 1 & \delta_0 \in (6, +\infty) = \Delta_5 \end{cases}$$

$$(6.18)$$

事实上，由于 $P(T \leqslant T_0) = \Phi\left(\dfrac{\delta_0}{2}\right)$，故有

当 $\delta_0 = -6$ 时，有 $\Phi\left(\dfrac{\delta_0}{2}\right) = \Phi(-3) = 0$。

当 $\delta_0 = -1$ 时，$\Phi\left(\dfrac{\delta_0}{2}\right) = \Phi\left(-\dfrac{1}{2}\right) = 0.308$。

当 $\delta_0 = 1$ 时，$\Phi\left(\dfrac{\delta_0}{2}\right) = \Phi\left(\dfrac{1}{2}\right) = 0.692$。

当 $\delta_0 = 6$ 时，$\Phi\left(\dfrac{\delta_0}{2}\right) = \Phi(3) \approx 1$。

再由分布函数 $\Phi\left(\dfrac{\delta_0}{2}\right)$ 的单调不减性(详见图 6.17)容易得到(6.18)式的结论。当计划难度系数 δ_0 在 Δ_1 区域内时，由(6.18)式知执行工期 T_0 的计划根本不能完成；当 δ_0 在 Δ_2 区域内时，(6.18)式说明执行工期 T_0 的计划完成的可能性较小；当 δ_0 落在 Δ_3 区域内时，

(6.18)式说明执行工期 T_0 的计划完成可能性较大；当 δ_0 落在 Δ_4 区域内时，(6.18)式说明执行工期 T_0 的计划完成的可能性很大；当 δ_0 落在 Δ_5 区域内时，(6.18)式说明执行工期 T_0 的计划有压缩工期的可能。

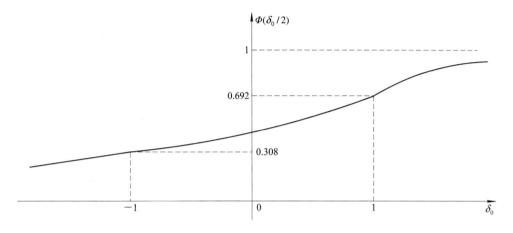

图 6.17　$\Phi\left(\dfrac{\delta_0}{2}\right)$ 曲线

[**例 6.3**]　对于例 6.2 的计划网络图 G，若工期 T_0 分别取 23 月、25 月、27 月、29 月、31 月，求该软件项目能按期完工的可能性。

解　由(6.17)式知，计划难度系数有

$$\delta_0 = 2 \cdot \frac{T_0 - \mu_{CP}}{\sigma_{CP}} = 2 \cdot \frac{T_0 - 27}{2.055}$$

以题设 T_0 的五个值分别代入上式可得结果如表 6.6 所示。由此表中的数据可知，当 T_0 取 23 月或 25 月时，该软件项目能按期完工的概率小；当 T_0 取 27 月时，该软件项目能按期完工的概率较大；当 T_0 取 29 月或 31 月时，该软件项目能按期完工的概率大。

表 6.6　计划难度系数表

T_0	23	25	27	29	31
δ_0	-3.892	-1.946	0	1.946	3.892
δ_0 所属的区间	Δ_2	Δ_2	Δ_3	Δ_4	Δ_4

3. 网络优化

对于一个给定的计划网络 G，它是否就是一个在时间进度、资源投入、成本耗费等方面最佳的方案？若不是，又如何来调整与优化此计划网络 G？解决上述问题的研究称为网络优化问题。

网络优化问题从数学上来看，可分为单目标优化(如时间优化、资源优化、成本或费用优化)和多目标优化两大类问题，其中多目标优化又有时间—资源优化问题，时间—费用优化问题和时间—资源—费用优化问题等。限于篇幅，以下仅介绍时间优化问题的一般思想。

计划网络 G 的时间优化的一般原理有：① 向关键路线上要时间，其采取的措施包括

将串行活动在允许的情况下，调整为并行活动；使用先进的软件开发工具；调用经验丰富的技术人员；采用性能较高的计算机(服务器)等等。② 将富裕路线(非关键路线)上的资源(主要是人力资源)调整到关键路线上来。③ 从项目团队外增拨资源(开发工具、测试设备、开发人员、测试人员)来加强团队，提高开发效率。④ 优化活动间的逻辑顺序关系，以缩短交付工期。⑤ 通过对所建立的单目标或多目标规划模型，采用运筹学的有关方法如线性规划、非线性规划(无约束或有约束)和整数规划的有关方法来作结构优化、或时间优化等。需要了解上述知识的读者可参阅相关的运筹学文献。

6.3　软件项目开发团队的组织与建设

任何一个软件项目都必须由一个开发群体来负责完成，这个群体中的每一个人员均赋予了不同层次的权利和责任，为了同一个确定的目标，互相分工，相互协作，共同来完成软件项目的开发任务。这样的群体，人们通常称为团队(Team)。由于软件项目管理的需要，软件开发团队逐渐小型化，因而人们也将为完成软件开发项目不同任务的各种工作小组统称为团队(或子团队)。一般来说，软件行业的团队，其内涵类似于一般行业的组织或部门(Organization)；一般来说，一个完整的软件项目开发任务需要如下的团队(子团队)：

(1) 项目经理团队；

(2) 编程开发团队；

(3) 软件测试团队；

(4) 产品可用性团队；

(5) 客户培训与文档团队；

(6) 硬件使用维护测试团队；

(7) 系统安装调试运行团队；

(8) 本地化团队。

需要说明的是：所谓可用性，通常是指人机界面的友好性，用户操作的简便性等等要求。而本地化则是负责将原版软件的语言翻译成某一国家或地区的语言，然后向这一国家或地区进行专门的发行工作的统称。在上述各种团队(子团队)中，编程开发团队无疑是最重要的组织，它与软件测试团队、项目经理团队构成软件项目开发的关键性中心团队(Core Team)。因为少了这三者中的任何一个，整个软件开发项目的质量、效率就无法保证，甚至导致软件项目开发无法进行下去。除了这三个"中心团队"之外，其他的各种团队人们常称为外围性支援团队，它们同样是保障软件项目开发高效、保质的必要组织。

作为一个软件企业，仅有上述各种软件开发团队仍然是不够的，因为产品生产出来了，如果不能推向市场，那么企业将得不到丝毫利润。因此任何一个软件企业还需要组织一支市场营销和市场开发团队。这些团队通常有：

(1) 产品销售团队；

(2) 产品售后服务团队；

(3) 客户咨询团队；

(4) 法律团队；

(5) 人力资源管理团队；

　　（6）员工培训团队；

　　（7）财务管理团队；

　　……

　　以下我们将介绍这些项目团队的特点、生成，组织与建设的有关内容，重点将介绍开发团队（Development Team）及其所包括的三个中心团队。

6.3.1　开发团队的特点

　　软件项目的开发团队是为适应软件产品设计、生产的高效、优质而建立的，因此不同的软件项目其开发团队的组织结构、人员配备与职责分工应该有所不同。然而，作为一个有组织的群体，不同的团队间仍然有着一些共同的特点，这些共同的特点包括如下四个方面。

　　1．共同的系统目标

　　任何一个组织都有其自己的目标，项目开发团队也不例外。正是在这一共同的系统目标的感召下，项目开发团队的每一个成员凝聚在一起，并为之共同奋斗。这样的系统目标具有下述要求：

　　（1）系统目标必须明确化，让每个团队成员知道自己努力追求的方向；

　　（2）系统目标必须是可度量的，以便将系统总目标分解到每一个团队成员使其成为自己的工作目标，并让每个团队成员明了必须完成什么任务，何时完成，按照什么样的逻辑顺序去完成，与其他成员应如何配合；

　　（3）系统目标应有一定的挑战性，从而激发团队成员高效率地去完成任务；

　　（4）系统目标必须能被跟踪，并让团队小组的每个成员都能看到他们向其总目标前进的轨迹，从而激发每个团队成员的积极性。

　　2．合理的分工与协作

　　项目团队中的每一个成员都应明确自己在整个团队中的角色、任务、职责和权利，例如项目计划经理的任务或职责是制定项目开发的进度计划、管理项目的进程，并进行跟踪，负责各子团队间的协调，进行开发成本、进度的统筹管理；项目设计经理的主要任务或职责是将用户（如企业领导）的远期目标和对软件项目的目标、功能和性能需求转变成目标软件的功能、结构、设计方案，并将这样的设计方案撰写成软件项目的具体设计规范书；软件设计工程师的任务或职责是做好软件测试的准备（测试工具、测试用例等的准备），并对所开发的软件作功能、性能测试，寻找软件中的一切瑕疵和缺陷并寻找产生的根源，它包括所有的设计问题、功能问题、性能问题、可用性问题，甚至产品说明书中的问题等，亦即寻找软件中的一切"害虫"（Bug）……在明确了每一个团队成员的角色、任务、权力和职责后，还必须明确各成员之间的相互关系，这种相互关系包括彼此任务完成间的逻辑关系、协作关系等。

　　3．高度的凝聚力

　　所谓凝聚力，是指为维系项目团队为完成共同目标时所有团队成员之间的共同协作精神。一般来说，较小规模的团队，由于彼此交往与合作的机会较多，就容易产生凝聚力，而随着团队规模的增大，要使所有团队成员都具有高度的凝聚力，这就需要项目经理和其他管理人员的大量工作，包括最大限度地设法满足团队成员的合理需求，关心和帮助团队成员存在的问题和困难，大力宣传团队凝聚力的重要性，等等。

4. 团队成员的相互信任和有效沟通

任何一个优秀团队在完成任务的进程中都不可避免地会有不同的认识和见解，因此作为团队的管理者，要鼓励团队成员自由地发表自己的见解，大胆地提出一些可能产生争议或冲突的问题，然后通过相互讨论与协商来解决冲突，形成共识。而要达到上述氛围的前提显然是团队成员的相互信任和建立有效的沟通机制，而这种有效的沟通方式应是全方位的，它包括各种各样的、正式和非正式的信息渠道的建立，如运用通信网络进行沟通，采用会议与座谈进行面对面的讨论与沟通，以及个人与个人间的沟通等，只要团队形成了一种开放的、坦诚的沟通气氛，每个团队成员都能在沟通过程中充分表述自己的观点与意见，虚心倾听和接纳他人的有益建议，任何冲突都会得到解决并可能变成推动团队前进的动力。

6.3.2 开发团队的生成与组织

软件项目开发团队的组织一般要解决如下三个问题：

（1）确定项目团队的任务结构和相应的组织结构。

（2）确定进入开发团队的相当于全职的软件人员（Full-time-equivalent Software Personnel，FSP）总数和分布到各团队小组中的人员数。这里所谓的相当于全职的软件人员，是指该人员将全力负责本开发团队所承担的有关项目任务而不兼顾其他的软件项目任务。

（3）选择项目开发团队的项目经理和负责软件设计、开发、测试、管理等骨干人员，以形成合理的技术结构。

以下介绍其相关内容。

1. 开发团队的任务结构

软件项目开发团队任务结构的确定是开发团队组织结构和进入团队的 FSP 总数求解的基础。图 6.18 给出了一个通用的软件开发团队任务结构。对于一个给定的软件项目，可以依据其自身的目标与功能需求，并参考图 6.18 的模式写出对应的项目团队任务结构。此中每一个方框中的活动内容可以交付一个团队小组来完成，此时上述的项目团队任务结构即可成为项目任务的组织结构，但对于一个中、大规模的软件项目来说，由于部分方框内的活动过于复杂或工作量较大，且考虑到各方框内活动所需的人力并非在开发过程中自始至终均参与工作，而是随着时间的推移、人力投入密度呈瑞利分布曲线的特征（详见第 5 章）。亦即具有人力投入密度开始自 0 递增到最高峰，然后又自最高峰递降下来的规律，因此人们认为按照软件开发过程的四个阶段来作项目任务细分更适合实际情况。表 6.7 给出了上述各项活动按照开发过程的计划与需求Ⅰ、概要设计Ⅱ、详细设计与编码Ⅲ、集成与测试Ⅳ等四个阶段的任务细分。若第 i 项活动在第 j 阶段有执行需要，则就在第 i 行第 j 列对应的方格中打√。对于已打√的阶段活动可采用功能点法、Delphi 法、层次分析法（AHP）等方法中的一种估计其规模，然后即可据此来计算各阶段活动需投入的人力数，进而完成该软件项目的团队组织结构设计。需要说明的是，从团队任务结构去求解团队组织结构的方法有自上而下的分解法与自下而上的汇总法。以下介绍的方法是自下而上的汇总法，即先求解出各阶段活动的规模，进而计算出相应的人力需求及系统需求总量，然后来设计相应的组织结构。

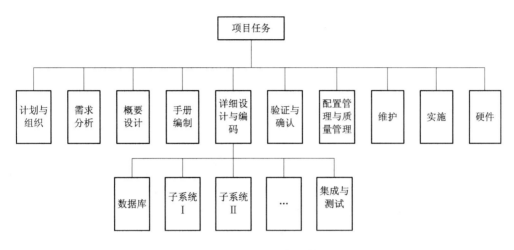

图 6.18　项目团队任务结构

表 6.7　阶段任务细分表

活动 ＼ 阶段	Ⅰ	Ⅱ	Ⅲ	Ⅳ
1. 需求分析与更新	√	√	√	√
2. 计划组织与控制	√	√	√	√
3. 概要设计		√		
4. 详细设计与编码	√	√	√	√
5. 验证与确认		√	√	√
6. 手册编制		√	√	√
7. 配置管理与质量保障			√	√
8. 硬件			√	√

2. 软件项目的人力需求与团队组织结构

设 L_{ij} 表示 j 阶段 i 活动的规模（单位：KLOC），M_{ij} 表示 j 阶段 i 活动的工作量（单位：人月），t_{ij} 表示 j 阶段 i 活动完成的工作长度（单位：月），FSP_{ij} 表示 j 阶段 i 活动所需的全职人员数（单位：人），C_{ij} 表示 j 阶段 i 活动所需成本（单位：千元）。则 L_{ij}、M_{ij}、t_{ij} 可由价

值工程法、Delphi 法、COCOMO 法来确定。例如，若采用中级 COCOMO 模型，则有

$$
\begin{cases}
M_{ij} = U(rL_{ij}^{k}) \\
t_{ij} = h(M_{ij})^{d} \\
C_{ij} = M_{ij} \cdot F_{ij} \\
\text{FSP}_{ij} = \dfrac{M_{ij}}{t_{ij}} \\
\text{FSP}_{S} = \displaystyle\sum_{i=1}^{8}\sum_{j=1}^{4}\text{FSP}_{ij}
\end{cases}
\tag{6.19}
$$

其中，U 为由软件开发环境所确定的工作量乘数，F_{ij} 为 j 阶段 i 活动的工时费用率（可通过历史数据或调查获得）。在确定各阶段活动的全职人员数时，应注意如下几个问题：

（1）应尽量使 FSP_{ij} 为整数，其不足之处可由同一阶段的其他活动全职人员数合并。

（2）软件程序规模较大时，编程或测试阶段可将程序员再分成若干个小组，为管理有效起见，每个团队小组不宜超过 7 人。

（3）在安排各团队小组的人员配置时，应尽量使投入的每个全职人员在完成任务时在时间上具有连续性，不宜将人员频繁地调动与更换工作任务。

表 6.8 给出了通过上述各步骤获得的各阶段活动的全职人员数，由表 6.8 所示的各阶段有关数据及上述注意事项，容易得到如图 6.19 所示的软件项目团队组织结构图。图中圆括号内的数字代表该团队小组的人数。

表 6.8　各阶段活动人数

活动 ＼ 阶段	Ⅰ	Ⅱ	Ⅲ	Ⅳ
1. 需求分析与更新	7	2	7	3
2. 计划组织与控制	3	2	7	4
3. 概要设计		12		
4. 详细设计与编码	2	3	26	12
5. 验证与确认		2	6	14
6. 手册编制		2	3	3
7. 配置管理与质量保障			4	5
8. 硬件			1	3
共计	12	23	54	44

由图 6.19 所示的项目团队组织结构可知该项目的人力投入密度的时间分布呈瑞利分布曲线特征，每个阶段组成一个团队，承担该阶段中的若干项活动。对于那些工作量较大的活动，如概要设计阶段的设计任务（12 人）、详细设计与编码阶段的设计与编码任务（26人）、集成与测试阶段中的编码修改与更新任务（12 人）集成与测试任务（14 人）可再作分解，使每个最终分解成的基本单元（团队小组）的人数不超过 7 人。

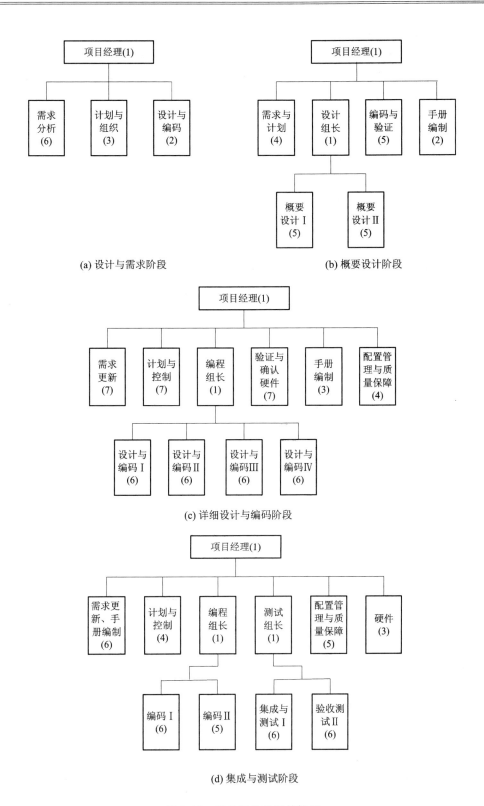

图 6.19　项目团队组织结构图

3. 团队人员的选择

软件项目的开发工作不仅仅是计算机程序的编写，计划编制、成本、质量、进度的控制、手册的编制、硬件人员的支持等均不可缺少。因此，一个组织有序、行动高效的开发团队对团队人员素质的要求除必要的技术素质要求外，下列两个条件是必不可少的：① 开发团队必须有一个具备领导才能的项目经理；② 开发团队必须有一个相对合理的人员技术结构。项目经理作为项目的负责人、管理者和领导者，其基本职责是负责项目的组织、计划和实施全过程，以保证系统目标的成功实现。因此，在考虑项目经理人选时，其具备的领导才能应具有下述特征：

(1) 完成任务显示出主动性、灵活性和适应性；

(2) 具有系统的思维能力和丰富的技术知识，能将大多数时间用于计划与控制；

(3) 具有娴熟的管理能力(包括决策能力、计划能力、组织能力、协调能力和人机交互能力)、丰富的项目管理经验和积极的创新能力；

(4) 具有一定的人格魅力和个人感召力，并能和上级、下级进行有效的沟通，对团队的每个成员的才能和个性有着敏锐的判断力，善于鼓舞士气，充分调动团队成员的积极性；

(5) 能根据项目的成本、工期和人力资源投入等因素来综合权衡技术方案的优劣。

项目开发团队的合理的人员技术结构要求团队具有如下的各类人员：

(1) 系统分析师；

(2) 构架设计师；

(3) 数据库管理员；

(4) 程序设计员；

(5) 测试设计员；

(6) 测试员；

(7) 项目复审师；

(8) 操作/支持工程师；

(9) 质量保证工程师；

(10) 用户界面设计师；

(11) 主题专家(用户)；

……

6.3.3　开发团队的建设

一个有朝气的具有凝聚力和创新能力的开发团队并非是生来具有的，它是在团队组成后的日积月累的建设下才形成的，也是所有团队成员共同努力的结果。软件项目开发团队的建设通常有如下几项重要内容。

1. 加强团队整合，建立有效的团队激励机制与约束机制

项目开发团队是一个由个人组成的集合，这些人员是由于其所具备的技能和能力被挑选出来以执行即将来临的项目任务。要使这些分散的人员为了共同的团队目标而工作，就必须采取各种有效的团队整合措施，如团队成员要各尽其才、各司其职，做到分工明确，

权责分明；要建立规范的操作规程和科学的绩效考评制度，使每个团队成员明了什么能做，什么不能做，谁做得好，谁做得差，团队要定期召开会议，一方面传达项目的进度、成本进展信息，另一方面要反复强调团队的整体性；团队要建立有效的奖励机制，保证优秀的团队成员有工作任务安排的选择权，利用进度的控制权、稀缺设备的使用权和允许他们外出参加各种技术交流会议以开阔他们的视野，邀请他们共进晚餐，提供休假、旅游以及发放奖金、股权等措施。

2. 建立有效的沟通机制，创建相互信任、团结互助的团队精神

人们普遍认为 IT 项目成功的三大因素是：用户的积极参与、明确的需求表示和管理层的大力支持。而这三个要素全部依赖于良好的沟通技巧。因此开发团队与用户建立明确的沟通方式(口头、书面、网络、文档)，确定具体的沟通组织，建立良好的沟通氛围是十分必要的；作为团队内部的成员之间同样需要建立一种有冲突就应加强对话和沟通，通过平等协商以争取协调一致的工作环境；让团队成员形成尊重他人，学会宽容，承认错误，注意必要的妥协的工作作风，并创建相互信任、团结互助、为了共同的团队目标而共同努力的团队精神。

3. 加强技术培训与交流，注意知识创新，不断提高团队成员的创新能力

团队中的每个成员在以往的工作中都或多或少地积累有一定的经验和教训，并形成了自己对一些问题的特定看法和解决思路。他们在新的开发项目中，通过"干中学"和对话交流、模仿、理解和吸收他人的开发经验并结合自己的历史经验和知识，从而对软件项目开发有了进一步的认识和理解，完成了从个人隐性知识向显性知识的转化；每一个项目开发结束后，定期公开项目事后分析和回顾，总结收获和体会，形成新的经验与知识，从而完成团队隐性知识向团队显性知识的转化……有关团队知识创新过程的相互关系详见图6.20。此外，通过企业内部实现成员间的有效沟通和交流，建立知识联盟，与高校、科研院所建立产学研合作机制和机构等措施来为提高团队成员的创新能力打下良好的基础。

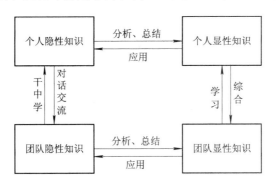

图 6.20　团队知识创新过程

4. 重视软件项目开发团队的管理，聘用优秀人才，重视对人才的不断培养等

由于软件自身的特点，致使软件生产过程至今未能实现全自动或半自动机械化生产方式，而只能采用依赖于人的手工方式来生产。因此软件项目的管理除一般的时间进度管理、成本管理等外，更注重对开发团队的人力资源管理。考虑到开发团队的成员一般均为知识型员工，他们具有智力劳动的创建性，业务上的追求性，工作上的自主性和人力资本的流动性等特点，因此聘用优秀的软件人才，最大限度地发挥他们的工作积极性尤为重要。为此，建立适合于知识型员工的岗位绩效考评体系，恰当运用物质激励与精神激励相结合的激励手段，重视对人才的不断培养等应是对开发团队进行科学管理的主要方向。

习 题 六

1. 软件产品的生产目标有哪些？这些目标之间有何相关关系？

2. 什么是软件项目的进度计划？如何来编制软件项目的进度计划？

3. 什么是软件项目的工作(任务)分解结构(WBS)？任举一软件项目，写出其 WBS。

4. 什么是软件项目的计划网络图？计划网络图有何特性？如图 6.21 所示的网络图是否满足计划网络图的要求？若不满足要求，则说明不满足计划网络图的哪些要求？并给予改正。

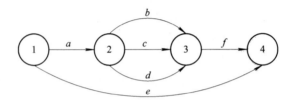

图 6.21　某网络图

5. 某计划网络图的活动明细表如表 6.9 所示，画出与表 6.9 对应的计划网络图。

表 6.9　活动明细表　　　　　　　　　工序长度单位：月

工序名称	a	b	c	d	e	f	g	h	i	j	k	l	m
工序长度	3	1	2	4	3	2	2	3	5	2	4	5	3
紧前工序	—	a	a	b	a	c	d	f	d	i	$e、h、g$	f	$j、k、l$

6. 某计划网络图如图 6.22 所示，求解此计划网络图 G 的关键路线与关键工序和工期。

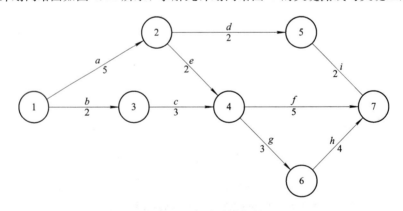

图 6.22　某计划网络图

7. 求解表 6.9 活动明细表对应的计划网络图 G 之关键路线与关键工序和工期。

8. 某软件工程，其工序与工序长度见表 6.10，根据工序间的执行逻辑顺序建立如图 6.23 所示的计划网络图 G。

(1) 计算各工序的时间参数 ES、EF、LS、LF 和各结点的时间参数 TE、TL。

(2) 求解该计划网络 G 的关键路线、关键工序和工期。

表 6.10　工 序 长 度 表

工序名	工序任务	工序长度/月	工序名	工序任务	工序长度/月
a	需求调查	3	j	设计与编码Ⅲ	2
b	测试计划	2	k	用户手册	1
c	概要设计	2	l	虚工序	0
d	虚工序	0	m	文档Ⅰ	2
e	测试数据采集	2	n	集成测试	3
f	测试驱动	1	o	用户培训	1
g	虚工序	0	p	文档Ⅱ	2
h	设计与编码Ⅰ	3	q	虚工序	0
i	设计与编码Ⅱ	4			

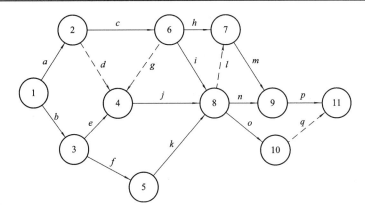

图 6.23　计划网络图 G

9. 某网络信息系统经工作任务分解和工序时细表设计后获得如图 6.24 所示的计划网络图 G。图 G 中各工序的名称、内涵及最乐观完成时间 a_i，最可能完成时间 m_i，最悲观完成时间 b_i 的估计值见表 6.11 所示。试求解：

（1）各工序的平均完成时间；

（2）计划网络 G 的关键路径 CP 及关键工序；

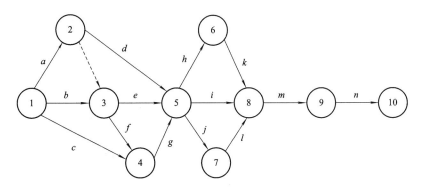

图 6.24　计划网络图 G

（3）使该计划网络 G 完工的可能性达到 0.95 时该网络信息系统的工期目标 T_0 及对应的计划难度系数 δ_0。

表 6.11　工　序　参　数　表　　　　　　单位：月

工序名	工序内涵	a_i	m_i	b_i
a	需求调查 I	4	5	6
b	需求调查 II	4	8	12
c	测试计划	1	2	3
d	硬件准备	4	5	6
e	概要设计	4	5	6
f	算法分析与设计	3	4	5
g	测试驱动	3	4	5
h	数据准备	4	5	6
i	详细设计与编码 I	3	6	9
j	详细设计与编码 II	4	7	10
k	系统仿真	4	8	12
l	配置与质量管理准备	2	3	4
m	集成与测试、质量管理	4	8	12
n	用户手册	4	5	6

10. 某软件项目之计划网络图如图 6.22 所示。若工期 T_d 分别取 9 个月、10 个月、11个月、12 个月、13 个月，

（1）计算不同 T_d 对应的计划难度系数；

（2）计算取不同 T_d 时该项目能按期完工的概率。

11. 一个中、大型软件项目开发任务，需要哪些团队？软件项目开发团队有哪些特点？如何进行开发团队的组织和建设？

12. 某软件项目根据其工作任务分解，获得生存周期内五个阶段（阶段 V 为运行与维护阶段）各活动的人数如表 6.12 所示。试画出相应的软件项目团队的组织结构图。

表 6.12　各阶段活动人数表

活动 ＼ 人数/人 ＼ 阶段	I	II	III	IV	V
1. 需求分析与更新	6	3	2	1	
2. 计划组织与控制	3	2	7	3	2
3. 概要设计		14	4		
4. 详细设计与编码	3	3	36	10	10
5. 验证与确认		2	4	20	10
6. 手册编制		3	4	6	2
7. 配置管理与质量保障	1	2	4	7	5
8. 硬件			2	3	3
合　计	13	29	63	50	32

第 7 章　软件测试的资源分配、进度管理与最优发行

　　软件测试(Software Testing)是软件系统或网络信息系统(NIS)测试的一个基本组成部分,是保证软件质量的关键步骤,也是软件可靠性增长的重要环节。软件由于其"手工制作"的特点,故在开发过程中,开发者的主观认识可能会有与客观事实不相符合的地方,因而在生产周期的每个阶段都有可能产生误解或差错,且早期的误解或差错经过后续工作的进行往往还会被放大。虽然人们力求通过生产周期的每个阶段的技术审查、走查,以期能尽早发现差错与缺陷并将其排除,然而实践表明这样的审查与走查虽能起到一定的排错作用,但不可能将早期的差错与缺陷完全排除;而且在编码的过程中不可避免地又会引入新的软件差错。因此在软件投入运行之前对软件进行有组织的测试是十分必要的,特别是对于一些对软件可靠性要求较高的软件,在投入运行后还将继续进行测试与排错,以消除隐患,避免重大损失,促使软件可靠性的快速增长。

　　大量的统计资料表明,一些先进国家的软件开发机构,其软件测试的开销占整个软件开发费用的 40%~60%,测试人员的投入量也往往超过开发人员投入量。而对于一些要求高可靠性、高安全性的软件,如飞行控制软件、核反应监控软件等,软件测试的开销甚至相当于软件工程生命周期其他步骤总费用的 3~5 倍,即使是一些常用的操作系统,其测试工作量也是很大的。以 Windows NT 为例,据有关资料介绍,其测试程序代码量是 Windows NT 全部代码量的 25%。在一些国家,作为第三方测试的软件测试行业发展也十分迅速,其软件测试行业的产值甚至占到了整个软件产业的 1/4。而且随着 NIS 应用领域的不断扩大和对软件需求的增加,NIS 中软件的规模与复杂性也相应增加,且这种趋势还将继续下去,这就促使人们对软件测试的重要性更为关注。

　　在整个软件开发过程中,与软件测试相关的工程经济活动有软件测试的资源(人力、费用、设备)分配、进度控制以及软件的最优发行等问题。本章将介绍上述工程经济活动的主要概念、方法和应用,作为基础,本章将首先介绍软件测试、软件可靠性与测试人力投入的数学描述等相关内容。

7.1　软件测试与可靠性增长

　　作为本章的基础,本节介绍软件测试的基本流程及其相关测试方法,软件测试的人力投入数量描述和软件可靠性增长模型。

7.1.1　软件测试概述

　　软件测试的目标是希望以最少的人力费用和时间发现潜在的各种差错和缺陷,以期进行改正。为此需要一定的测试方法、测试策略和测试流程。

1. 软件测试方法和测试流程

软件的测试方法有很多，不同的测试方法往往针对不同的测试目标和测试对象、不同的思路以及采用不同的手段。例如，按照被测对象的不同，可分为面向功能、结构为主的测试和面向对象的测试。而面向功能、结构为主的测试又依据是否在计算机上执行被测软件这一准则来划分，可分为静态测试与动态测试。动态测试中又可以是否关心被测软件内部程序细节为依据，划分为黑盒测试和白盒测试。此外，面向功能、结构的测试亦可依阶段目标的不同，划分为单元测试、集成测试、系统测试和运行测试，而面向对象的测试可分为方法测试、类测试、类簇测试、系统测试和运行测试；还可以软件系统目标为依据来划分，分为功能性测试、性能测试、可靠性测试、安全性测试、强度测试、恢复性测试（可看成可修性的一个方面）。

NIS 软件的测试过程通常包括拟定测试计划和编制测试大纲，设计和生成测试用例，按序完成单元测试、集成测试、系统测试和运行测试，生成相应的测试报告等基本活动，其测试流程见图 7.1。需要说明的是，系统测试是需在相关硬件（计算机硬件与网络设备）配置好的情况下所进行的软/硬件系统联试，经系统测试通过后即可交付用户运行，而运行测试则是在用户的作用下为提高软件可靠性所做的相关测试。此外，为使软件测试能省时高效，应采用测试与开发同步进行和逐步推进的渐近策略，并将测试贯穿于软件的整个生命周期的始终。

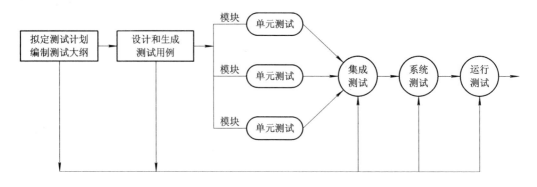

图 7.1　软件测试流程图

2. 静态测试

静态测试是通过阅读程序来查找软件的差错与问题的一种方法，其检查的重点为代码与设计要求是否一致，代码的逻辑表示是否正确与完整，代码结构是否合理，是否有未定义或用错的局部变量或全局变量，是否有不适当的循环嵌套和分支嵌套，是否有潜在的死循环等。

3. 黑盒测试

黑盒测试又称功能测试或数据驱动测试。它将软件视为一个看不到内部状况的黑盒子，在完全不考虑软件内部程序结构和特性情况下考察软件的外部功能与性能特性。由于黑盒测试不能进入程序内部，因而只能作用于程序的接口处，并通过一些典型数据的输入/输出发现被测软件是否有不正确或遗漏的功能，在接口上，输入信息是否能被正确地接收，能否输出正确的结果，是否有数据结构错误或外部信息（例如数据文件）访问错误，是否有初始化或终止性错误，性能上是否满足设计要求等。

4. 白盒测试

白盒测试又称为结构测试或逻辑驱动测试，它将软件视为一个内部结构透明的白盒子，因而被测软件内部程序的逻辑结构和其他有关信息已被测试人员所了解，于是测试人员可根据所了解的上述信息，根据覆盖准则来设计或选择测试用例，对程序中的每个语句、每个条件分支、每个控制路径进行模块测试，以确定实际状态与设计是否一致。白盒测试通常要求对程序中的所有独立路径至少执行一次；在所有的逻辑判断中，取"真"和取"假"的两种情况至少都能执行一次；每个循环都应在边界条件下和一般条件下各执行一次，以此来考察内部数据结构的有效性。

5. 单元测试

由于软件开发是一个由单元(模块)到整体(系统)的过程，因此软件测试的首次活动应为单元测试，以确定每个单元能否正常工作。单元测试除进行功能测试外，主要测试单元与单元间的接口、局部数据结构、重要执行路径、故障处理通路四项特征以及各项特征的边界条件。单元测试一般采用白盒测试，在通过对单元的结构分析后设计出一些测试用例来考察上述各类特征，但也可在白盒测试基础上再采用黑盒测试的思想，对原有的测试用例加以补充，并继续进行考察。

由于模块本身无法独立运行，且模块与模块之间存在着有机的联系，如调用与被调用的关系、数据传递关系等，因此在对每个模块进行测试时需要开发称为驱动模块(driver)和桩模块(stub)的两种辅助模块，用以模拟模块间的调用关系和数据传递关系。其中驱动模块相当于一个主程序，用来接收测试用例的数据，并将这些数据送到被测模块，同时输出测试结果；桩模块也称为存根模块，它被用来代替被测模块中需要调用的其他模块，但内部结构要简单得多，桩模块内部可进行少量的数据处理，目的是为了检验入口和返回、输出调用等被测模块与其下级模块的接口关系。图7.2给出了单元测试的示意图。

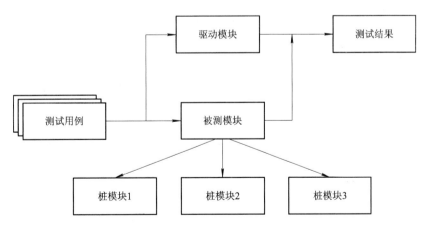

图 7.2　单元测试示意图

6. 集成测试

集成测试是在对被测软件所有单元(模块)分别独立测试完后，按照系统设计的模块结构进行逐步组装的一种有序测试。其原因在于尽管各单元单独工作得很好，但并不能保证它们组装后就能正常地工作。例如数据可能在通过接口时丢失；一个模块可能会对另一模块产生无法预料的副作用；当一些子函数被连接在一起时，可能无法实现设计中所预期的功能；在单个模块中可以接受的不精确性在各模块联通后可能会变得无法接受，合理的局部数据结构组装后所构成的全局数据结构可能也会存在问题……因此集成测试具有组装和检验的双重意义：一方面在软件完成集成测试的同时，逐步将各个模块组装起来，形成一个完整的运行系统；另一方面又检验了每一个组装步骤是否正确，即检验每加入一个模块是否能使功能和性能可以得到增长，以及能否与已存在的模块正确结合、协调工作。

　　集成测试包括功能集成测试、操作剖面建立和有效性测试三部分，其中功能测试通常采用非增量式集成方法或增量式集成方法。非增量式集成方法是首先分别测试各个模块，然后再把这些已被测试并确认为功能与性能符合设计要求的模块组合起来进行整体测试；增量式集成测试方法则是采用测试一个模块组装一个模块，然后再测试再组装，直到所有模块均被组装完毕，并被整体测试合格为止的一种逐步组装的方式。显然，非增量式集成测试可以对所有模块并行进行单元测试，能充分利用人力，加快工程进度；但这种一步到位的方法容易形成混乱，出现错误后不容易查找和定位，故一般适用于规模较小的软件。增量式集成测试虽然采用逐步到位的方法，要多费人力和工时，但由于每个已被测试过的模块还可以在以后组装过程中的每一步骤(组装一个新模块)进行新的测试，从而使得程序测试更为彻底。因而从测试有效性角度来看，增量式集成测试将比非增量式集成测试更为有效。在增量式集成测试中，要求每增加一个新的单元，必须验证新加入的单元和原已被测试通过单元之间接口的正确性，并且必须在经组装(一个单元)后所得到的构件的新层次上再次进行扩充后的单元测试。集成测试通过的准则为：

　　(1) 达到规定的测试覆盖类和覆盖率要求；

　　(2) 对测试中的异常要有合理的解释；

　　(3) 各模块无错误链接；

　　(4) 满足各项功能增长和性能增长的要求；

　　(5) 对错误输入有正确的处理能力。

　　(6) 在组合模块进行测试时，为了避免引入新的软件差错和产生新的问题，往往采用回归测试法。

　　自顶向下的增量集成方式能较早地验证控制和判断点，出现问题能及时修正，这种早期的功能性验证有利于增加开发人员和客户的信心，且由于在测试时不需要重新编写驱动模块，故测试效率较高。但当出现高层模块对下层模块依赖性很大时，由于需要返回大量信息，故在用桩模块替代时，桩模块的编写就较为复杂，从而会增加开销，因而此时可采用自底向上的增量集成方式。有关自顶向下增量集成测试之流程图详见图 7.3。

　　当采用各种增量集成方式作集成测试时常运用回归测试方法。所谓回归测试，是对某些已经测试过的程序子集进行部分或全部的重复测试的一种测试方法。由于在采用各种集成测试方法时，每当一个新的单元模块加入到组合模块中，就会给原有的组合模块带来一些新的变化，例如会出现一些新的数据流路径，产生一些新的 I/O 操作，还可能激活一些新的控制逻辑，因此要对某些已被测试过的程序子集做回归测试，以检查由于上述的变化是否会引入新问题或带来无法预料的副作用。此外，在集成测试的过程中，如果发现错误则均须进行排错；每当软件在排错时，通常会修改某些程序子集或某些数据、文档，而回

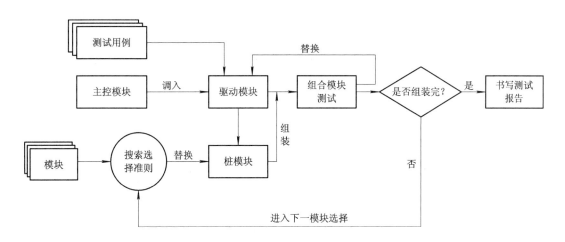

图 7.3　自顶向下增至集成测试流程图

归测试的实施也可用来保证软件在进行排错时不至于带来新的差错或造成新的不可预料的后果。

回归测试可以通过重新执行全部或部分测试用例人工实现，也可以使用自动化的捕获回放工具来进行。考虑到在集成测试过程中需要实施回归测试的数量可能会很庞大，因此在回归测试的选择上应优先考虑那些涉及在主要的软件功能中出现过一个或多个错误类时的测试，如果在每做一次改错时均实施一次回归测试，则显然是不切实际的也是低效率的。

集成测试的第二个重要部分是建立操作剖面。所谓操作剖面(Operation Profiles)，是对软件用户运行环境与系统使用方式的一种概念描述，它被定义为一组功能方案的概率分布。显然，为在开发方地点来模拟用户的运行环境与实际操作方式，建立操作剖面是必要的。操作剖面一般可以根据软件的以前版本或现有类似系统的实际应用过程中的操作状况来建立。建立操作剖面的过程实际上是一个逐步细化软件运行条件和使用范围的过程，通常将其划分为四个主要阶段，即分析顾客剖面或用户剖面、确定系统方式剖面、定义功能剖面和构造操作剖面。其中分析顾客剖面或用户剖面、确定系统方式剖面、定义功能剖面是在软件开发的系统分析阶段之前建立的，有时可以延伸到详细设计阶段，它们描述了运行条件和用户使用条件的基本特征，是建造操作剖面的基础。而构造操作剖面是在软件实现和软件测试阶段建立的，它描述了各种类型的运行类型出现的概率。有关操作剖面建立的进一步内容可参见作者文献[15]。

集成测试的第三个重要部分是有效性测试。由于软件经组装测试并排错后，接口方面的问题已经解决，故以后集成测试的主要问题是解决软件的有效性问题，所谓软件的有效性问题，是指软件的功能、性能、可靠性、安全性及保障性等方面软件的实际水平是否达到用户的需求。有效性测试是在开发方地点在模拟用户运行环境的条件下所进行的一种用户需求测试，一般采用黑盒测试来检验所开发并经单元测验、组装集成测试及排错后的软件是否与描述用户需求的需求分析说明书一致。测试人员一般由开发方的测试人员及软件设计人员组成。以下简述各类测试的基本内涵。

1）恢复测试

恢复测试是检测系统的容错能力。检测方法是采用各种方法让系统出现故障后，检验系统是否按照要求能从故障中恢复过来，并在预定的时间内开始事务处理，而且不对系统造成任何损害。如果系统的恢复是自动的（由系统自动完成），需要检验重新初始化、检查点、数据恢复等是否正确。如果恢复需要人工干预，就要对恢复的平均时间进行评估，并判断它是否在允许的范围内。由于系统的容错能力常作为系统可靠性的表征之一，故恢复测试亦可作为可靠性测试中的一个组成部分。

2）安全性测试

系统的安全性测试是检测系统的安全防范机制、保密措施是否完美且没有漏洞。测试的方法是测试人员模拟非法入侵者，采用各种方法冲破防线。例如，以系统的输入作为突破口，利用输入的容错性进行正面攻击；故意使系统出错，利用系统恢复的过程，窃取口令或其他有用的信息；想方设法截取或破译口令；利用浏览非保密数据，获得所需信息等。从理论上说，只要时间和资源允许，没有进不了的系统。所以，系统安全性设计准则是使非法入侵者所花费的代价比进入系统后所得到的好处要大，此时非法入侵已无利可图。

3）强度测试

强度测试是对系统在异常情况下的承受能力的测试，是检查系统在极限状态下运行，性能下降的幅度是否在允许的范围内。因此，强度测试要求系统在非正常数量、频率或容量的情况下运行。例如，运行使系统处理超过设计能力的最大允许值的测试用例；设计测试用例，使系统传输超过设计最大能力的数据，包括内存的写入和读出、外部设备等；对磁盘保留的数据，设计产生过度搜索的测试用例等。强度测试主要是为了发现在有效的输入数据中可能引起不稳定或不正确的数据组合。

4）性能测试

性能测试是检查系统是否满足系统分析说明书对性能的要求。特别是实时系统或嵌入式系统，即使软件的功能满足需求，但性能达不到要求也是不行的。性能测试覆盖了软件测试的各阶段，而不是等到系统的各部分所有都组装之后，才确定系统的真正性能。通常与强度测试结合起来进行，并同时对软、硬件进行测试。软件方面主要从响应时间、处理速度、吞吐量、处理精度等方面来检测。

5）可靠性测试

对于在系统分析说明书中提出了可靠性要求的软件或对一些要求高可靠性的软件，可靠性测试是必要的。由于衡量软件保持应有功能与性能持久能力的可靠性要求对于任何的网络管理软件和网络应用软件来说均是需要的，因此应该通过软件的可靠性测试来判断被测软件是否满足用户的可靠性要求。这种对软件可靠性目标的验证测试，在软件集成中的有效性测试和软件验收中的系统测试均需要实施。由于软件集成的有效性测试是交由开发方实施的，因此已发现软件差错就将进行排错，从而使软件呈现可靠性增长的趋势，故这种现象又称为软件可靠性增长。然而在验收阶段的可靠性测试则是一种依据软件验收规范所做的测试，以期对软件是否验收做出决策，故在这一过程中一般暂不进行软件排错，而留待测试后再考虑排错问题，因此这种测试是一种影响软件可靠性水平的测试。有关软件可靠性增长测试的基本流程见图 7.4，相关内容可参见作者文献[15]。

集成测试的特点是边查错、边排除。差错的排除不能采用试探的方法，因为这种做法很难达到预期的排错要求，也是排错人员无能的表现。

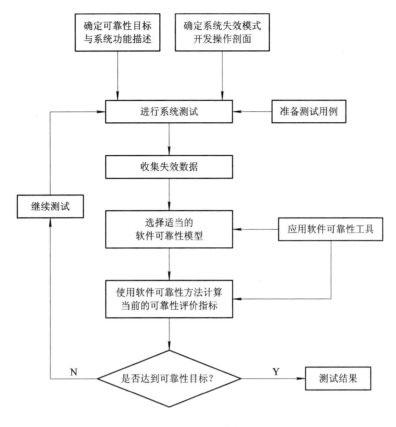

图 7.4　测试过程流程图

　　由于排错通常要局部修改原来的程序，并破坏原有程序的完整性，从而对程序的结构和可读性产生消极的影响，而且排错又是在开发进度约束下进行的，时间的紧迫性又使问题变得更加尖锐，因而新的错误很容易在毫无觉察的情况下引入。经验表明，在改正错误的过程中引入新的错误的概率高达 20%～50%。这种情况表明排错工作不能分配给缺乏经验的新手，而应由有经验的程序员去担任。必须确保排错的质量，对排错的要求应像对设计的要求一样严格。而且在排错过程中若更改与排错有关的文档，则改正后的程序要经过代码检查和走查。如果错误是在单元测试后发现的，应追加一些单元测试用例或重新进行单元测试。要防止速成的做法，即先改动目标程序，事后再修改源程序，这种做法容易造成目标程序和源程序不一致；正确的做法是先改正源程序，然后进行编译，这种做法表面上看来似乎费时，但是出错的可能性较小。常用的排错技术包括诊断输出语句、抽点打印分析、跟踪分析、指令断点分析、断言控制排错和执行历史分析六种，详情在此从略。

　　7. 验收测试与运行测试

　　软件验收测试是检验被测软件所具有的功能和性能水平是否满足用户需求的一种验证测试，经过软件验收测试并通过后，软件作为产品将交付用户使用。考虑到软件如网络管理软件和网络应用软件等均有一定的规模和较高的复杂性，即使是在单元测试、集成测试与系统测试后，仍然会残留一些差错，因此在软件交付用户使用后仍须进行经常性测试以保证软件的可靠性增长，这就是软件的运行测试。表 7.1 列出了将软件验收测试和运行测验与软件单元测试和集成测试比较，在测试地点与运行环境、测试参与人员、测试关注重点、排错及测试基本内容等方面的不同之处。需要说明的是，软件测试的基本内容除有效性(性能、可靠性、安全性、恢复性、强度)测试外，尚须进行软件配置的检查如检查软件(源程序、目标程序)和文档(包括面向开发方和用户方两方面)是否齐全以及分类是否有序等，以确保文档、资料的正确和完善，以便于软件维护;软件运行测试则主要是软件可靠性增长测试，以利于软件在今后的工作中发挥更大的作用。

表 7.1　四种软件测试的比较

序号	测试类别	测试地点与运行环境	测试参与人员	测试关注重点	排错	测试基本内容
(1)	单元测试	开发方，各单元独立测试	开发人员自身测试	编码方面的差错	查出差错，立即排除	功能性测试
(2)	集成测试	开发方，模拟用户环境	开发人员，系统分析人员	单元间接口方面的差错及系统设计差错	查出差错，主动排除	集成增量(组装)测试，建立操作剖面，有效性(性能、可靠性、安全性、恢复性、强度)测试
(3)	验收测试	用户方，用户实际运作环境	第三方测试人员，用户测试人员	需求分析方面的差错与问题	查出差错，暂不排除	有效性(性能、可靠性、安全性、恢复性、强度)测试，软件配置检查
(4)	运行测试	用户方，用户实际运行环境	用户测试人员	各方面差错	查出差错，立即排除	可靠性增长测试

7.1.2　软件可靠性增长模型

1. 软件测试、差错排除与可靠性增长

由于在集成测试与运行测试(包括验收测试后的差错排除)中差错的检出和排除，软件系统的残存差错数将不断减少，并呈现如图 7.5 所示的阶梯型下降曲线，从而实现了软件系统的可靠性增长现象。由于这样的可靠性增长现象是由开发机构所投入的开发人员数量与业务素质(测试经验、测试技术)及测试工具所决定的，因而必然会呈现出一定的数量规律性。于是，人们就用随机过程这一数学工具来描述测试过程中故障(或差错)减少与可靠性增长过程的概率规律性，并在此基础上提出了各种反映软件可靠性度量指标之间及其与人力投入依赖关系的可靠性增长模型。利用各种可靠性增长模型，人们可以对正在开发或已开发完成的软件可靠性属性作出定量评估，预计开发过程的可靠性增长状况，判断已开发完成的软件是否符合验收标准，进而为软件开发过程中的人力资源组织、分配与控制以及软件发行等问题的决策提供依据。

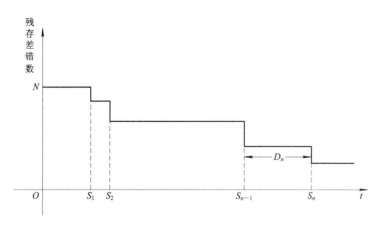

图 7.5　差错排除过程

目前已发表的可靠性增长模型数量很多，并在其模型假设条件的合理性、指标的系统性与关联性、参数估计的复杂性、对其他软件工程经济问题决策支持的深度以及数据要求等方面各有所长。限于篇幅，本节仅介绍与软件工程经济学相关较为紧密的三个模型：G-O 模型，SPQL 模型和基于测试人力的可靠性增长模型，需要进一步了解其他可靠性有关内容的读者可参阅作者撰写的文献[15]、[16]。

G-O 模型是由 A. L. Goel 和 K. Okumoto 于 1979 年提出的。该模型的基本出发点是对软件的量测与排错将无限制地延续下去，并认为差错的查出与排错累计过程是一个非时齐的泊松过程（NHPP）。该模型对随后的软件可靠性测试评价模型研究也有着重大的影响。

G-O 模型族包括有基本 G-O 模型、扩展 G-O 模型、延迟 S 型 G-O 模型和普通 S 型 G-O 模型等多种变种，以下仅介绍前两种。

2. 基本 G-O 模型

基本 G-O 模型的基本假设为：① 差错随机地存在于程序中，在对软件的量测与排错过程中，差错的出现是程序运行的函数，在任何时间区间内出现的期望差错数与时间区间的长度 Δt 成正比，与剩余差错数成正比，比例系数设为 b；② 在量测与排错过程中，差错的累计（计数）过程是一个非时齐的泊松过程；③ 纠错时不发生新的错误；④ 前后出现的差错无关联。

设 $N(t)$ 表示 $(0, t)$ 内查出的累计差错数，则由上述基本假设②知 $N_T = \{N(t), t \geqslant 0\}$ 为 NHPP；若设 $\lambda(t)$ 为 N_T 的强度函数，$m(t) = \int_0^t \lambda(u)\, \mathrm{d}u$ 为累计强度函数，则由非齐次泊松过程理论可以证明，对 $\forall t \geqslant 0$ 有 $E[N(t)] = m(t)$，从而表明 $m(t)$ 即为在 $(0, t)$ 内查出的期望累计差错数。此外，又由于 $\dfrac{\mathrm{d}m(t)}{\mathrm{d}t} = \lambda(t)$，故 $\lambda(t)$ 可理解为在 t 时的差错查出率（单位时间内查出的平均差错数）。另外，注意到差错与排错将无限制地延续下去，故 $N(t, \infty) = N(\infty) - N(t)$ 表示 t 时的剩余差错数，$a = \lim\limits_{t \to \infty} m(t)$ 表示最终查出的期望差错数。利用非齐次泊松过程理论可以证明如下结论。

定理 7.1　在上述基本假设①、②、③、④条件下，软件的差错查出与排错计数过程 $\{N(t), t \geqslant 0\}$（NHPP）有：

（1）对 $\forall t \geqslant 0$，$(0, t)$ 内查出的期望累计差错数 $m(t)$ 及 t 时的差错查出率 $\lambda(t)$ 有

$$m(t) = a(1 - \mathrm{e}^{-bt}), \quad \lambda(t) = ab\mathrm{e}^{-bt} \qquad a > 0, \, b > 0 \tag{7.1}$$

（2）当软件的量测与排错过程无限制延续下去时，其最终查出的累计差错数具有均值为 a 的泊松分布，即有

$$\lim_{t \to \infty} p(N(t) = k) = \frac{a^k}{k!} \mathrm{e}^{-a} \qquad k = 0, 1, 2, \cdots \tag{7.2}$$

t 时的剩余差错数的期望与方差为

$$E[N(t, \infty)] = \mathrm{var}(N(t, \infty)) = a\mathrm{e}^{-bt} \tag{7.3}$$

（3）在 t 时已查出 d 个差错的条件下，t 时的剩余差错数有如下的条件分布与条件数学期望：

$$P(N(t, \infty) = k \mid N(t) = d) = \frac{(a - m(t))^k}{k!} \mathrm{e}^{-(a - m(t))} = \frac{a^k \mathrm{e}^{-bkt}}{k!} \mathrm{e}^{-(a\mathrm{e}^{-bt})} \qquad k = 0, 1, 2, \cdots$$

$$E(N(t, \infty) \mid N(t) = d) = a - m(t) = a\mathrm{e}^{-bt}$$

（4）设 S_j 表示第 j 个差错的出现时刻，$X_j = S_j - S_{j-1}$ 为相邻差错出现的间隔时间，$j = 1, 2, \cdots$，则在 $S_{n-1} = T$ 的条件下，$X_n > t$ 的条件概率为

$$R(t \mid T) = P(X_n > t \mid S_{n-1} = T) = \exp\{-m(t + T) + m(T)\}$$

$$= \exp\{-m(t)\mathrm{e}^{-bT}\} = \exp\{-a(1 - \mathrm{e}^{-bt})\mathrm{e}^{-bT}\} \tag{7.4}$$

此 $R(t \mid T)$ 即为软件可靠度。

在将上述定理的有关结论应用时，需对 a 与 b 作出估计，下面用最大似然估计法原理来对 a、b 作参数估计。设在量测与排错过程中，已得到了在时间区间 $\Delta_k = (0, t_k)$ 查出的累计软件差错数 d_k，其中 $0 < t_1 < t_2 < \cdots < t_n$，$0 \leqslant d_1 \leqslant d_2 \leqslant \cdots \leqslant d_n$，则可建立如下关于参数 a 与 b 的似然函数：

$$L(t_1, t_2, \cdots, t_n; d_1, d_2, \cdots, d_n; a, b)$$

$$= P(N(t_1) = d_1, N(t_2) = d_2, \cdots, N(t_n) = d_n)$$

$$= P(N(t_1) = d, N(t_1, t_2) = d_2 - d_1, \cdots, N(t_{n-1}, t_n) = d_n - d_{n-1})$$

将上述似然函数 $L(t_1, t_2, \cdots, t_n; d_1, d_2, \cdots, d_n; a, b)$ 分别对未知参量 a 与 b 求偏导并令其等于 0。然后通过非齐次泊松过程（NHPP）的过程统计推断理论（可详见作者文献 [16]）可以推得如下方程组成立：

$$\begin{cases} \dfrac{\partial \ln L}{\partial a} = \dfrac{1}{a} \displaystyle\sum_{j=1}^{n} (d_j - d_{j-1}) - (1 - \mathrm{e}^{-bt_n}) = \dfrac{d_n}{a} - (1 - \mathrm{e}^{-bt_n}) = 0 & (7.5) \\[3mm] \dfrac{\partial \ln L}{\partial b} = \displaystyle\sum_{j=1}^{n} \dfrac{(d_j - d_{j-1})(t_j \mathrm{e}^{-bt_j} - t_{j-1} \mathrm{e}^{-bt_{j-1}})}{\mathrm{e}^{-bt_{j-1}} - \mathrm{e}^{-bt_j}} - ab\mathrm{e}^{-bt_n} = 0 & (7.6) \end{cases}$$

由式（7.5）可得

$$a = \frac{d_n}{1 - \mathrm{e}^{-bt_n}} \tag{7.7}$$

将式（7.7）代入式（7.6），可得非线性方程

$$\sum_{j=1}^{n} \frac{(d_j - d_{j-1})(t_j \mathrm{e}^{-bt_j} - t_{j-1} \mathrm{e}^{-bt_{j-1}})}{\mathrm{e}^{-bt_{j-1}} - \mathrm{e}^{-bt_j}} = \frac{bd_n \mathrm{e}^{-bt_n}}{1 - \mathrm{e}^{-bt_n}} \tag{7.8}$$

上式为仅含未知参数 b 的非线性代数方程，求解式（7.8）可得 $\hat{b}$，代入式（7.7）可得 $\hat{a}$。

3. 扩展 G-O 模型

在基本 G-O 模型的假设中规定软件差错一旦被发现将立即被修正，并不会引入新的

差错，而扩展 G-O 模型则将上述假设进一步放宽，即假设⑤软件在 t 时刻发现的差错并非一定会修正（或排除），并设 p 表示在 t 时刻被发现的软件差错完全修正的概率。对这种推广的 G-O 模型有定理 7.2 结论。

定理 7.2　在上述基本假设①、②、③、④、⑤下，软件的查错与排错过程 $\{N(t),\ t\geq 0\}$（NHPP）有：

（1）对 $\forall t\geq 0$，$(0, t)$ 内查出的期望累计差错数 $m(t)$ 及 t 时的差错查出率 $\lambda(t)$ 有

$$m(t) = \frac{a}{p}(1 - \mathrm{e}^{-bpt}),\quad \lambda(t) = ab\,\mathrm{e}^{-bpt} \tag{7.9}$$

（2）当量测与排错过程无限制地延续下去时，其最终查出的累计差错数具有均值为 a/p 的泊松分布，即有

$$\lim_{t\to\infty}P(N(t)=k) = \lim_{t\to\infty}\frac{\left[\dfrac{a}{p}(1-\mathrm{e}^{-bpt})\right]^{k}}{k!}\mathrm{e}^{-\frac{a}{p}\mathrm{e}^{-bpt}} = \frac{\left(\dfrac{a}{p}\right)^{k}}{k!}\mathrm{e}^{-\frac{a}{p}}\quad k=0,1,2,\cdots \tag{7.10}$$

t 时的剩余差错数的期望与方差有

$$E(N(t, \infty)) = \mathrm{var}(N(t, \infty)) = \frac{a}{p}\mathrm{e}^{-bpt}$$

（3）在 t 时已查出 d 个差错的条件下，t 时的剩余差错数有如下的条件分布与条件数学期望：

$$P(N(t, \infty) = k\ |\ N(t) = d) = \frac{\left(\dfrac{a}{p}\mathrm{e}^{-bpt}\right)^{k}}{k!}\mathrm{e}^{-\frac{a}{p}\mathrm{e}^{-bpt}}\quad k=0,1,2,\cdots \tag{7.11}$$

$$E(N(t, \infty)\ |\ N(t) = d) = \frac{a}{p}\mathrm{e}^{-bpt}$$

（4）软件可靠度为

$$R(t\ |\ T) = P(X_n > t\ |\ S_{n-1} = T) = \exp\{-m(t)\mathrm{e}^{-bpt}\}$$
$$= \exp\left\{-\frac{a}{p}(1-\mathrm{e}^{-bpt})\mathrm{e}^{-bpT}\right\} \tag{7.12}$$

该定理的证明与定理 7.1 类同，故从略。容易验证定理 7.1 各结论为定理 7.2 结论当 $p=1$ 时的特殊情形。

上述结论中的参数 a 与 b 可利用与前述类同的方法来计算，即将 $P(N(t_1)=d_1,\ N(t_2)=d_2,\cdots,\ N(t_n)=d_n)$，$0\leq t_1<t_2<\cdots<t_n$，作为似然函数分别对 a、b 求偏导，并令其为零组成联立方程来求解。所不同的是 $m(t)$ 由 $a(1-\mathrm{e}^{-bt})$ 变为 $\frac{a}{p}(a-\mathrm{e}^{-bpt})$。下面我们来介绍另一种似然函数的参数估计方法。

在软件量测与改错过程中，设 s_j 表示第 j 个差错的查出时刻 $(j=1, 2, \cdots)$，若已得到了 $S=(s_1, s_2, \cdots, s_n)$ 的观察值 $(t_1, t_2, \cdots, t_n)$，显然 $0\leq t_1<t_2<\cdots<t_n$，则由作者文献[16]知 S 有联合密度函数

$$f_s(t_1, t_2, \cdots, t_n) = \mathrm{e}^{-m(t_n)}\prod_{j=1}^{n}\lambda(t_j) = \mathrm{e}^{-\frac{a}{p}(1-\mathrm{e}^{-bpt_n})}\prod_{j=1}^{n}(ab\,\mathrm{e}^{-bpt_j})\quad 0<t_1<t_2<\cdots<t_n$$

根据最大似然估计原理，亦可将上述 $f_s(t_1, t_2, \cdots, t_n)$ 作为似然函数 L，并将 $\ln L$ 达最

大时对应的 $\hat{a}$、$\hat{b}$ 作为 a、b 的估计值。因此有

$$\ln L = \ln f_s(t_1, t_2, \cdots, t_n) = \sum_{j=1}^{n}[\ln(ab) - bpt_j] - \frac{a}{p}(1 - e^{-bpt_n})$$

并将 $\ln L$ 分别求对 a、b 的偏导，并令其为零，可得如下联立方程：

$$\frac{n}{a} = \frac{1}{p}(1 - e^{-bpt_n}) \tag{7.13}$$

$$\frac{n}{b} = p\sum_{j=1}^{n}t_j + at_n e^{-bpt_n} \tag{7.14}$$

由式(7.13)可得

$$a = \frac{np}{1 - e^{-bpt_n}} \tag{7.15}$$

将(7.15)式代入(7.14)式，可得

$$\frac{n}{b} = p\sum_{j=1}^{n}t_j + \frac{npt_n}{1 - e^{-bpt_n}}e^{-bpt_n} = p\sum_{j=1}^{n}t_j + \frac{npt_n}{e^{bpt_n} - 1} \tag{7.16}$$

上式为仅含 b 的非线性代数方程，利用有关数值计算方法，容易求得 b 的估计值 $\hat{b}$，将其代入(7.15)式，即可得 a 的估计值 $\hat{a}$。

[**例 7.1**] 某数据分析系统在软件测试过程中获得了如表 7.2 所示的差错查出并纠正的时间序列，试运用扩展 G-O 模型来估计该数据分析系统的期望累计差错函数 $m(t)$ 与软件可靠度 $R(t|T)$，并计算为使该软件可靠度达到 $R_0 = 0.98$ 时还需要测试与排错的时间及讨论结果的有效性。

表 7.2　差错查出时间表　　　　　　　单位：天

差错序号 j	差错间隔 $t_j - t_{j-1}$	差错出现时刻 t_j	差错序号 j	差错间隔 $t_j - t_{j-1}$	差错出现时刻 t_j
1	9	9	14	9	87
2	12	21	15	4	91
3	11	32	16	1	92
4	4	36	17	3	95
5	7	43	18	3	98
6	2	45	19	6	104
7	5	50	20	1	105
8	8	58	21	11	116
9	5	63	22	33	149
10	7	70	23	7	156
11	1	71	24	91	247
12	6	77	25	2	249
13	1	78	26	1	250

解　(1) 作参数估计。注意到 $n=26$，$t_1 \sim t_{26}$ 见表 7.2，修正概率 p 在表 7.3 中分别取 $p_i = \dfrac{i}{10}$，$i=1,2,\cdots,10$，将这些数据代入(7.16)式求解，可解得 $\hat{b}$ 及其对应 $\hat{a}_i$，$i=1,2,\cdots,10$，并列于表 7.3 中。

表 7.3　参 数 估 计 表

序号 i	p_i	$\hat{a}_i$	$\hat{b}_i$
1	0.1	3.399 351	0.057 090
2	0.2	6.798 702	0.028 950
3	0.3	10.198 060	0.019 300
4	0.4	13.597 400	0.014 475
5	0.5	16.996 790	0.011 580
6	0.6	20.396 120	0.009 650
7	0.7	23.795 460	0.008 271
8	0.8	27.194 820	0.007 237
9	0.9	30.594 170	0.006 433
10	1.0	33.993 510	0.005 709

(2) 求解期望累计差错函数，若取 $p=0.1$，则有

$$\hat{m}(t) = \frac{\hat{a}}{\hat{p}}(1 - \mathrm{e}^{-\hat{b}\hat{p}t}) = 33.99(1 - \mathrm{e}^{-0.005\,709t})$$

(3) 计算软件可靠度。若仍取 $p=0.1$，则有

$$R(t \mid T) = \exp\{-m(t)^{-bpT}\} = \exp\{-33.99(1 - \mathrm{e}^{-0.005\,709t})\mathrm{e}^{-0.005\,709T}\}$$

(4) 计算软件可靠度达到 R_0 时所需的测试与排错时间。注意到此时由(7.12)式应有

$$R(t \mid T) = \mathrm{e}^{-m(t)\mathrm{e}^{-bpt}} = R_0$$

对上式变形，并取对数可得

$$\ln \frac{1}{R_0} = m(t)\mathrm{e}^{-bpT}$$

对上式再取对数有

$$\ln \ln \frac{1}{R_0} = \ln m(t) - bpT$$

从而可以解出

$$T = \frac{1}{bp}\left[\ln m(t) - \ln \ln \frac{1}{R_0}\right] \tag{7.17}$$

由(7.12)式知 t 为测试与排错终止时刻 T 以后的时间增量，故可取 $t=1$ 及 $p_1=0.1$，$\hat{a}_1 = 3.399\,351$，$\hat{b}_1 = 0.057\,090$，$R_0 = 0.98$ 代入(7.17)式，有

$$T_0 = \frac{1}{0.005\,709}\left[\ln(33.99(1 - \mathrm{e}^{-0.005\,709})) - \ln\left(\ln \frac{1}{0.98}\right)\right] = 393 \text{ 天}$$

上式说明为使软件可靠度达到 0.98，共需测试与排错 393 天。由表 7.2 知已测试与排

　　错共 250 天，则还需要的测试与排错时间为 393－250＝143 天。

　　上述结论是在排错率为 $p=0.1$ 情况下得到的，如果提高排错率 p（如增加测试工具、投入较高水平的测试人员），则相应的 T_0 将会减少。

　　（5）为评判上述方法特别是 $m(t)$ 的有效性，可采用 χ^2 检验或 Kolmogorov – Simirnov 检验法来作假设检验。由式(7.9)知 $pm(t)/a$ 具有参数为 bp 的负指数分布形式，故可利用表 7.2 所示的样本数据及上述检验方法作假设检验，有关检验过程从略。图 7.6 列出了 $\hat{m}(t)$ 曲线与表 7.2 所示 $t_j(j=1,2,\cdots,26)$ 的对照结果，从图可知拟合程度较好。

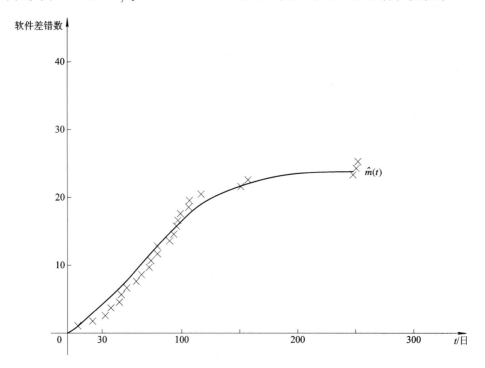

图 7.6　样本数据序列与拟合曲线对照

7.1.3　软件产品质量水平评价模型

　　在采用 G – O 模型或其他可靠性增长模型估计被测软件的潜在初始固有差错数时，其估计精度应为人们所关注。显然，此软件的潜在初始固有差错数的估计值将大大依赖于软件测试的覆盖率和测试质量，而软件测试的覆盖率又将依赖于投入的测试工作量或测试人力数、确认的程序路径数等因素，而测试质量则依赖于被测软件的差错属性（如差错能否易于正确分离）、差错捕捉率和遗漏率等，因此在对被测试软件评价时兼顾考虑测试覆盖率与测试质量的方法显然是人们所欢迎的，于是一种将 NHPP 模型与差错植入模型结合起来的组合模型——软件产品质量水平评价模型（Evaluation Model of the Software Producf Quality Level，简称 SPQL 模型）出现了。以下介绍其基本变量含义和模型算法。

1. 变量注释

　　A_c：测试精确度，$0 \leqslant A_c \leqslant 1$；

C_v：测试覆盖率，或在测试期间发现软件的潜在初始固有差错数的可能性，$0 \leqslant C_v \leqslant 1$；

N_c：经测试有可能发现的埋设伪差错数；

N_v：经测试有可能发现的潜在初始固有差错数；

M_c：测试前埋设的伪差错数，$M_c \geqslant N_c \geqslant 0$；

N_0：软件的潜在初始固有差错数，$N_0 \geqslant N_v \geqslant 0$；

n_c：经测试已发现的伪差错数，$N_c \geqslant n_c \geqslant 0$；

n_v：经测试已发现的潜在初始固有差错，$N_v \geqslant n_v \geqslant 0$；

$m_c(t)$：当测试排错过程为 NHPP 时，在 $(0, t)$ 内查出并排除的累计伪差错数；

$m_v(t)$：当测试与排错过程为 NHPP 时，在 $(0, t)$ 内查出并排除的累计潜在初始固有差错数；

a_c：$\lim\limits_{t \to \infty} m_c(t) = m_c(\infty) = a_c$；

a_v：$\lim\limits_{t \to \infty} m_v(t) = m_v(\infty) = a_v$；

s_j：在测试过程中查出并排除的第 j 个伪差错数的时刻，$j = 1, 2, \cdots, n_c$；

$\tilde{s}_j$：在测试过程中查出并排除的第 j 个潜在初始固有差错数的时刻，$j = 1, 2, \cdots, n_v$；

t_j：在测试过程中查出并排除伪差错的时间间隔，$t_j = s_j - s_{j-1}$，$s_0 = 0$，$j = 1, 2, \cdots, n_c$；

$\tilde{t}_j$：在测试过程中查出并排除潜在初始固有差错的时间间隔，$\tilde{t}_j = \tilde{s}_j - \tilde{s}_{j-1}$，$\tilde{s}_0 = 0$，$j = 1, 2, \cdots, n_v$；

SPQL：被测软件质量水平，$0 \leqslant \text{SPQL} \leqslant 1$。

2. 模型算法与求解步骤

在满足差错植入模型（见作者文献[15]）的四条模型假设条件下，可通过如下步骤求解被测软件的质量水平。

（1）在完成编译的被测软件中，随机埋设人为制造的 M_c 个差错，然后将软件交由专门测试小组进行测试。

（2）对于已埋设差错一无所知的测试小组对软件进行例行测试，共发现并排除 M 个差错，对这 M 个差错分析得知其中有伪差错 n_c 个，潜在初始固有差错 n_v 个（$n_c + n_v = M$）。并在测试过程中记录下伪差错发现时间序列 $\{s_j, j = 1, 2, \cdots, n_c\}$ 或伪差错发现时间间隔序列 $\{t_j, j = 1, 2, \cdots, n_c\}$，同时也记录下潜在初始固有差错发现时间序列 $\{\tilde{s}_j, j = 1, 2, \cdots, n_v\}$ 或潜在初始固有差错发现时间间隔序列 $\{\tilde{t}_j, j = 1, 2, \cdots, n_v\}$。

（3）对已获得的时间序列 $\{s_j, j = 1, 2, \cdots, n_c\}$ 或 $\{t_j, j = 1, 2, \cdots, n_c\}$ 运用 G - O 模型族中任何一种 NHPP 模型，如指数型可靠性增长模型进行拟合和参数估计，可得参数估计值 $\hat{a}_c$ 与 $\hat{b}_c$，从而可得指数可靠性增长模型：

$$m_c(t) = a_c(1 - e^{-b_c t}), \quad a_c = m_c(\infty) = \lim_{t \to \infty} m_c(t)$$

（4）对已获得的另一时间序列 $\{\tilde{s}_j, j = 1, 2, \cdots, n_v\}$ 或 $\{\tilde{t}_j, j = 1, 2, \cdots, n_v\}$ 运用与上同样的 NHHP 模型，如指数可靠性增长模型进行拟合和参数估计，可得参数估计值 $\hat{a}_v$ 与 $\hat{b}_v$，从而可得另一个指数可靠性增长模型：

$$m_v(t) = a_v(1 - e^{-b_v t}), \quad a_v = m_v(\infty) = \lim_{t \to \infty} m_v(t)$$

（5）注意到测试精度 $A_c = N_c / M_c \approx m_c(\infty) / M_c = a_c / M_c$，而测试覆盖率有

$$C_v = \frac{n_v}{N_v} \approx \frac{n_v}{m_v(\infty)} = \frac{n_v}{a_v}$$

定义 SPQL$= A_c \cdot C_v$，从而有

$$\text{SPQL} = A_c \cdot C_v \approx \frac{a_c}{M_c} \cdot \frac{n_v}{a_v}$$

（6）利用（7.4）式求解条件可靠度函数 $R(t|T)$。

[例 7.2]　某软件在测试前已埋设伪差错 $M_c = 21$ 个，经测试后查出埋设伪差错 $n_c = 20$ 个，查出潜在初始固有差错数 $n_v = 23$ 个，并同时获得查出的埋设伪差错时间序列 $\{s_j, j = 1, 2, \cdots, 20\}$ 和查出的潜在初始固有差错时间序列 $\{\tilde{s}_j, j = 1, 2, \cdots, 23\}$（具体数据在此从略）。试求解：

（1）测试精确度 A_c，测试覆盖率 C_v，软件产品质量水平 SPQL，并进而判断该软件测试的有效性；

（2）该软件的潜在初始固有差错数 N_0 及经测试排错后的残存差错数，以及经测试后的软件质量水平；

（3）该软件在经历 $\tilde{s}_{23} = T = 15$ 周测试后的软件可靠度函数 $R(t|T)$。

解　（1）对已获得的伪差错查出时间序列 $\{s_j, j = 1, 2, \cdots, 20\}$ 采用指数型可靠性增长模型拟合，并利用（7.7）式和（7.8）式可获得参数估计值 $\hat{a}_c = 20.5$，$\hat{b}_c = 0.372$。

同理，对已获得的潜在初始固有差错查出时间序列 $\{\tilde{s}_j, j = 1, 2, \cdots, 23\}$ 采用指数型可靠性增长模型拟合，并利用（7.7）式和（7.8）式求得参数估计值 $\hat{a}_v = 24.6$，$\hat{b}_v = 0.338$。从而有如下两个拟合模型：

$$m_c(t) = a_c(1 - e^{-b_c t}) \approx \hat{a}_c(1 - e^{-\hat{b}_c t}) = 20.5(1 - e^{-0.372t})$$

$$m_c(\infty) = \lim_{t \to \infty} m_c(t) \approx \hat{a}_c = 20.5$$

$$m_v(t) = a_v(1 - e^{-b_v t}) \approx \hat{a}_v(1 - e^{-\hat{b}_v t}) = 24.6(1 - e^{-0.338t})$$

$$m_v(\infty) = \lim_{t \to \infty} m_v(t) \approx \hat{a}_v = 24.6$$

由此可求得

$$\hat{A}_c = \frac{\hat{a}_c}{M_c} = \frac{20.5}{21} = 0.976, \quad \hat{C}_v = \frac{n_v}{\hat{a}_v} = \frac{23}{24.6} = 0.935$$

$$\text{SPQL} = \hat{A}_c \cdot \hat{C}_v = 0.976 \cdot 0.935 = 0.913$$

由上述结果可知软件测试的精确度为 97.6%，测试覆盖率为 93.5%，因此该测试可认为是有效的。

（2）软件测试前的潜在初始固有差错数 N_0 和经测试并排错后的残存差错数 x_v 分别为

$$\hat{N}_0 = \frac{M_c \cdot n_v}{n_c} = \frac{21 \times 23}{20} = 24$$

$$\hat{x}_v = \hat{N}_0 - n_v = 24 - 23 = 1$$

上述计算结果表明该软件在测试前质量属中等水平（SPQL$=0.913$，$\hat{N}_0 = 24$），但经测

试与排错后，该软件已有较高的质量水平($\hat{x}_v=1$)，因此一般来说，可交付用户并作运行使用。

（3）注意到在经历了 $\tilde{s}_{23}=T=15$ 周后，由(7.4)式可得条件可靠度函数为

$$R(t \mid T)_{T=15} = \exp\{-a_v(1-e^{-b_vt})e^{-b_vT}\} \approx \exp\{-\hat{a}_v(1-e^{-\hat{b}_vt})e^{-\hat{b}_vT}\}$$

$$= \exp\{-24.6(1-e^{-0.338t})e^{-0.338\times15}\} = \exp\{-0.1547(1-e^{-0.338t})\}$$

7.2　软件测试的资源分配与进度管理

前述的可靠性增长模型均是通过测试过程中所耗费的测试时间、所发现的潜在初始固有差错数以及差错发现时间序列等的数量关系来研究软件的可靠性增长规律，并进而来获得被测软件的可靠性预计模型的。在这些模型中，测试人力的投入并未直接进入模型，而是通过测试期间所发现的差错数多少及发现差错的时间先后间接地来影响软件的可靠性增长。事实上，如果将测试人力投入的时间分布进行数量描述并直接进入模型，然后通过对测试人力投入的时间分布和所发现的差错数、所耗费的测试时间等的数量关系来研究软件的可靠性增长规律，这对于合理安排测试人力，提高软件测试效率，加强测试进度管理以及确定被测软件的最优交付期限将是有益的。为此，S. Yamada 等人利用负指数函数和瑞利函数来描述测试人力投入时间分布，并进而建立了软件的最优交付期限（又称最优发行时间）模型。

作者在 S. Yamada 等人的研究基础上采用威布尔曲线来描述测试人力投入时间分布，并进而建立了一个在更广泛意义下的可靠增长模型，最后讨论了软件测试的资源分配、进度管理与其最优发行问题。以下介绍作者所建立的基于威布尔分布的可靠性增长模型。[21]

7.2.1　考虑测试人力投入的可靠性增长模型

1. 符号注释

$w(t)$：当前测试时刻 t 投入的测试人力密度，其积分形式为 $W(t) = \int_0^t w(x)\,\mathrm{d}x$，表示 $(0, t)$ 内投入的累计人力数；

α、β、m：测试人力函数中的参数，$\alpha>0$，$\beta>0$，$m>0$；

$t_{w\max}$：$w(t)$ 达到最大值的时刻；

$m(t)$：$(0, t)$ 时间内 NHPP 模型中的差错发现数期望值函数，$m(0)=0$；

a：测试开始前潜在固有差错总数期望值；

r：相应于软件内残存一个差错及单位测试人力投入量的差错发现率；

$r(t)$：t 时刻的残存差错数期望值函数；

$R(x|t)$：条件软件可靠度，即假定对软件的测试已实施到时刻 t，在 $[t, t+x)$ 时间段内软件的无故障概率；

C_1、C_2：在测试或运行阶段分别修改一个差错所需的成本；

C_3：单位测试人力成本；

T_{LC}：软件生命周期（从测试开始时算起）；

T：总测试时间或软件释放时间；

$C(T)$：对应于$(0，T)$时间区间内总平均软件成本；

T^*：最佳软件释放时间；

$A(T)$：表示对应于当前测试人力下，单位人力在T时刻后每单位时间平均发现差错数，$A(0)=ar$，$A(\infty)=ar \cdot \exp(-ar)$；

C_4：超过工期改造软件的罚金费用；

T_s：软件工期；

W_G：测试过程中投入累计人力资源目标值；

m_G：测试剩余差错期望目标值。

2. 基于威布尔曲线测试人力函数的可靠性增长模型

本模型有如下假设：

(1) 软件系统由于受到残留在系统中的差错引发的故障的影响，其失效是随机的；

(2) 软件差错一经发现立即被修正和排除，修改差错的作业不会造成新差错；

(3) 测试人力采用威布尔曲线描述；

(4) 单位时间内差错发现数与软件内残存差错数成正比，也与投入的测试人力成正比；

(5) 软件测试中差错发现过程采用 NHPP 模型描述。

注意到在许多软件测试情况下，由于实际测试结果数据变化多样，很难用指数或瑞利曲线去描绘，因此我们采用如下的威布尔(Weibull)曲线作为测试人力函数去描述在测试时刻 t 的测试人力情况：

$$\omega(t) = \alpha\beta m t^{m-1} \cdot \exp[-\beta t^m] \qquad t \geqslant 0, \alpha > 0, \beta > 0, m > 0 \qquad (7.18)$$

其中，α 表示测试所需总测试人力；β 表示测试人力投入率；m 表示测试人力投入模型的形状参数。事实上威布尔曲线是指数曲线和瑞利曲线更广泛的一种形式，因为(7.18)式当 $m=1$ 时，测试人力函数表现为指数曲线，即有函数

$$\omega(t) = \alpha\beta \exp[-\beta t] \qquad t \geqslant 0, \alpha > 0, \beta > 0$$

当 $m=2$ 时，测试人力函数则为瑞利(Rayleigh)曲线，即有

$$\omega(t) = 2\alpha\beta t \exp[-\beta t^2] \qquad t \geqslant 0, \alpha > 0, \beta > 0$$

(7.18)式的积分形式为

$$W(t) = \int_0^t \omega(t) \, dt = \alpha[1 - \exp(-\beta t^m)] \qquad t \geqslant 0 \qquad (7.19)$$

由于 $W(\infty)=\alpha$，故 $W(t)$ 与一般的概率分布函数略有区别，但更符合实际情况。

由假设(5)，设 $N(t)$ 表示$(0，t)$内发现的差错总数，则 $N_T=\{N(t), t \geqslant 0\}$ 服从 NHPP，利用非齐次泊松过程有关特性可得到条件可靠度

$$R(x \mid t) = \exp\{-m(t+x) + m(t)\} \qquad t \geqslant 0, x \geqslant 0 \qquad (7.20)$$

利用非齐次泊松过程(NHPP)的有关特性还可以建立在$(0，t)$内经测试发现的差错数期望 $m(t)$ 的微分方程，再运用初始条件 $m(0)=0$，可解得

$$\begin{cases} m(t) = a[1 - \exp[-rW(t)]] \\ \lambda(t) = \dfrac{dm(t)}{dt} = ar \cdot \omega(t) \cdot \exp[-rW(t)] \end{cases} \qquad (7.21)$$

注意到 $W(\infty)=\alpha$，故有

$$m(\infty) = a(1 - \exp(-r \cdot \alpha)) \tag{7.22}$$

(7.22)式隐含意义为：即使软件系统的测试时间无限长，系统中的所有差错也不能被全部发现，测试未发现的差错数的均值为 $a\exp(-r\alpha)$。

利用(7.20)式与(7.21)式可以得到两个定量评价软件可靠性的指标：NHPP 模型 t 时刻残存差错数的期望值和条件可靠度，分别为

$$\begin{cases} r(t) = m(\infty) - m(t) = a\{\exp[-rW(t)] - \exp[-rW(\infty)]\} \\ R(x \mid t) = \exp\{-a[\exp(-rW(t)) - \exp(-rW(t+x))]\} \end{cases} \tag{7.23}$$

注意到在上述可靠性指标 $R(x\mid t)$、$r(t)$ 中均含有 Weibull 累计人力资源投入函数 $W(t)$ 及参数 a 和 r，为此应对 $W(t)$ 与 a 和 r 作出估计。首先我们来考虑 $W(t)$ 的估计。Weibull 人力资源投入密度函数 $\omega(t)$ 为

$$\omega(t) = \alpha \cdot \beta \cdot m \cdot t^{m-1} \cdot \exp(-\beta t^m) \qquad t \geqslant 0, \alpha > 0, \beta > 0, m > 0$$

$$\ln\omega(t) = \ln\alpha + \ln\beta + \ln m + (m-1)\ln t - \beta t^m$$

若经测试已得到了观测数据序列 (t_k, ω_k)，$k = 1, 2, \cdots, n$，其中 ω_k 表示在时刻 t_k 投入的测试资源数，则采用最小二乘法，可建立如下的 $S(\alpha, \beta, m)$ 来估计参数 α、β 及 m：

$$S(\alpha, \beta, m) = \sum_{k=1}^{n} [\ln\omega_k - \ln\alpha - \ln\beta - \ln m - (m-1)\ln t_k + \beta t_k^m]^2 \tag{7.24}$$

$S(\alpha, \beta, m)$ 分别对 α、β、m 求偏导并令其等于零，然后运用有关的数值解法求解如下方程组，从而可得到满足关系式 $S(\hat{\alpha}, \hat{\beta}, \hat{m}) = \min S(\alpha, \beta, m)$ 时的 $\hat{\alpha}$、$\hat{\beta}$ 及 $\hat{m}$，并用其作为 α、β 及 m 的估计值：

$$\begin{cases} \dfrac{\partial S}{\partial \alpha} = 0 \\[2mm] \dfrac{\partial S}{\partial \beta} = 0 \\[2mm] \dfrac{\partial S}{\partial m} = 0 \end{cases} \tag{7.25}$$

由(7.18)式与(7.19)式知 $\omega(t)$ 与 $W(t)$ 是 α、β 与 m 的函数，通过(7.25)式方程组可求得 α、β、m 的估计值，从而也就得到了 $\omega(t)$ 与 $W(t)$ 的具体估计式。

于是，在得到了 $W(t)$（或 $\omega(t)$）的估计式后，即可采用最大似然估计法来对可靠性增长模型中 $m(t)$ 的参数 a 和 r 作出估计。因为由模型假设(5)知有 $\{N(t), t \geqslant 0\}$ 为 NHPP，其中 $N(t)$ 为 $(0, t)$ 时间区间内检测到的差错累计数，当通过测试获得了观测数据序列 (t_k, y_k)，$k = 1, 2, \cdots, m$ 时，其中 y_k 表示在时间区间 $(0, t_k)$ 内观察到的差错累计数，则由 NHPP 性质，建立似然函数 L 为

$$\begin{aligned} L(a, r) &= \prod_{k=1}^{m} P(N(t_{k-1}, t_k) = y_k - y_{k-1}) \\ &= \prod_{k=1}^{m} \frac{[m(t_k) - m(t_{k-1})]^{y_k - y_{k-1}}}{(y_k - y_{k-1})!} \cdot \exp[-m(t_k) + m(t_{k-1})] \\ &= \prod_{k=1}^{m} \frac{\{a[\mathrm{e}^{-rW(t_{k-1})} - \mathrm{e}^{-rW(t_k)}]\}^{y_k - y_{k-1}}}{(y_k - y_{k-1})!} \cdot \exp\{-a[\mathrm{e}^{-rW(t_{k-1})} - \mathrm{e}^{-rW(t_k)}]\} \end{aligned}$$

对上式两边取对数有

$$\ln L(a, r) = \sum_{k=1}^{m} (y_k - y_{k-1}) \ln a + \sum_{k=1}^{m} (y_k - y_{k-1}) \ln [e^{-rW(t_{k-1})} - e^{-rW(t_k)}]$$

$$- \sum_{k=1}^{m} \ln [(y_k - y_{k-1})!] - \sum_{k=1}^{m} a[e^{-rW(t_{k-1})} - e^{-rW(t_k)}]$$

为求 $L(a, r)$ 极小值，对 $\ln L(a, r)$ 分别对 a 与 r 求偏导并令其为零，有

$$\frac{\partial \ln L(a, r)}{\partial a} = \frac{1}{a} \sum_{k=1}^{m} (y_k - y_{k-1}) - \sum_{k=1}^{m} [e^{-rW(t_{k-1})} - e^{-rW(t_k)}] = 0 \qquad (7.26)$$

$$\frac{\partial \ln L(a, r)}{\partial r} = \sum_{k=1}^{m} (y_k - y_{k-1}) \cdot \frac{W(t_k) e^{-rW(t_k)} - W(t_{k-1}) e^{-rW(t_{k-1})}}{e^{-rW(t_{k-1})} - e^{-rW(t_k)}}$$

$$+ \sum_{k=1}^{m} a[W(t_{k-1}) e^{-rW(t_{k-1})} - W(t_k) e^{-rW(t_k)}] = 0 \qquad (7.27)$$

由(7.26)式解出 a 并代入(7.27)式，即可得到仅含 r 的一个非线性代数方程组，运用适当的数值计算方法(如迭代法)即可获得 a 与 r 的估计值 $\hat{a}$ 与 $\hat{r}$。注意到残存差错数期望值 $r(t)$ 是 a 与 $W(t)$ 的函数，而条件可靠度 $R(x|t)$ 也是 r 与 $W(t)$ 的函数，因而也就使 $r(t)$ 与 $R(x|t)$ 的具体表达式得到了求解。

3. 案例

[例 7.3] 某软件开发机构采用 PL/1 编写了规模为 1317kLOC 的数据库应用程序，现对其进行耗时 19 周的可靠性测试，共获得 19 组数据 $\{(t_k, w_k, y_k), k=1, 2, \cdots, 19\}$ 如表 7.4 所示。其中，t_k 为第 k 个测试时段(单位：周)，w_k 为在 t_k 时段内投入的测试人力(CPU 小时)，y_k 为在 $(0, t_k)$ 时间区间内发现且排除的累计差错数。试求：

(1) 测试人力投入密度 $w(t)$ 和人力投入累计函数 $W(t)$；

(2) 期望累计差错数 $m(t)$ 和软件可靠度函数 $R(x|t)$；

(3) 残存期望差错数 $n(t)$，自 t 后经无限测试能发现的期望差错数 $r(t)$。

表 7.4 测试数据表

t_k/周	1	2	3	4	5	6	7	8	9	10
w_k/时	2.45	2.45	1.98	0.98	1.68	3.37	4.21	3.37	0.96	1.92
y_k	15	44	66	103	105	110	146	175	179	206

t_k/周	11	12	13	14	15	16	17	18	19	
w_k/时	2.88	1.44	3.26	3.84	3.84	2.30	1.76	1.99	2.99	
y_k	233	255	276	298	304	311	320	325	328	

解 (1) 由人力投入密度函数

$$\omega(t) = \alpha\beta m t^{m-1} e^{-\beta t^m} \qquad t \geq 0$$

可得平方误差函数(见(7.24)式)

$$S(\alpha, \beta, m) = \sum_{k=1}^{n} [\ln\omega_k - \ln\alpha - \ln\beta - \ln m - (m-1)\ln t_k + \beta t_k^m]^2$$

观察表 7.4 中 $\omega_k = \omega(t_k)$ 之几何图形知，可用 $m=2$ 时的瑞利分布来作曲线拟合。即有

$$\omega(t) = 2\alpha\beta t e^{-\beta t^2} \qquad t \geq 0$$

令 $\dfrac{\partial S}{\partial \alpha} = 0$, $\dfrac{\partial S}{\partial \beta} = 0$，求解左述代数方程组可得 $\hat{\alpha} = 55.21$, $\hat{\beta} = 5.1702 \times 10^{-3}$，从而可得

$$\hat{w}(t) = 2\alpha\beta t e^{-\beta t^2} = 0.5709 t e^{-5.1702 \times 10^{-3} t^2} \qquad t \geqslant 0$$

$$\hat{W}(t) = \alpha(1 - e^{-\beta t^m}) = 55.21(1 - e^{-5.1702 \times 10^{-3} t^2}) \qquad t \geqslant 0 \qquad (7.28)$$

（2）为求 $m(t)$ 之参数 α 和 γ，可将上述求得的 $\hat{w}$ 及 $\hat{W}(t)$ 以及表 7.4 中的 y_k 数据代入 (7.26)、(7.27) 式，可解得

$$\hat{a} = 395.8, \quad \hat{\gamma} = 3.7806 \times 10^{-2}$$

从而得到

$$\hat{m}(t) = a[1 - e^{-\hat{\gamma}\hat{W}(t)}] = 395.8[1 - e^{-3.7806 \times 10^{-2} \cdot \hat{W}(t)}]$$

其中 $\hat{W}(t)$ 由 (7.28) 式确定。

$$R(\hat{x} \mid t) = \exp\{-a(e^{-\hat{\gamma}\hat{W}(t)} - e^{-\hat{\gamma}\hat{W}(t+x)})\}$$

$$= \exp\{395.8(e^{-3.7806 \times 10^{-2}\hat{W}(t+x)} - e^{-3.7806 \times 10^{-2} \cdot \hat{W}(t)})\}$$

（3）经测试后残存期望差错数

$$n(t) = a - y_{19} = 395.8 - 328 \approx 68$$

经无限测试后仍无法发现的期望差错数由 (7.22) 式知为

$$a - m(\infty) = a e^{-\gamma a} = 395.8 \times \exp\{-3.7806 \times 10^{-2} \times 55.21\} \approx 47$$

故自 y_{19} 后至无限测试后能发现的期望差错数为

$$\hat{\gamma}(t) = 68 - 47 = 21$$

7.2.2 软件测试中的静态资源分配与进度管理

在软件测试中，测试人力资源分配与进度管理是企业高层管理与项目经理所关注的重要问题之一。上述问题实际上是测试人力投入量、测试工期（进度）及测试可靠性目标三者的这平衡问题。这样的资源分配与进度管理一般需要解决如下几个问题：

（1）在软件开发机构人力资源充分的情况下，给出测试人力分配与进度计划表，并据此实施跟踪与控制。

（2）在软件开发机构人力资源充分的情况下，对于给定的工期 T，求解在 $(0, T)$ 内能查出（排除）的期望累计差错数 a_T 及在 (t_n, T) 内尚需要投入的人力资源数 ΔW_T。此中 t_n 为预先所作的初期测试过程的耗费时间。

（3）当软件开发机构人力资源为有限数 W_0 时，若按照初期测试过程的人力投入规律，求解将 W_0 全部开销完时所需的时间 T_0 以及在 $(0, T_0)$ 内能查出并排除的期望差错数 a_0 与可靠性比例 G_0。

（4）对于给定的计划目标值 G^*，当有限资源量 w_0 只能完成的可靠性比例 G_0 小于 G^* 时，求解为完成计划目标值 G^* 的人力资源缺口 ΔW^*，以便为人力资源部门引进或借调测试人员提供信息。

利用上节介绍的基于 Weibull 人力资源投入的可靠性增长模型，容易解决上述问题。其求解的步骤如下：

（1）软件开发机构做初期测试过程，从而获得数据序列 $\{(t_k, w_k, y_k),\ k=1,2,\cdots,n\}$。其中，$t_k$ 为初期测试过程中第 k 个测试时段；w_k 为在 t_k 时段内软件机构投入的测试人力数；y_k 为在 $(0, t_k)$ 内发现且排除的累计差错数。利用（7.25）式可求解 $\hat{\alpha}$、$\hat{\beta}$、$\hat{m}$，利用（7.26）、（7.27）式可求解 $\hat{a}$、$\hat{r}$，从而使 $m(t)$ 与 $W(t)$ 成为已知，即有

$$\hat{m}(t) = \hat{a}(1 - e^{-\hat{r}\hat{W}(t)}), \quad \hat{W}(t) = \hat{\alpha}(1 - e^{-\hat{\beta}t^{\hat{m}}})$$

在软件机构人力资源充分的情况下，若设 a_j 表示 $(0, T_j)$ 内能查出并排除的差错目标量（计划量），注意到 a 表示测试开始前软件的初始潜在固有差错数，故 a_j/a 可作为软件测试可靠性目标（比例）。不妨设 $a_j/a = G_j$，G_j 可取 20%，40%，60%，80%，90%，$\cdots$。由于 a 估计值 $\hat{a}$ 在期初测试过程已求得，故 $a_j = \hat{a} \cdot G_j$ 亦可求得，另一方面，考虑到 $m(t)$ 表示在 $(0, t)$ 内查出并排除的期望差错数，为求解能达到可靠性目标 a_j 时应测试的时间 T_j，可令

$$m(t) = a(1 - e^{-rW(t)}) = a_j$$

或有

$$W(t) = -\frac{1}{r} \ln\left(1 - \frac{a_j}{a}\right) = -\frac{1}{r} \ln(1 - G_j) \tag{7.29}$$

另一方面，由（7.19）式有

$$W(t) = \alpha(1 - e^{-\beta t^m})$$

综合上式与（7.29）式有

$$-\frac{1}{r} \ln(1 - G_j) = \alpha(1 - e^{-\beta t^m})$$

从而可解得达到测试可靠性目标 a_j（或 G_j）时需测试的时间 T_j 为

$$T_j = \left[-\frac{1}{\beta} \ln\left(1 + \frac{1}{\alpha r} \ln(1 - G_j)\right) \right]^{\frac{1}{m}} \tag{7.30}$$

经初期测试（耗时 t_n）后为达可靠性目标 a_j（或 G_j）尚需投入的人力资源量为

$$\Delta W_j = W(T_j) - W(t_n) = -\frac{1}{r} \ln(1 - G_j) - \sum_{k=1}^{n} w_k \tag{7.31}$$

对于给定的可靠性目标，利用（7.30）式与（7.31）式可得到测试人力分配与进度计划表如表 7.5 所示，利用此表可画出相应的测试进度横道图，并据此可作测试进度跟踪与控制。有关初期测试过程及目标测试过程的时间顺序可详见图 7.7。

表 7.5　测试人力分配与进度计划表

可靠性目标	$a_1(G_1)$	$a_2(G_2)$	$\cdots$	$a_K(G_K)$
时间段	T_1	T_2	$\cdots$	T_K
人力资源分配	ΔW_1	ΔW_2	$\cdots$	ΔW_K

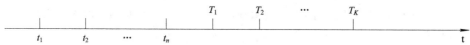

图 7.7　测试时间过程

（2）在软件机构人力资源充分的情况下，对于给定的工期 T，可以求得 $(0，T)$ 内能查出与排除的期望累计差错数 a_T 为

$$a_T = m(T) = \hat{a}(1 - e^{-\hat{r}W(T)})$$

其中

$$W(T) = \overset{\wedge}{\alpha}(1 - e^{-\overset{\wedge}{\beta}T^m})$$

在 $(t_n，T)$ 内，尚需投入的人力资源数 ΔW_T 为

$$\Delta W_T = W(T) - W(t_n) = \overset{\wedge}{\alpha}(1 - e^{-\overset{\wedge}{\beta}T^m}) - \sum_{k=1}^{n} w_k$$

（3）软件开发机构的测试人力为有限数 W_0 时，按照初期测试过程的人力投入规律，将 W_0 全部开销完所需要的时间 T_0 可由下式求解：

$$W_0 = W(T_0) = \overset{\wedge}{\alpha}(1 - e^{-\overset{\wedge}{\beta}T_0^m}) \quad 或 \quad T_0 = \left[-\frac{1}{\beta}\ln\left(1 - \frac{W_0}{\alpha}\right) \right]^{\frac{1}{m}}$$

在 $(0，T_0)$ 内能完成的可靠性指标为

$$a_0 = m(T_0) = \hat{a}\left[1 - e^{-\hat{r}W(T_0)}\right] = \hat{a}\left[1 - e^{-\hat{r}W_0}\right]$$

$$G_0 = \frac{a_0}{a} = 1 - e^{-\hat{r}W_0}$$

（4）软件开发机构的测试人力为有限数 W_0 时，将 W_0 全部开销完后能达到的可靠性指标 G_0 仍然不能满足可靠性目标 G^* 时 $(G_0 < G^*)$，可以计算出该软件开发机构为达到可靠性目标 G^* 时的测试人力缺口 ΔW^* 为

$$\Delta W^* = W(T^*) - W_0 = -\frac{1}{\hat{r}}\ln(1 - G^*) - W_0$$

7.2.3 软件测试中的动态资源分配

观察 7.2.2 节的测试人力分配模型，发现有如下两个特点：① 测试人力资源分配只分配到系统级而未涉及到软件系统的各模块。② 测试人力资源分配是在软件可靠性测试前完成的（在此之前需作初期测试过程），它与测试后不同时间的残存差错数大小无关。我们将这样的测试人力分配称为静态资源分配。本节将介绍作者提出的一种新的软件测试人力资源动态分配模型（文献[21]），该模型将测试人力分配深入到模块级，并且测试后的人力资源分配并非一次性完成，而是依据测试各阶段各模块的残存差错数的变动过程来动态分配测试人力。显然，这样的测试人力资源分配将是高效率的。

以下介绍作者给出的两种动态资源分配模型：① 当所投入的测试人力资源总数一定时，以软件模块中剩余差错数平均值最小为目标的模型；② 当给定测试结束，软件模块中剩余差错数平均值达到预定的指标时，以所用的测试人力资源最少为目标的模型。下面分别介绍两种模型的建立方法和求解过程。

1. 符号注释

Q：测试投入人力资源总量；

M：软件中模块数；

K：测试阶段数；

Q_j：分配于测试阶段 j 的测试投入人力资源量，$Q = \sum_{j=1}^{K} Q_j$；

T_j：第 j 个测试阶段开始时刻，$j=1, 2, \cdots, K$；

$N_{ij}(t)$：第 i 个模块在第 j 个测试阶段时，从 T_j 开始直到时刻 t 累计检测到的差错总数，$T_j \leqslant t < T_{j+1}$，$i=1, 2, \cdots, M$；$j=1, 2, \cdots, K$；

$m_{ij}(t)$：$N_{ij}(t)$ 的期望函数，$m_{ij}(T_j)=0$，$i=1, 2, \cdots, M$；$j=1, 2, \cdots, K$；

v_i：加权因子，由模块 i 的相对重要性和操作频度确定，如果所有模块同等重要且操作频度近乎相等，则 $v_1 = v_2 = \cdots = \cdots v_M = 1$；

a_{ij}：第 i 个模块在第 j 个测试阶段开始时的剩余差错数；

ω_{ij}：第 i 个模块在第 j 个测试阶段中投入的测试人力资源密度；

z_{ij}：第 i 个模块在第 j 个测试阶段中结束时的剩余差错数；

$t_k^{(ij)}$：第 i 个模块在第 j 个测试阶段中检测到第 k 个差错的时刻；

X_{ij}：第 i 个模块在第 j 个测试阶段中检测到的差错总数；

z_0：给定软件模块中剩余差错数达到的预定指标；

R_{ij}：第 i 个模块在第 j 个累计测试阶段中分配的人力资源。

2. 模型假设

（1）在每一个测试阶段中的任一时间区间 $[t, t+\Delta t)$ 内，平均检测到的差错数目和 Δt 成正比，和人力资源密度（单位时间内所消耗的资源）成反比，和软件中剩余差错数成正比；

（2）在每一测试阶段中，所有模块中检测到的累计差错数服从 NHPP（非齐次泊松过程）；

（3）错误一经检测，立即排除，并不引入新的错误。

3. 模型建立及参数估计

假设第 j 个测试阶段是从 T_j 时刻到 T_{j+1} 时刻，则定义第 j 个累计测试阶段是从时刻 T_j 开始到时刻 T_{K+1} 结束的时间段。显然，第 j 个累计测试阶段的时间长度为第 j 个测试阶段、第 $j+1$ 个测试阶段、……、第 K 个测试阶段时间长度的累加，即有 $T_{K+1} - T_j$，$j=1, 2, \cdots, K$，如图 7.8 所示。

（1）当所投入的人力资源总数一定时，以软件模块中剩余差错平均值最小为目标的模型：

首先考虑软件可靠性模型的建立。根据假设（1），第 i 个模块在第 j 个测试阶段有

$$\frac{\mathrm{d}m_{ij}(t)}{\mathrm{d}t} = r_{ij} \cdot \{\omega_{ij}[a_{ij} - m_{ij}(t)]\} \qquad T_j < t < T_{j+1} \qquad (7.32)$$

其中，r_{ij} 是比例系数。求解上述微分方程并代入初始条件，可得

$$m_{ij}(t) = a_{ij}[1 - \mathrm{e}^{-r_{ij}\omega_{ij}(t-T_j)}] \qquad T_j < t < T_{j+1} \qquad (7.33)$$

$$z_{ij} = a_{ij} - m_{ij}(T_{j+1}) = a_{ij} \cdot \mathrm{e}^{-r_{ij}\omega_{ij}(T_{j+1}-T_j)} = a_{ij} \cdot \mathrm{e}^{-r_{ij}q_{ij}} \qquad (7.34)$$

由于 r_{ij} 和 $r_{i,j+1}$ 表示的是相同的比例系数，只不过 $r_{i,j+1}$ 是用更多的错误数据估计而已，因此在后面的推导中用符号 r_i 取代 r_{ij}，即根据假设（1）认为 r_{ij} 与阶段序号 j 无关。

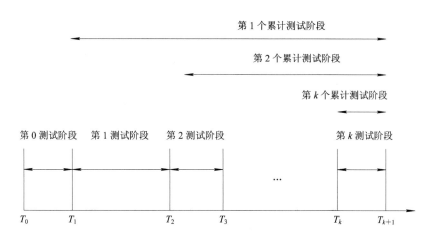

图 7.8　测试阶段示意图

根据前述的动态分配测试资源的基本思想，采用递推估计的方法估计模型中的参数，即首先估计 r_i（或 r_{i1}）和 a_{i1}（$i=1, 2, \cdots, M$）。假设在时刻 T_0 为软件模块 i 分配的测试资源为 Q_{i0}，然后记录下在时间区间 $[T_0, T_1)$ 内检测到的失效发生次数，则可根据前述的方法及记录的失效数据估计 r_{i1} 和 a_{i1}（$i=1, 2, \cdots, M$），于是根据估计的结果为下一测试阶段分配测试资源并进行下一阶段的测试。依次类推，通过第 $j-1$ 测试阶段收集到的失效数据估计参数 a_{ij}（$i=1, 2, \cdots, M$），再根据估计的参数为第 j 阶段分配测试资源。若第 j 个测试阶段获取的失效数据序列为 $T_j < t_1^{(ij)} < t_2^{(ij)} < \cdots < t_{x_{ij}}^{(ij)} \leqslant T_{j+1}$，则根据假设（2）及 NHPP 性质可建立如下似然函数：

$$L_{ij} = \prod_{k=1}^{x_{ij}} \lambda_{ij}(t_k^{(i, j)}) \exp[-m_{ij}(T_{j+1})] = \left[\prod_{k=1}^{x_{ij}} \frac{\mathrm{d}m_{ij}(t)}{\mathrm{d}t} \bigg|_{t=t_k^{(ij)}} \right] \exp[-m_{ij}(T_{j+1})]$$

利用（7.33）式可得

$$L_{ij} = (a_{ij} r_i \omega_{ij})^{x_{ij}} \left\{ \prod_{k=1}^{x_{ij}} \exp[-r_i \omega_{ij}(t_k^{(ij)} - T_j)] \right\} \cdot \exp\{-a_{ij}[1 - \mathrm{e}^{-r_i \omega_{ij}(T_{j+1}-T_j)}]\}$$

则第 i 个模块从第 0 个到第 j 测试阶段中所有检测到的错误数据的似然函数为 $S_{ij} = L_{i0} L_{i1} \cdots L_{ij}$，利用关系式

$$a_{in} = x_{in} + a_{i(n+1)} = \cdots = \sum_{l=n}^{j} x_{il} + a_{i(j+1)} \qquad n = 1, 2, \cdots, j$$

可得

$$\begin{aligned}
\ln S_{ij} = {} & \sum_{n=0}^{j} x_{in} \ln\left[\left(a_{i(j+1)} + \sum_{k=n}^{j} x_{ik} \right) r_i \omega_{in} \right] - r_i \sum_{n=0}^{j} \omega_{in} \sum_{k=1}^{x_{in}} (t_k^{(in)} - T_n) \\
& - \sum_{n=0}^{j} \left(a_{i(j+1)} + \sum_{k=n}^{j} x_{ik} \right)(1 - \mathrm{e}^{-r_i \omega_{in}(T_{n+1}-T_n)}) \qquad i = 1, 2, \cdots, M
\end{aligned}$$

$$(7.35)$$

由于 r_i 已由第 0 测试阶段获得的失效数据估计得到，在此用最大似然估计法估计 $a_{i(j+1)}$。将上式两边对 $a_{i(j+1)}$ 求导，并令导数等于零，然后通过迭代法求解该非线性代数方程组即可得到 $a_{i(j+1)}$，$i=1, 2, \cdots, M$。

其次来考察测试资源分配模型。将测试资源总量 Q 按测试时间长度均匀地分配到每一

个测试阶段，则有

$$Q_j = \left(\frac{T_{j+1} - T_j}{T_{k+1} - T_1}\right)Q \tag{7.36}$$

在第 j 个测试阶段（$j=1, 2, \cdots, K$）为使各模块中剩余错误总数值为最小，则该测试阶段为各模块分配的资源应满足下式：

$$\begin{cases} \min \sum_{i=1}^{M} \nu_i a_{ij} \mathrm{e}^{-r_i q_{ij}} \\ \mathrm{s.t.} \ q_{ij} \geqslant 0 \qquad i = 1, 2, \cdots, M \\ \sum_{i=1}^{M} q_{ij} = Q_j \end{cases} \tag{7.37}$$

为了求解这一最优化问题，可构造如下拉格朗日函数：

$$\Psi_j = \sum_{i=1}^{M} \nu_i a_{ij} \mathrm{e}^{-r_i q_{ij}} + \lambda_j \left(\sum_{i=1}^{M} q_{ij} - Q_j\right)$$

其中，λ_j 为拉格朗日乘子。为了使 Ψ_j 最小，应满足

$$\frac{\partial \Psi_j}{\partial q_{ij}} = -\nu_i a_{ij} r_i \mathrm{e}^{-r_i a_{ij}} + \lambda_j = 0 \qquad i = 1, 2, \cdots, M$$

从而可得第 j 个测试阶段的最优资源分配方案 $\{q_{ij}^*, i=1, 2, \cdots, M\}$ 如下式所示：

$$q_{ij}^* = \begin{cases} \frac{1}{r_i}(\ln A_{ij} - \ln \lambda_j) & A_{ij} \geqslant \lambda_j \geqslant 0 \\ 0 & \text{其他} \end{cases} \qquad i = 1, 2, \cdots, M \tag{7.38}$$

其中，$A_{ij} = \nu_i a_{ij} r_i$，将（7.38）式代入（7.37）式并经整理可得

$$\ln \lambda_j = \frac{\sum_{i:\ A_{ij} \geqslant \lambda_j} \dfrac{\ln A_{ij}}{r_i} - Q_j}{\sum_{i:\ A_{ij} \geqslant \lambda_j} \dfrac{1}{r_i}} \tag{7.39}$$

若将 M 个模块顺序重排，要求满足

$$A_{1j} \geqslant A_{2j} \geqslant \cdots \geqslant A_{(p-1)j} \geqslant \lambda_j \geqslant A_{pj} \geqslant \cdots \geqslant A_{Mj} \tag{7.40}$$

则（7.39）式可重写为

$$\ln \lambda_j = \frac{\sum_{i=1}^{p-1} \dfrac{\ln A_{ij}}{r_i} - Q_j}{\sum_{i=1}^{p-1} \dfrac{1}{r_i}}$$

为寻求 p 值，注意到 λ_j 应满足（7.40）式，即有

$$A_{(p-1)j} \geqslant \lambda_j = \exp\left[\frac{\sum_{i=1}^{p-1} \dfrac{\ln A_{ij}}{r_i} - Q_j}{\sum_{i=1}^{p-1} \dfrac{1}{r_i}}\right] \geqslant A_{pj}$$

依次取 $p=2, \cdots, M$，寻求满足上式的 p 值。得到 p 后，代入式（7.39）即可得到 λ_j 的值（$j=1, 2, \cdots, K$），再将 λ_k 代入式（7.38）中可得 q_{ij}^*（$i=1, 2, \cdots, M; j=1, 2, \cdots, K$）。

（2）当给定测试结束，软件模块中剩余差错平均数要达到预定目标时，以所用的测试

人力资源最少为目标的模型：

首先考虑软件可靠性模型。当给定软件模块中剩余差错数达到预定目标 z_0 时，动态资源分配的原则是使用资源最少，优化的方法是首先在 T_1 时刻确定第 1 个累计测试阶段的最优资源分配，并将这些资源均匀地分配到该累计测试阶段中的各个测试阶段，这样就很容易得到第 1 个测试阶段的资源分配。然后在 T_2 时刻根据第 1 个测试阶段的差错检测数据为第 2 个累计测试阶段分配资源，从而得到第 2 个测试阶段的资源分配情况。依此类推，可以得到第 j 个累计测试阶段的资源分配和第 j 个测试阶段的资源分配($j=1,2,\cdots,K$)。根据上述求解思路，我们可根据假设建立软件可靠性模型，并用每一测试阶段的结果估计软件可靠性模型的参数。有关建立软件可靠性模型与求解参数的过程与第一种模型类似，在此从略。

其次来考虑测试资源分配模型。第 i 个模块在第 j 个测试阶段($j=1,2,\cdots,K$)分配的资源应满足下述数学规划：

$$
\begin{cases}
\min \sum_{i=1}^{M} R_{ij} \\
\text{s.t. } R_{ij} \geqslant 0 \qquad i=1,2,\cdots,M \\
\sum_{i=1}^{M} \nu_i a_{ij} \mathrm{e}^{-r_i R_{ij}} = z_0
\end{cases}
\tag{7.41}
$$

用拉格朗日方程求解$\{R_{ij}^{*}, i=1,2,\cdots,M\}$，容易得到上述最优化问题的如下结果：

$$
R_{ij}^{*} =
\begin{cases}
\dfrac{1}{r_i} \ln(\lambda_i A_{ij}) & A_{ij} \geqslant \dfrac{1}{\lambda_i} > 0 \\
0 & \text{其他}
\end{cases}
, \quad i=1,2,\cdots,M
\tag{7.42}
$$

其中，$A_{ij} = \nu_i a_{ij} r_j$。

用与第一种模型相似的方法可得到拉格朗日乘子 λ_j 的值，从而最终得到 R_{ij}^{*}。于是第 i 个模块在第 j 个测试阶段的最优资源分配方案为

$$
q_{ij}^{*} = \left(\frac{T_{j+1} - T_j}{T_{k+1} - T_1} \right) R_{ij}^{*} \qquad i=1,2,\cdots,M; j=1,2,\cdots,K
\tag{7.43}
$$

注意到对(7.41)式，一般实际问题给出 $\sum_{i=1}^{M} \nu_i a_{ij} \mathrm{e}^{-r_i R_{ij}} \leqslant z_0$，但只要引进松弛变量即可将其化成标准型来求解，故(7.41)式不失一般性。

4. 算法步骤

总结上述求解思路可得第一种模型算法步骤如下：

(1) 给出测试阶段数 k、各测试阶段起始时刻 $0 \leqslant T_0 < T_1 < \cdots < T_k < T_{k+1}$、软件中模块个数 M、各模块重要性因子 $\nu_i(i=1,2,\cdots,M)$ 以及测试资源总量 $Q+Q_0$，其中 Q_0 为第 0 个测试阶段投入的测试资源量；

(2) 将第 0 个测试阶段资源量 Q_0 按模块重要性分配到各模块，则第 i 个模块的初始资源量

$$
Q_{0i} = \frac{\nu_i}{\nu_1 + \nu_2 + \cdots \nu_M} \cdot Q_0 \qquad i=1,2,\cdots,M
$$

(3) 开始第 0 个测试阶段，经测试获得失效数据序列 $T_0 \leqslant t_1^{(i,0)} < t_2^{(i,0)} < \cdots < t_{X_{ij}}^{(i,0)} <$

T_{j+1}，运用此失效数据序列采用极大似然估计法求解 r_i（即 r_{i1}）和 a_{i1}，$i=1, 2, \cdots, M$，其中似然函数见(7.35)式(取 $j=0$)；

（4）求解(7.37)式的数学规划，求得第 j 个测试阶段第 i 个模块分配的测试资源量 q_{ij}^*（$i=1, 2, \cdots, M$)；

（5）开始第 j 个测试阶段，获得该测试阶段失效数据序列 $T_j \leqslant t_1^{(ij)} < t_2^{(ij)} < \cdots < t_{X_{ij}}^{(ij)} \leqslant T_{j+1}$，并由(7.35)式中的似然函数通过极大似然估计法求解 $a_{i(j+1)}$，$i=1, 2, \cdots, M$；

（6）赋值，即 $j \leftarrow j+1$，如果 $j < K$，则转第(4)步，否则输出有关参数，结束。

第二种模型的算法步骤可依据前述的求解思路得到，在此不再详述。

5. 结论

考虑到即使用于软件模块的资源数量为一定数，测试中发现的错误数目仍然是不确定的，因此尽可能地提高测试效率，减少模块测试中检测错误数目的方差是很关键的。通过资源的动态分配，可以充分利用测试资源，达到较好的测试效果，同时有效地减少软件模块中剩余错误数的方差，可提高剩余错误数的预测精度。特别当整个测试阶段很长时，该模型的效果很明显。

7.3　软件最优发行问题

本节介绍软件最优发行问题的基本概念以及基于可靠性目标的最优发行问题、基于测试成本目标的最优发行问题、基于成本——工期目标的最优发行问题等内容。

7.3.1　基本概念

软件测试工程结束，转入用户运用阶段的过程，称为软件产品上市，或软件产品发行（release）。尽管测试工程实施的时间越长，可靠性越高，但是费用也会因此而增加，况且用户要求的交付期是既定的，测试必须在交付期之前结束；另一方面，倘若测试实施的不够充分，发行以后的维护费用异常庞大，这也是软件开发管理的一大忌讳。这就是说，何时结束软件测试，或者说软件何时发行，是一个如何综合考虑软件可靠性、相关费用以及合同交付期诸因素的多目标问题。这个问题也称为软件最优发行问题（Optinal Sofeware Release Problem）。由运筹学或系统工程的理论与方法可知，软件最优发行问题本质是一个单目标或多目标的最优化问题，其研究的主线是目标确定，根据此最优化问题的工程经济需要，其研究目标有测试成本目标、测试工期目标和测试可靠性目标等。限于篇幅，以下仅介绍基于可靠性目标或基于测试成本目标的单目标软件最优发行问题和基于成本——工期的双目标最优发行问题。

7.3.2　基于可靠性目标的最优发行问题

注意到对于给定的软件可靠性目标，软件的发行时间取决于软件测试的人力投入，同时软件的可靠性目标又可采用不同的度量指标，如残存差错数或条件可靠度等。故以下讨论将残存差错数作为可靠性目标的最优发行时间求解和以条件可靠度为可靠性目标的最优发行时间求解问题。

1. 以残存差错数为可靠性目标的最优发行问题

一个带有初始潜在固有差错数 a 的软件，随着测试人力的不断投入和差错的不断被查出并排除，其 t 时段的残存差错数 $r(t)$ 显然是时间 t 的单调减函数，t 时段查出并排除的累计差错数 $m(t)$ 是时间 t 的单调增函数（详见图 7.9）。显然，为使软件可靠性目标（查出并排除的累计差错数）达到 a_0（或 G_0）时，其最优发行时间（即测试停止时间）由（7.21）式知，可由下式决定：

$$m(t) = a(1 - e^{-rW(t)}) = a_0$$

由（7.30）式可知最优发行时间 T_0 为

$$T_0 = \left[-\frac{1}{\beta} \ln\left(1 + \frac{1}{\alpha r} \ln\left(1 - \frac{a_0}{a}\right)\right) \right]^{\frac{1}{m}} \tag{7.44}$$

其中，参数 a、r、α、β、m 的估计与 7.2 节相同。

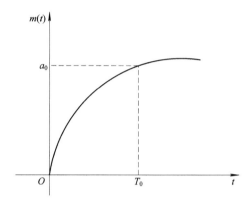

图 7.9　软件测试可靠性增长图

2. 以条件可靠度为目标的最优发行问题

注意到随着软件测试人力的不断投入和差错的不断查出与排除，软件的条件可靠度 $R(t/T)$ 同样是时间 t 的单调增函数，因此，与上同理可知为使软件经测试后达到可靠度目标 R_0 时其软件的最优发行时间 T_1 由下式决定：

$$R(t \mid T) = \exp\{-m(t)e^{-bpt}\} = R_0$$

由（7.17）式知最优发行时间 T_1 为

$$T_1 = \frac{1}{bp}\left[\ln m(t) - \ln\left(\ln\frac{1}{R_0}\right) \right]$$

其中

$$m(t) = \frac{a}{p}(1 - e^{-bpt})$$

参数 b、p、a 的估计见扩展模型 G–O 模型一节。

7.3.3　基于费用目标的最优发行问题

通过考虑已达到的可靠性和已花费测试资源两者之间的关系，利用总期望成本这一评价标准，最优软件发行问题可归纳为得到一个最优发行时间以使总期望成本最小的数学规划问题 minC(T)（详可见作者文献[22]）。其中，把软件测试阶段的测试人力成本和软件在

释放前后的改错成本都考虑在成本因素之内，则软件总成本为

$$C(T) = C_1 m(T) + C_2 \{ m(T_{LC}) - m(T) \} + C_3 \int_0^T w(t) \, \mathrm{d}t$$

最优释放时间 T^* 可以通过 $C(T)$ 对总测试时间 T 求导而算出：

$$\frac{\mathrm{d}C(T)}{\mathrm{d}T} = (C_2 - C_1) w(t) \left\{ \frac{C_3}{C_2 - C_1} - A(T) \right\} = 0$$

其中利用了关系式

$$\frac{\mathrm{d}m(t)}{\mathrm{d}t} = w(t) \cdot r \cdot (a - m(t)) = w(t) A(t)$$

且 $A(T)$ 由下式给出：

$$\begin{cases} A(T) \equiv r[a - m(T)] = a \cdot r \cdot \exp[-rW(t)] \\ A(0) = ar, \ A(\infty) = a \cdot r \cdot \exp[-\alpha r] \end{cases}$$

由上式可解得

$$A(T^*) = \frac{C_3}{C_2 - C_1} \tag{7.45}$$

上式中的 $A(T)$ 是一个关于时间 T 的严格单调减函数。以下分三种情况来分别讨论。

(1) 如果 $A(0) \leqslant \dfrac{C_3}{C_2 - C_1}$，那么对 $0 < T < T_{LC}$，有 $A(T) < \dfrac{C_3}{C_2 - C_1}$，从而有 $\dfrac{\mathrm{d}C(T)}{\mathrm{d}T} > 0$，所以 $T^* = 0$；

(2) 如果 $A(0) > \dfrac{C_3}{C_2 - C_1} > A(T_{LC})$，则对 $0 < T < T_{LC}$，$A(T)$ 存在一个有限且唯一的解并满足 (7.45) 式，且

$$T_0 = \left\{ -\frac{1}{\beta} \ln \left[1 - \frac{\ln(ar(C_2 - C_1)/C_3)}{ar} \right] \right\}^{\frac{1}{m}} \tag{7.46}$$

截止时刻 T^* 为止所投入总测试人力 $W(T^*)$ 就可以由下式给出：

$$W(T_0) = -\frac{1}{r} \ln \frac{C_3}{ar(C_2 - C_1)} \tag{7.47}$$

(3) 如果 $A(T_{LC}) > \dfrac{C_3}{C_2 - C_1}$，则 $T^* = T_{LC}$。

综上所述，可得决定软件最优发行时间的方案如下：设 $C_2 > C_1 > 0$，$C_3 > 0$，则

(1) 如果 $A(0) \leqslant \dfrac{C_3}{C_2 - C_1}$，则最优发行时间为 $T^* = 0$；

(2) 如果 $A(0) > \dfrac{C_3}{C_2 - C_1} > A(T_{LC})$，则存在满足 (7.46) 式的有限唯一的解 $T = T_0$，最优发行时间 $T^* = T_0$。

(3) 如果 $A(T_{LC}) \geqslant \dfrac{C_3}{C_2 - C_1}$，则最优发行时间为 $T^* = T_{LC}$。

[例 7.4] 求解最优发行时间。设 $C_1 = 2$ 千元/周，$C_2 = 10$ 千元/周，$C_3 = 0.5$ 千元/周，$T_{LC} = 100$ 周，NHPP 模型参数 $a = 1392.2$，$r = 1.4755 \times 10^{-3}$，$\alpha = 2423.7$，$\beta = 3.996 \times 10^{-4}$，$m = 2.3026$。

解　因为 $A(0) > \dfrac{C_3}{C_2 - C_1} > A(T_{LC})$，可以根据(7.46)式求得最优发行时间

$$T^* = \sqrt[2.3026]{-2502.1 \cdot \ln[0.279\,63 \cdot \ln 0.030\,426 + 1]} = 53.1 \text{ 周}$$

7.3.4　基于成本—工期目标的最优发行问题

上面讨论的问题并没有考虑到用户希望的交付期限因素。在软件开发的测试阶段，若追求软件可靠性目标，长时间实施测试，就会造成工期延误；若交付期限超过，还要缴纳逾期罚金。但是若一味只顾交付期限而牺牲软件可靠性，又会造成测试不充分，运行阶段故障多发，软件维护费用激增的恶果。

考虑到软件工期 T_s 的最优发行问题也可以用 NHPP 模型中的指数可靠性增长模型来描述，软件工期 T_s 从软件测试开始时刻算起，测试工程及运行阶段所需要费用总和期望值，即软件总费用期望值 $C(T)$ 可由下式决定：

$$C(T) = C_1 m(T) + C_2 \{m(T_{LC}) - m(T)\} + C_3 W(T) + U_{T_s}(T) C_4 (T - T_s) \quad (7.48)$$

其中，$U_{T_s}(T) C_4 (T - T_s)$ 为超过交付期限时交付的罚金费用；$U_{T_s}(T)$ 为如下阶跃函数：

$$U_{T_s}(T) = \begin{cases} 0 & T \leqslant T_s \\ 1 & T > T_s \end{cases}$$

通过求解(7.48)式为最小值的测试时间 $T = T^*$，即可求出最优发行时间 T^*。在求解 (7.48)式时，当 $T \leqslant T_s$ 时，结论与上一节一致；当 $T > T_s$ 时，对(7.48)式的 $C(T)$ 关于时间求导，可得到是 $C(T)$ 为最小值的必要条件：

$$\frac{\mathrm{d}C(T)}{\mathrm{d}t} = -(C_2 - C_1)\omega(T)A(T) + C_3\omega(T) + C_4 = 0$$

由此可求得

$$A(T) = \frac{C_3\omega(T) + C_4}{\omega(T)(C_2 - C_1)} = \frac{C_3}{C_2 - C_1}\left[1 + \frac{C_4 \exp(\beta T^m)}{C_3 \alpha\beta T^{m-1}}\right] \quad (7.49)$$

根据 $A(T)$ 的定义易知 $A(T)$ 是关于时间 T 的严格的单调减函数，另一方面，又容易证明由(7.49)式右端表述的函数是在 $T_p = \left(\dfrac{m-1}{m\beta}\right)^{\frac{1}{m}}$ 处有最小值 $\dfrac{C_3 + C_4/\omega(T_p)}{C_2 - C_1}$ 的凹函数，故当 $A(0) \leqslant \dfrac{C_3 + C_4/\omega(T_p)}{C_2 - C_1}$ 时，在 $(0, T_{LC}]$ 内，(7.48)式意味着不存在关于 T 的解，这意味着不经测试就把软件交付给用户。

所以，要想使 $(0, T_{LC}]$ 区间内存在有限且唯一解 $T = T_0$，至少必须满足 $A(0) > \dfrac{C_3 + C_4/\omega(T_p)}{C_2 - C_1}$。一般可以假设时间 T_p 小于软件工期 T_s，当 $T_p < T_s$，并且 $\dfrac{C_3\omega(T_s) + C_4}{\omega(T_s)(C_2 - C_1)} \geqslant A(T_s)$，$\dfrac{C_3\omega(T_p) + C_4}{\omega(T_p)(C_2 - C_1)} \leqslant A(T_p)$ 时，在 $(T_p, T_s]$ 时间内存在(7.49)式的有限且唯一解 $T = T_1$，这时的最优发行时间 T^* 可以根据 T_p、T_s 和 T_1 的大小关系而由下式给出：

$$T^* = \begin{cases} T_1 & T_s < T_1 \leqslant T_{LC} \\ T_s & T_p < T_1 \leqslant T_s \end{cases} \quad (7.50)$$

而截止测试时间 T 投入总测试人力 $W(T^*)$ 可由下式求出：

$$W(T^*) = a\{1 - \exp[-\beta(T^*)^m]\} \quad (7.51)$$

综上所述，软件最优发行时间可归纳为：

(1) 如果 $A(0) \leqslant \dfrac{C_3}{C_2 - C_1}$，则最优发行时间为 $T^* = 0$；

(2) 如果 $A(0) > \dfrac{C_3}{C_2 - C_1} > A(T_s)$，则最优发行时间为由(7.46)式决定的 $T^* = T_0$；

(3) 如果 $A(T_s) > \dfrac{C_3}{C_2 - C_1} \geqslant A(T_{LC})$，$\dfrac{C_3 \omega(T_s) + C_4}{\omega(T_s)(C_2 - C_1)} \geqslant A(T_s)$，$\dfrac{C_3 \omega(T_p) + C_4}{\omega(T_p)(C_2 - C_1)} \leqslant A(T_p)$，则存在满足(7.49)式的有限且唯一解 $T = T_1$，最优发行时间由(7.50)式决定，该式中 T_1 可由解(7.49)式求出。

(4) 如果 $A(T_{LC}) \geqslant \dfrac{C_3}{C_2 - C_1} + \dfrac{C_4}{(C_2 - C_1)\omega(T_{LC})}$，则最优发行时间 $T^* = T_{LC}$。

[例 7.5] 试求解最优发行时间。其中，设 $C_1 = 1$，$C_2 = 50$，$C_3 = 3$，$C_4 = 5$，$T_s = 45$，$T_{LC} = 100$，求解 NHPP 模型参数 a、r、α、β、m 同前例 7.4，C_j 单位 $(j = 1 \sim 4)$ 与 T_s、T_{LC} 单位同例 7.4。

解 经计算有 $A(T_s) > \dfrac{C_3}{C_2 - C_1} \geqslant A(T_{LC})$，并算得 $T_p = \left(\dfrac{m-1}{m\beta}\right)^{\frac{1}{m}} = 23.4$，同时验证满足条件 $\dfrac{C_3 \omega(T_s) + C_4}{\omega(T_s)(C_2 - C_1)} \geqslant A(T_s)$，$\dfrac{C_3 \omega(T_p) + C_4}{\omega(T_p)(C_2 - C_1)} \leqslant A(T_p)$，则由软件最优发行时间结论 (3)知最优发行时间 T^* 可通过由(7.49)式解得的 T_1 与软件工期 T_s 相比较而得到。由于有 $T_1 = 48.9 > T_s = 45$，故有 $T^* = T_1 = 48.9$。其中，解(7.49)式可采用迭代法等数值计算方法。

7.4 软件系统信息库建设

通过前述各章的介绍，我们看到任何一个软件系统的构建(规划、分析、设计、编码、集成与测试)与运行均需要大量的工程、经济信息的支持。而这些工程、经济信息的获取并非能在短期内得到，而是需要依靠软件机构长年累月的项目工作的知识、经验与参数的积累而得到。因此，任何一个成功的软件机构，为了其今后工作的有效展开，重视软件系统信息库的建设是其必然的选择。本节将介绍软件系统支持信息的分类与信息库建设的有关内容。

7.4.1 支持信息及其分类

总结前述各章的有关内容，我们看到软件项目的支持信息大致包括如下 7 类：

(1) 软件企业的外部环境信息。它包括在系统规划与投资可行性分析阶段所需要的国内外软件市场需求、用户特征、产品价格、技术发展动向；竞争对手的产品质量、功能、价格、营销策略；国家政策、国家宏观经济发展信息、世界经济发展信息等。

(2) 软件企业的内部条件信息。它包括企业的发展战略、筹资渠道、标书信息、企业生产计划信息、财务信息、人力资源信息、产品的营销渠道与营销策略等。

(3) 软件工程的领域知识和技术支持信息。它包括软件的应用领域如通信、雷达、计算机、航空、航天、机械、微电子、电力、水利、交通等工程领域知识；软件的网络环境所需要的计算机网络、通信设备、传感器、传输设备等硬件的运行、测试与维护知识；软件生产本身所需要的开发工具、系统软件、测试用例；系统分析所需要的应用统计分析知识等。

（4）软件开发工作中的重要工程经济参数确定所需要的经验时间序列与历史资料的支持信息。它包括软件开发过程中的环境因子 E、规模因子 a、人力增长率 D_0、人员的生产费用率 F_c、劳动生产率 F_d、软件生产函数 $S(K, t_d)$ 等重要工程经济参数的经验计算公式（或经验值）确定时所需要的各种经验时间序列和历史资料信息，如已完成软件项目的程序规模、工作量、成本、工期、累计投入的人力费用、各时段投入的人力密度、峰值时刻、开发难度、项目效益、效果等的经验时间序列和历史资料信息等。

（5）软件测试尤其是可靠性测试过程中为确定可靠性增长模型的几个待定参数而需要的测试排错时间序列、测试人力投入时间序列等信息。

（6）为建立适合于各软件机构的最佳工作分解结构 WBS 和进度计划所需要的已完成项目的 BWS 和各阶段/活动的工作量、成本、进度的分配比例以及项目团队成员、组织结构、开发平台、工具、过程等属性信息。

（7）各种工程经济参数之间的交叉影响分析和风险分析与控制的分析及报告信息。这样的交叉影响分析有可靠性、复杂性等软件属性对软件成本、工期估计的影响分析，人力资源属性对软件成本、进度估计的影响分析等；软件项目风险分析与控制的分析及报告信息有该分析中需要的项目风险树、风险因子鱼骨图、风险控制策略等有关信息。

7.4.2　软件信息库建设

综观上述软件支持信息及其分类可知：软件的支持信息范围广泛，内容众多。它既包括了工程技术知识的有关信息，又包括了工程经济信息的有关内容；在工程经济信息中既包括了国家乃至世界宏观经济、产业经济、软件市场的有关信息，又包括了企业经济的有关信息；在工程技术信息中，既包括了各种软件应用领域的知识与信息，又包括了软件开发环境所涉及的网络环境等硬件知识与信息；在企业经济信息中既包括了软件项目开发与使用的有关工程经济信息，又包括了软件投标、融资、产品营销等有关工程经济信息；在软件项目开发与使用信息中既包括了软件规模、成本、工作量、效益、效果等物质属性有关信息，又包括人力资源投入、团队组织、进度控制等人员属性有关信息。因此软件信息库的建设是一项长期而艰巨的系统工程。为保障上述任务的完成，作者认为需要做好下述工作。

（1）建立软件信息库的专门管理机构和行之有效的信息采集机制。这样便可通过信息库的专门管理机构来组织和调动整个软件企业的生产、销售、财务、人力资源管理等部门的管理和技术人员的积极参与来完成有关上述各类信息的采集任务。并由专门管理机构的人员来完成信息的存储、维护与更新工作。

（2）从技术设计的角度来看，软件信息库应成为企业信息系统中的一个组成部分，或称为企业信息系统下属数据库系统的一个重要子库，通过网络通信及有关的信息采集机制来完成企业各信息子系统（如财务管理子系统、营销管理子系统等）中相关信息的采集任务。

（3）开展经常性的信息处理与研究是信息库建设过程中最重要的工作。应有专人或专门小组负责研究各类重要的工程技术参数、工程经济参数的数学建模，假设检验，参数估计，相关分析，回归分析等统计分析工作以及与国外相关参数的比较工作。这样便可经过多年的信息采集、存储与分析研究，建立一套适合于我国国情或开发机构实际环境的工程技术参数体系和工程经济参数体系，以便为我国今后开展软件项目的工程经济分析奠定基础，同时也为软件企业的重大决策（如投资决策、设计方案决策、营销决策、成本决策、人力资源选择与团队组织决策、供应链决策等）提供强有力的信息支持和辅助决策支持。

（4）注意到软件信息库的建设是一项需要企业内部人人参与的人—机工程，尤其是企业高层主管的大力支持与组织协调。因此，加强软件信息库建设重要性的宣传，积极争取企业领导的大力支持和广大管理与技术人员的积极参与是十分重要的。此外，考虑到信息处理是一项需要多学科领域知识（如系统工程、运筹学、应用统计学、宏观经济学、管理经济学、技术经济学、软件可靠性、数据挖掘与联机分析等）支持的较为复杂的研究工作，因此重视信息处理骨干人才的培养和开展经常性的知识与技能培训也是重要的管理工作之一。

（5）软件工程或软件企业的行业协会应有专人负责国内各软件开发机构信息库建设的组织、协调与技术指导，以及国内外的学术交流与人才培养工作。

习　题　七

1. 简述软件测试的类别与测试过程（步骤），并说明软件测试对软件可靠性的影响及其时间特性。

2. 软件可靠性评价指标有哪些？说明它们之间的数量关系。

3. 什么是软件可靠性增长模型？以 G-O 模型为例说明可靠性增长模型的功能与作用。

4. 如何求解扩展 G-O 模型的待定参数 a、b、p？写出其求解步骤与相关算式。

5. 某证券投资分析软件经 250 小时测试获得 26 个差错，同时获得了在排错过程中的差错查出（同时修正）时间 t_j 和对应的差错查出（同时修正）累计数 d_j 的时间序列$\{(t_j, d_j),$ $j=1, 2, \cdots, 26\}$，通过上述数据及相关代数方程的迭代计算，获得参数估计值 $\hat{b}=$ 0.005 79。试利用 G-O 模型求解此证券投资分析软件的如下可靠性指标：

（1）期望累计差错函数 $m(t)$ 和差错查出率函数 $\lambda(t)$；

（2）该软件经 250 小时测试后的期望差错数 $a-m(t)$；

（3）欲使该软件目标可靠度 $R_0=0.98$，问尚需继续测试与排错多少时间。

6. 某软件在可靠性测试前已埋设播种差错数 $M_c=28$，经测试查出播种差错数 $x_c=24$，潜在固有差错数 $n_v=30$，并在测试过程中记录下播种差错查出时间序列$\{S_1, S_2, \cdots, S_{24}\}$和潜在固有差错查出时间序列$\{\tilde{S}_1, \tilde{S}_2, \cdots, \tilde{S}_{30}\}$，并利用上述两个时间序列数据和相关方程求解得到能查出的期望累计播种差错数 $\hat{a}_c=27.4$ 和期望累计潜在固有差错数 $\hat{a}_v=31.6$。试求解该软件的如下测试与可靠性指标：

（1）测试精度 A_c，测试覆盖率 C_v 及软件质量水平 SPOL，并据此评价该软件测试的有效性。

（2）软件的潜在固有差错数 N_0 和该软件经可靠性测试后的残存固有差错数。

7. 基于威布尔(Weibull)分布曲线的测试人力投入曲线描述了什么样的变量依赖关系? 威布尔分布曲线与负指数分布曲线、瑞利分布曲线有何联系? 为什么说威布尔分布曲线比后两个分布曲线所反映的变量依赖关系更为广泛? 对于一个软件的测试人力投入过程,如何来求解其基于威布尔分布曲线的测试人力投入曲线的待定参数 α、β、m?

8. 某软件经测试一段时间后,经统计分析与计算,已获得了其基于威布尔分布曲线的测试人力投入待定参数 α、β、m 或 $W(t)$,下面如何来求解其可靠性增长模型 $m(t) = a[1 - \exp(r \cdot W(t)]$ 中的待定参数 a 与 r?

9. 某软件经过一段可靠性测试后,通过统计分析与计算,获知在软件测试过程中,已发现的软件差错能完全修正的概率 $p = 0.1$,经无限测试最终能查出的期望差错数 $a = 42$,查出率参数 $b = 0.06$。试求为使该软件可靠度达到 $R_0 = 0.985$ 以上时的软件最优发行时间。

10. 某软件经过一段可靠性测试后,通过统计分析与计算,获知其测试人力投入函数有 $W(t) = \alpha[1 - \exp(-\beta t^m)]$,其中,$\alpha = 2800$,$\beta = 4 \times 10^{-4}$。此外,还获得该软件的潜在固有差错总数 $a = 1500$,投入单位测试人力的残存差错发现率 $r = 1.5 \times 10^{-3}$。试求在测试阶段差错修改单位成本 $C_1 = 2.5$ 千元,运行阶段差错修改单位成本 $C_2 = 10$ 千元条件下的软件最优发行时间。

11. 在软件测试中,静态资源分配与动态资源分配有何区别? 动态资源分配计算的设计思想与计算步骤如何?

12. 在对软件,特别是中、大型软件作工程经济分析时,需要哪些类别的支持信息? 这样类别的支持信息能支持求解软件工程经济分析中的哪些问题? 为建设一个符合我国国情并科学、有效的软件企业信息库与软件行业信息库,你认为应如何来进行组织? 应采取哪些对策与措施?

参 考 文 献

［1］　B W Boehm. Software Engineering Economics. Prentice-Hall，Inc，1981

［2］　B W Boehm et al. Software Cost Estimation with COCOMO Ⅱ. Prentice-Hall，Inc，2000

［3］　L Bernard. Cost Estimation of Software Develop. 北京：清华大学出版社，1991

［4］　H K Stephen. Metrics and Model in Software Quality Engineering. Person Education，Inc，1995

［5］　R S Pressman. Software Engineering A Practitioners' Approach. 5th Edition. New York：McGraw-Hill，2001

［6］　M H Elaine. Managing Risk Mothoras for Software Systems Development. 北京：清华大学出版社，2002

［7］　F J Heemstra. Software Cost Estimation. Information and Software Technology. 1992，34(10)：627 – 639

［8］　R J Kusters. Are Software Cost – Estimation Models Accurate? Information and Software Technology，1990，32(3)：187 – 190

［9］　S Flowers. Software Failure：Management Failure. John Wiley and Sons，1996

［10］　K Y Cai，et al. A Critical Review on Software Reliability Modeling. Reliability Engineering and System Safety，1991，32：357 – 371

［11］　齐治昌，等. 软件工程. 2 版. 北京：高等教育出版社，2004

［12］　张旭梅，等. 软件企业管理. 北京：科学出版社，2007

［13］　王建平. 软件产业理论与实践. 北京：中国经济出版社，2003

［14］　张剑平. 信息系统经济学研究现状. 北方交通大学学报，1994，18(3)：431 – 436

［15］　赵玮，刘云. 网络信息系统的分析、设计与评价——理论·方法·案例. 北京：清华大学出版社，2005

［16］　赵玮，温小霓. 应用统计学教程(上)、(下). 西安：西安电子科技大学出版社，2003

［17］　赵玮，王萌清. 随机运筹学. 北京：高等教育出版社，1993

［18］　赵玮. 计算机模拟与决策支持. 上海：上海科技出版社，2007

［19］　赵玮，岳德权. AHP 的排序算法及其比较分析. 数学的实践与认识，1995，25(1)：25 – 46

［20］　赵玮，许春香. AHP 的检验方法及其比较分析. 运筹与管理. 1999，8(3)：17 – 23

［21］　赵玮，杨莉. 软件模块测试中的动态资源分配问题. 运筹学学报. 2000，4(3)：88 – 94

［22］　赵玮，张静. 软件发行管理的可靠性模型//赵玮. 运筹学的理论与应用. 中国运筹学会第五届大会论文集. 西安：西安电子科技大学出版社，1996：622 – 627